AutoCAD 2019

中文版
从入门到精通

■ 陈超 陈玲芳 姜姣兰 编著

人民邮电出版社

北 京

图书在版编目（CIP）数据

AutoCAD 2019中文版从入门到精通 / 陈超，陈玲芳，
姜姣兰编著. -- 北京：人民邮电出版社，2019.5（2019.8重印）
ISBN 978-7-115-50658-0

Ⅰ．①A… Ⅱ．①陈… ②陈… ③姜… Ⅲ．①
AutoCAD软件 Ⅳ．①TP391.72

中国版本图书馆CIP数据核字(2019)第020312号

内 容 提 要

本书重点介绍了 AutoCAD 2019 中文版在产品设计中的应用方法和技巧。全书分为 3 篇共 14 章，分别介绍了 AutoCAD 2019 基础知识、简单二维绘制命令、文字与表格、基本绘图工具、二维编辑命令、复杂二维绘图与编辑命令、尺寸标注、图块及其属性、辅助绘图工具、绘制和编辑三维网格、三维实体绘制、三维实体编辑、机械工程实例、建筑设计工程实例。本书内容翔实，图文并茂，语言简洁，思路清晰。每章的知识点都配有案例讲解，使读者进一步了解知识点；每章的最后都配有巩固练习，使读者综合掌握全章的知识点。

除传统的纸面讲解之外，作者还随书配送了数字学习资料。资料中包含全书讲解和练习实例的源文件素材，还有全程实例同步视频讲解文件，读者可以轻松愉悦地学习本书。

◆ 编　著　陈　超　陈玲芳　姜姣兰
　　责任编辑　俞　彬
　　责任印制　马振武

◆ 人民邮电出版社出版发行　　北京市丰台区成寿寺路 11 号
　　邮编　100164　　电子邮件　315@ptpress.com.cn
　　网址　http://www.ptpress.com.cn
　　三河市君旺印务有限公司印刷

◆ 开本：787×1092　1/16
　　印张：21.75
　　字数：627 千字　　　　　　　　2019 年 5 月第 1 版
　　印数：6 401 – 9 650 册　　　　2019 年 8 月河北第 4 次印刷

定价：59.00 元
读者服务热线：(010)81055410　印装质量热线：(010)81055316
反盗版热线：(010)81055315
广告经营许可证：京东工商广登字 20170147 号

前　言

近年来，网络技术和其他设计制造业的发展使计算机辅助设计（CAD）技术如虎添翼、飞速向前，从而使AutoCAD更加羽翼丰满。同时，AutoCAD一直致力于把工业技术与计算机技术融为一体，形成开放式的大型CAD平台，特别是在机械、建筑、电子等领域更是先人一步，技术发展势头异常迅猛。

值此AutoCAD 2019版本面市之际，作者精心组织几所高校的老师根据学生工程应用学习需要编写了本书。本书包含了教育者的经验、体会和他们的教学思想，希望能够为广大读者的学习起到抛砖引玉的作用，为广大读者的学习与自学提供一条捷径。

一、本书特色

图书市场上的AutoCAD指导书很多，读者要挑选一本自己中意的书反而很困难，真是"乱花渐欲迷人眼"。那么，本书为什么能够在读者"众里寻他千百度"之际，让你在"灯火阑珊"处"蓦然回首"呢？因为本书有以下特点。

作者专业

本书是作者总结多年的设计经验以及教学的心得体会，历时多年精心编著，力求全面细致地展现出AutoCAD在工业设计应用领域的各种功能和使用方法。

实例丰富

本书中有很多实例本身就是工程设计项目案例，经过作者精心提炼和改编，不仅保证了读者能够学好知AutoCAD的知识点，更重要的是能帮助读者提升工程设计实践能力。

内容全面

本书包罗了AutoCAD的常用功能讲解。内容涵盖了二维绘制、二维编辑、基本绘图工具、文字与表格、尺寸编辑、图块与外部参照、辅助绘图工具、数据交换、三维绘图和编辑命令等知识。读者

只要有本书在手，AutoCAD知识有望全精通。

配套资源超值

随书配送了海量学习资源，包含全书实例源文件素材、全程实例同步视频文件等，读者可利用各种终端在线或离线学习。

二、本书的组织结构和主要内容

本书是以AutoCAD 2019版本为演示平台，全面介绍AutoCAD软件的应用知识，帮助读者从新手走向高手。全书分为3篇共14章，各部分内容如下。

1．二维绘图篇——全面介绍二维绘图相关知识
第1章主要介绍AutoCAD 2019基础知识。
第2章主要介绍简单二维绘制命令。
第3章主要介绍文字与表格。
第4章主要介绍基本绘图工具。
第5章主要介绍二维编辑命令。
第6章主要介绍复杂二维绘图与编辑命令。
第7章主要介绍尺寸标注。
第8章主要介绍图块及其属性。
第9章主要介绍辅助绘图工具。

2．三维绘图篇——全面介绍三维绘图相关知识
第10章主要介绍绘制和编辑三维网格。
第11章主要介绍三维实体绘制。
第12章主要介绍三维实体编辑。

3．综合实例篇——详细介绍两类绘图实例
第13章主要介绍机械工程实例。
第14章主要介绍建筑设计工程实例。

三、扫码看视频

为了方便读者学习，本书以二维码的方式提供了大量的视频教程，扫描"云课"二维码即可获得

全书视频，也可扫描正文中的二维码观看对应章节的视频。

云课

四、配套资源使用说明

本书除利用传统的纸面讲解外，随书配送了多媒体学习资料，资料包含全书的讲解实例和练习实例的源文件素材，还有全程实例同步视频文件。为了增强教学的效果，更进一步方便读者的学习，作者对实例视频进行了配音讲解，利用丰富的多媒体资源，读者可以轻松愉悦地学习本书。

另外，为了延伸读者的学习范围，进一步丰富配套资源的知识含金量，电子资料中还独家赠送了AutoCAD应用技巧大全、AutoCAD疑难问题汇总、AutoCAD典型习题集、AutoCAD图纸案例等超值资源。

扫描"资源下载"二维码，即可获得下载方式。

资源下载

提示：关注"职场研究社"公众号，回复关键词"50658"，即可获得所有资源的获取方式。

五、读者学习导航

本书突出了实用性及技巧性，使读者可以很快

地掌握AutoCAD中工程设计的方法和技巧，可供广大的技术人员和工程设计专业的学生学习使用，也可作为各大、中专院校的教学参考书。

本书既讲述了AutoCAD的基础知识，又讲述了行业应用的设计实例，学习内容导航如下。

- 如果没有任何基础，请从头开始学习。
- 如果需要学习二维工程图形设计，请学习第1～9章。
- 如果需要学习三维工程图形设计，请学习第10～12章。
- 如果想成为AutoCAD设计高手，你就从头学到最后一页吧！

六、致谢

本书由湖南工业大学包装设计艺术学院讲师陈超、湖南农业大学体育艺术学院讲师陈玲芳、湖南工业大学包装设计艺术学院讲师姜姣兰编著。此外还有文容天、郭雪蓉、王小康、曾湘寓、吴魁、张华参与了具体章节的编写，为本书的出版提供了必要的帮助，在此对他们的付出表示真诚的感谢。

由于时间仓促，加之作者水平有限，疏漏之处在所难免，希望广大读者联系renruichi@ptpress.com.cn提出宝贵的意见。

作者
于2018年9月

目　录

| 第1篇　二维绘图 |

｜ 第2篇　三维绘图 ｜

| 第3篇 综合实例 |

第1篇　二维绘图

第1篇 三维学园

第1章

AutoCAD 2019 基础知识

在本章中，我们开始循序渐进地学习有关 AutoCAD 2019 绘图的基本知识，了解如何设置图形的系统参数、样板图，掌握建立新的图形文件、打开已有文件的方法等。本章主要内容包括：操作界面、绘图环境设置、绘图环境配置、文件管理等。

重点与难点

- 操作界面
- 设置绘图环境
- 图形的缩放和平移
- 文件管理
- 基本输入操作

1.1 操作界面

AutoCAD的操作界面是AutoCAD显示、编辑图形的区域。启动AutoCAD 2019后的默认界面（草图与注释）如图 1-1 所示，这是AutoCAD 2019以后出现的新界面风格。

图 1-1 默认界面

一个完整的草图与注释操作界面包括标题栏、绘图区、十字光标、坐标系图标、命令行窗口、状态栏、布局标签和快速访问工具栏等。

1.1.1 标题栏

在AutoCAD 2019中文版绘图窗口的最上端是标题栏。在标题栏中，显示了系统当前正在运行的应用程序（AutoCAD 2019）和用户正在使用的图形文件。在用户第一次启动AutoCAD时，AutoCAD 2019绘图窗口的标题栏中将显示AutoCAD 2019在启动时创建并打开的图形文件的名字Drawing1.dwg，如图 1-2 所示。

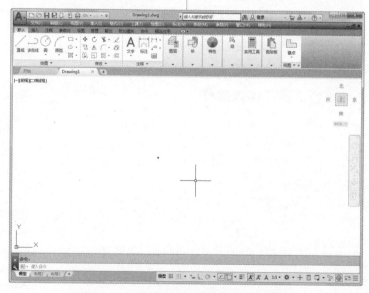

图 1-2 AutoCAD 2019 中文版的 "明" 操作界面

完成的。

在绘图区域中，还有一个作用类似光标的十字线，其交点反映了光标在当前坐标系中的位置。在AutoCAD中，将该十字线称为光标，AutoCAD通过光标显示当前点的位置。十字线的方向与当前用户坐标系的X轴、Y轴方向平行，十字线的长度系统预设为屏幕大小的百分之五。

在默认情况下，AutoCAD的绘图窗口是黑色背景、白色线条，这不符合绝大多数用户的习惯，因此修改绘图窗口颜色是大多数用户都需要进行的操作。

修改绘图窗口颜色的步骤如下。

（1）选择"工具"下拉菜单中的"选项"命令，打开"选项"对话框，打开如图1-4所示的"显示"选项卡，单击"窗口元素"区域中的"颜色"按钮，将打开如图1-5所示的"图形窗口颜色"对话框。

安装AutoCAD 2019后，默认界面如图1-1所示。在绘图区中右击鼠标，打开快捷菜单，如图1-3所示。选择"选项"命令，打开"选项"对话框，选择"显示"选项卡，在窗口元素对应的"配色方案"中设置为"明"，如图1-4所示。单击"确定"按钮，退出对话框，其操作界面如图1-2所示。

图1-3 快捷菜单

图1-4 "选项"对话框

图1-5 "图形窗口颜色"对话框

（2）单击"图形窗口颜色"对话框中"颜色"字样右侧的下拉按钮，在打开的下拉列表中，选择需要的窗口颜色，然后单击"应用并关闭"按钮，此时AutoCAD的绘图窗口就变成了窗口背景色，通常按视觉习惯选择白色为窗口颜色。

1.1.2 绘图区

绘图区是指在标题栏下方的大片空白区域。绘图区域是用户使用AutoCAD绘制图形的区域，用户完成一幅设计图形的主要工作都是在绘图区域中

1.1.3 坐标系图标

在绘图区域的左下角，有一个箭头指向图标，称之为坐标系图标，表示用户绘图时正使用的坐标系形式。坐标系图标的作用是为点的坐标确定一个

参照系，详细情况将在后面小节介绍。根据工作需要，用户可以选择将其关闭。方法是单击"视图"选项卡"视口工具"面板中的"UCS图标"按钮，将其以灰色状态显示，如图1-6所示。

图1-6　"视图"选项卡

1.1.4 | 菜单栏

在AutoCAD快速访问工具栏处调出菜单栏，如图1-7所示，调出后的菜单栏如图1-8所示。同其他Windows程序一样，AutoCAD的菜单也是下拉形式的，并在菜单中包含子菜单。

AutoCAD的菜单栏中包含12个菜单："文件""编辑""视图""插入""格式""工具""绘图""标注""修改""参数""窗口""帮助"，这些菜单几乎包含了AutoCAD的所有绘图命令，后面的章节将围绕这些菜单展开讲述。一般来讲，AutoCAD下拉菜单中的命令有以下3种。

图1-7　调出菜单栏

图1-8　菜单栏显示界面

1. 带有小三角形的菜单命令

这种类型的命令后面带有子菜单。例如，单击"绘图"菜单，指向其下拉菜单中的"圆"命令，屏幕上就会进一步下拉出"圆"子菜单中所包含的命令，如图1-9所示。

2. 打开对话框的菜单命令

这种类型的命令后面带有省略号。例如，单击菜单栏中的"格式"菜单，选择其下拉菜单中的"表格样式"命令，如图1-10所示。屏幕上就会打开对应的"表格样式"对话框，如图1-11所示。

图1-9 带有子菜单的菜单命令

图1-10 相应对话框的菜单命令

图1-11 "表格样式"对话框

3. 直接操作的菜单命令

这种类型的命令将直接进行相应的绘图或其他操作。例如，选择视图菜单中的"重画"命令，系统将刷新显示所有视口，如图1-12所示。

图1-12 直接操作的菜单命令

1.1.5 | 工具栏

工具栏是一组图标型工具的集合，选择菜单栏中的工具→工具栏→AutoCAD，调出所需要的工具栏，把光标移动到某个图标，稍停片刻即在该图标一侧显示相应的工具提示。此时，单击图标也可以启动相应命令。

1. 设置工具栏

选择菜单栏中的工具→工具栏→AutoCAD，调出所需要的工具栏，如图1-13所示。单击某一个未在界面显示的工具栏名，系统会自动在界面打开该工具栏；反之，关闭工具栏。

2. 工具栏的"固定""浮动""打开"

工具栏可以在绘图区"浮动"，此时显示该工具栏标题，并可关闭该工具栏。用鼠标可以拖动"浮动"工具栏到图形区边界，使它变为"固定"工具栏，此时工具栏标题隐藏。也可以把"固定"工具栏拖出，使它成为"浮动"工具栏，如图1-14所示。

图1-13 调出工具栏

图1-14 "浮动"工具栏

在有些图标的右下角带有一个小三角，按住鼠标左键会打开相应的工具栏，按住鼠标左键将光标移动到某一图标上然后松开，该图标就为当前图标。单击当前图标，执行相应命令，如图1-15所示。

图1-15 "三维导航"工具栏

1.1.6 命令行窗口

命令行窗口是输入命令名和显示命令提示的区域，默认的命令行窗口布置在绘图区下方，是若干文本行，如图1-16所示。对命令行窗口，有以下几点需要说明。

（1）移动拆分条，可以扩大与缩小命令行窗口。

（2）可以拖动命令行窗口，布置在屏幕上的其他位置。默认情况下，布置在图形窗口的下方。

（3）对当前命令行窗口中输入的内容，可以按F2键用文本编辑的方法进行编辑，如图1-17所示。AutoCAD文本窗口和命令窗口相似，它可以显示当前AutoCAD进程中命令的输入和执行过程。在执行AutoCAD某些命令时，它会自动切换到文本窗口，列出有关信息。

图1-16　命令行窗口

（4）AutoCAD通过命令行窗口反馈各种信息，包括出错信息。因此，用户要时刻关注在命令行窗口中出现的信息。

图1-17　文本窗口

1.1.7 │ 布局标签

AutoCAD系统默认设定一个模型空间布局标签和"布局1""布局2"两个图样空间布局标签。在这里有两个概念需要解释一下。

1. 布局

布局是系统为绘图设置的一种环境，包括图样大小、尺寸单位、角度设定，数值精确度等。在系统预设的三个标签中，这些环境变量都按默认设置。用户根据实际需要改变这些变量的值，也可以根据需要设置符合自己要求的新标签。

2. 模型

AutoCAD的空间分模型空间和图样空间。模型空间是我们通常绘图的环境，而在图样空间中，用户可以创建叫作"浮动视口"的区域，以不同视图显示所绘图形。用户还可以在图样空间中调整浮动视口，并决定所包含视图的缩放比例。如果选择图样空间，则用户可以打印任意布局的多个视图。

AutoCAD系统默认打开模型空间，用户可以通过鼠标左键单击选择需要的布局。

1.1.8 │ 状态栏

状态栏在屏幕的底部，依次有"坐标""模型空间""栅格""捕捉模式""推断约束""动态输入""正交模式""极轴追踪""等轴测草图""对象捕捉追踪""二维对象捕捉""线宽""透明度""选择循环""三维对象捕捉""动态UCS""选择过滤""小控件""注释可见性""自动缩放""注释比例""切换工作空间""注释监视器""单位""快捷特性""锁定用户界面""隔离对象""硬件加速""全屏显示""自定义"30个功能按钮。单击部分开关按钮，可以实现这些功能的开关。通过部分按钮，也可以控制图形或绘图区的状态。

> **注意** 默认情况下，不会显示所有工具，可以通过状态栏上最右侧的按钮，选择要从"自定义"菜单显示的工具。状态栏上显示的工具可能会发生变化，具体取决于当前的工作空间以及当前显示的是"模型"选项卡还是"布局"选项卡。下面对部分状态栏上的按钮做简单介绍，如图1-18所示。

（1）模型空间：在模型空间与布局空间之间进行转换。

（2）栅格：栅格是覆盖用户坐标系（UCS）的整个XY平面的直线或点的矩形图案。使用栅格类似于在图形下放置一张坐标纸，可以对齐对象并直观显示对象之间的距离。

（3）捕捉模式：对象捕捉对于在对象上指定精确位置非常重要。不论何时提示输入点，都可以指定对象捕捉。默认情况下，当光标移到对象的对象捕捉位置时，将显示标记和工具提示。

坐标　模型空间　栅格　捕捉模式　推断约束　动态输入　正交模式　极轴追踪　等轴测草图　对象捕捉追踪　二维对象捕捉　线宽　透明度　选择循环　三维对象捕捉　动态UCS　选择过滤　小控件　注释可见性　自动缩放　注释比例　切换工作空间　注释监视器　单位　快捷特性　锁定用户界面　隔离对象　硬件加速　全屏显示　自定义

图1-18　状态栏

（4）正交限制光标（正交模式）：将光标限制在水平或垂直方向上移动，以便于精确地创建和修改对象。当创建或移动对象时，可以使用"正交"模式将光标限制在相对于用户坐标系（UCS）的水平或垂直方向上。

（5）按指定角度限制光标（极轴追踪）：使用极轴追踪，光标将按指定角度进行移动。创建或修改对象时，可以使用"极轴追踪"来显示由指定的极轴角度所定义的临时对齐路径。

（6）等轴测草图：通过设定"等轴测捕捉/栅格"，可以很容易地沿三个等轴测平面之一对齐对象。尽管等轴测图形看似三维图形，但它实际上是二维表示。因此，不能期望提取三维距离和面积、从不同视点显示对象或自动消除隐藏线。

（7）显示捕捉参照线（对象捕捉追踪）：使用对象捕捉追踪，可以沿着基于对象捕捉点的对齐路径进行追踪。已获取的点将显示一个小加号（+），一次最多可以获取7个追踪点。获取点之后，当在绘图路径上移动光标时，将显示相对于获取点的水平、垂直或极轴对齐路径。例如，可以基于对象端点、中点或者交点，沿着某个路径选择一点。

（8）将光标捕捉到二维参照点（对象捕捉）：使用执行对象捕捉设置（也称为对象捕捉），可以在对象上的精确位置指定捕捉点。选择多个选项后，将应用选定的捕捉模式，以返回距离靶框中心最近的点。按Tab键，以在这些选项之间循环。

（9）注释可见性：当图标亮显时表示显示所有比例的注释对象；当图标变暗时表示仅显示当前比例的注释对象。

（10）自动缩放：注释比例更改时，自动将比例添加到注释性对象。

（11）注释比例：单击注释比例右下角小三角符号弹出注释比例列表，如图1-19所示。可以根据需要选择适当的注释比例。

（12）切换工作空间：进行工作空间转换。

（13）注释监视器：打开仅用于所有事件或模型文档事件的注释监视器。

✓ 1:1
1:2
1:4
1:5
1:8
1:10
1:16
1:20
1:30
1:40
1:50
1:100
2:1
4:1
8:1
10:1
100:1
自定义...

外部参照比例
百分比

图1-19　注释比例列表

（14）硬件加速：设定图形卡的驱动程序以及设置硬件加速的选项。

（15）隔离对象：当选择隔离对象时，在当前视图中显示选定对象，所有其他对象都暂时隐藏；当选择隐藏对象时，在当前视图中暂时隐藏选定对象，所有其他对象都可见。

（16）全屏显示：该选项可以清除Windows窗口中的标题栏、功能区和选项板等界面元素，使AutoCAD的绘图窗口全屏显示，如图1-20所示。

（17）自定义：状态栏可以提供重要信息，而无须中断工作流。使用MODEMACRO系统变量可将应用程序所能识别的大多数数据显示在状态栏中。使用该系统变量的计算、判断和编辑功能可以完全按照用户的要求构造状态栏。

图1-20　全屏显示

1.1.9 | 滚动条

在打开的AutoCAD 2019默认界面是不显示滚动条的，我们需要把滚动条调出来。选择菜单栏中的"工具"→"选项"命令，系统打开"选项"对话框，单击"显示"选项卡，将"窗口元素"中的"在图形窗口中显示滚动条"勾选上，如图1-21所示。

滚动条包括水平和垂直滚动条，用于上下或左右移动绘图窗口内的图形。按住鼠标左键拖动滚动条中的滑块或单击滚动条两侧的三角按钮，即可移动图形，如图1-22所示。

图1-21　"选项"对话框中的"显示"选项卡

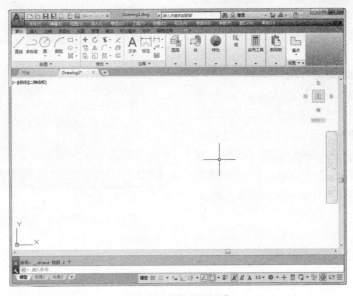

图1-22　显示"滚动条"

1.2 设置绘图环境

在AutoCAD中，可以利用相关命令对图形单位和图形边界进行具体设置。

1.2.1 图形单位设置

执行方式

命令行：DDUNITS（或UNITS）。

菜单栏："格式"→"单位"。

操作步骤

执行上述命令后，系统打开"图形单位"对话框，如图1-23所示。该对话框用于定义单位和角度格式。

图1-23 "图形单位"对话框

选项说明

1."长度"与"角度"选项组

指定测量的长度与角度当前单位及当前单位的精度。

2."插入时的缩放单位"下拉列表框

控制使用工具选项板（例如DesignCenter或i-drop）拖入当前图形的块的测量单位。如果块或图形创建时使用的单位与该选项指定的单位不同，则在插入这些块或图形时，将对其按比例缩放。插入比例是源块或图形使用的单位与目标块或图形使用的单位之比。如果插入块时不按指定单位缩放，请选择"无单位"。

3."输出样例"

显示用当前单位和角度设置的例子。

4."光源"下拉列表框

控制当前图形中光度，控制光源的强度测量单位。

5."方向"按钮

单击该按钮，系统显示"方向控制"对话框，如图1-24所示。可以在该对话框中进行方向控制设置。

图1-24 "方向控制"对话框

1.2.2 图形边界设置

执行方式

命令行：LIMITS。

菜单栏："格式"→"图形范围"。

操作步骤

命令行提示如下。

```
命令：LIMITS ✓
重新设置模型空间界限：
指定左下角点或 [开（ON）/关（OFF）] <0.0000,
0.0000>：（输入图形边界左下角的坐标后回车）
指定右上角点 <12.0000, 9.0000>：（输入图形边界右上角的坐标后回车）
```

选项说明

1. 开（ON）

使绘图边界有效。系统在绘图边界以外拾取的点视为无效。

2. 关（OFF）

使绘图边界无效。用户可以在绘图边界以外拾取点或实体。

3. 动态输入角点坐标

它可以直接在屏幕上输入角点坐标，输入横坐标值后按","键，接着输入纵坐标值，如图1-25所示。也可以按光标位置直接按下鼠标左键确定角点位置。

图1-25 动态输入

1.3 图形的缩放和平移

所谓视图就是必须有特定的放大倍数、位置及方向的图形。改变视图最一般的方法就是利用缩放和平移命令。用它们可以在绘图区域放大或缩小图像显示，或者改变观察位置。

1.3.1 实时缩放

AutoCAD 2019为交互式的缩放和平移提供了可能。有了实时缩放，就可以通过垂直向上或向下移动光标来放大或缩小图形。利用实时平移（1.3.2节介绍），能单击和移动光标以重新放置图形。在实时缩放命令下，可以通过垂直向上或向下移动光标来放大或缩小图形。

执行方式

命令行：Zoom。

菜单栏："视图"→"缩放"→"实时"。

工具栏：标准→实时缩放 ±⊙。

功能区：单击"视图"选项卡"导航"面板中的"范围"下拉列表下的"实时"按钮 ±⊙。

操作步骤

按住选择钮垂直向上或向下移动。从图形的中点向顶端垂直地移动光标就可以放大图形一倍，向底部垂直地移动光标就可以缩小图形1/2。

在"标准"工具栏的"缩放"下拉工具栏（见图1-26）和"缩放"工具栏（见图1-27）中还有一些类似的"缩放"命令，读者可以自行操作体会，这里不再一一赘述。

图1-26 "缩放"下拉工具栏

图1-27 "缩放"工具栏

1.3.2 实时平移

执行方式

命令：PAN。

菜单栏："视图"→"平移"→"实时"。

工具栏：标准→实时平移 ✋。

快捷菜单：在绘图窗口中单击右键，选择"平移"选项。

功能区：单击"视图"选项卡"导航"面板中的"平移"按钮✋，如图1-28所示。

图1-28 "导航"面板

操作步骤

执行上述命令后，用鼠标按下选择钮，然后移动手形光标就可以平移图形了。当移动到图形的边缘时，光标就变成一个三角形显示。

另外，在AutoCAD 2019中，为显示控制命令设置了一个右键快捷菜单，如图1-29所示。在该菜单中，用户可以在显示命令执行的过程中，透明地进行切换。

图1-29 右键快捷菜单

1.4 文件管理

本节将介绍有关文件管理的一些基本操作方法，包括新建文件、打开文件、保存文件、删除文件等，这些都是AutoCAD 2019最基础的知识。

1.4.1 新建文件

执行方式

命令行：NEW或QNEW。

菜单栏："文件"→"新建"或"主菜单"→"新建"。

工具栏：标准→新建□或快速访问→新建□。

快捷键：Ctrl+N。

操作步骤

执行上述命令后，系统打开如图1-30所示的"选择样板"对话框，在文件类型下拉列表框中有三种格式的图形样板，后缀分别是dwt、dwg、dws。一般情况下，dwt文件是标准的样板文件，通常将一些规定的标准性的样板文件设成dwt文件；dwg文件是普通的样板文件；而dws文件是包含标准图层、标注样式、线型和文字样式的样板文件。

图1-30 "选择样板"对话框

1.4.2 打开文件

执行方式

命令行：OPEN。

菜单栏："文件"→"打开"或"主菜单"→"打开"。

工具栏：标准→打开□或快速访问→打开□。

快捷键：Ctrl+O。

操作步骤

执行上述命令后，打开"选择文件"对话框，如图1-31所示。在"文件类型"列表框中用户可选dwg文件、dwt文件、dxf文件和dws文件。dxf文件是用文本形式存储的图形文件，能够被其他程序读取，许多第三方应用软件都支持dxf格式。

图1-31 "选择文件"对话框

1.4.3 保存文件

执行方式

命令名：QSAVE或SAVE。

菜单栏："文件"→"保存"或"另存为"。

工具栏：标准→保存□或快速访问→保存□。

快捷键：Ctrl+S。

操作步骤

执行上述命令后，若文件已命名，则AutoCAD自动保存；若文件未命名（即为默认名drawing1.dwg），则系统打开"图形另存为"对话框（见图1-32），用户可以命名保存。在"保存于"下拉列表框中可以指定保存文件的路径；在"文件类型"下拉列表框中可以指定保存文件的类型。

图1-32 "图形另存为"对话框

为了防止因意外操作或计算机系统故障导致正在绘制的图形文件丢失，可以对当前图形文件设置自动保存。步骤如下。

（1）利用系统变量SAVEFILEPATH设置所有"自动保存"文件的位置，如：D:\HU\。

（2）利用系统变量SAVEFILE存储"自动保存"文件名。该系统变量储存的文件名文件是只读文件，用户可以从中查询自动保存的文件名。

（3）利用系统变量SAVETIME指定在使用"自动保存"时多长时间保存一次图形。

1.5 基本输入操作

在AutoCAD中，有一些基本的输入操作方法。这些基本方法是进行AutoCAD绘图的必备知识基础，也是深入学习AutoCAD功能的前提。

1.5.1 命令输入方式

AutoCAD交互绘图必须输入必要的指令和参数。有多种AutoCAD命令输入方式（以画直线为例）。

1. 在命令窗口输入命令名

命令字符可不区分大小写。例如，命令：LINE✓。执行命令时，在命令行提示中经常会出现命令选项。如输入绘制直线命令"LINE"后，命令行中的提示为：

命令：LINE ✓
指定第一个点：(在屏幕上指定一点或输入一个点的坐标)
指定下一点或 ［放弃（U）］：

选项中不带括号的提示为默认选项，因此可以直接输入直线段的起点坐标或在屏幕上指定一点。如果要选择其他选项，则应该首先输入该选项的标识字符，如"放弃"选项的标识字符"U"，然后按系统提示输入数据即可。在命令选项的后面有时候还带有尖括号，尖括号内的数值为默认数值。

2. 在命令窗口输入命令缩写字

如L（Line）、C（Circle）、A（Arc）、Z（Zoom）、R（Redraw）、M（More）、CO（Copy）、PL（PLINE）、E（Erase）等。

3. 选择绘图菜单直线选项

选择该选项后，在状态栏中可以看到对应的命令说明及命令名。

4. 选择工具栏中的对应图标

选择该图标后，在状态栏中也可以看到对应的命令说明及命令名。

5. 在绘图区右击鼠标

如果用户要重复使用上次使用的命令，可以直接在绘图区右击鼠标，系统立即重复执行上次使用的命令，这种方法适用于重复执行某个命令。

1.5.2 命令的重复、撤销、重做

执行方式

命令行：UNDO。
菜单栏："编辑"→"放弃"。
工具栏：标准→放弃 ↩·或快速访问→放弃↩·
快捷键：Esc。
已被撤销的命令还可以恢复重做。

执行方式

命令行：REDO（快捷命令：RE）。
菜单栏："编辑"→"重做"。
工具栏：标准→重做 ↪·或快速访问→重做↪·
快捷键：Ctrl+Y。

该命令可以一次执行多重放弃和重做操作。单击UNDO或REDO列表箭头，可以选择要放弃或

重做的操作，如图1-33所示。

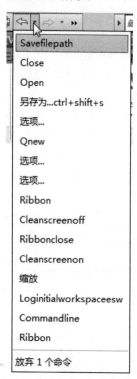

图1-33　多重放弃或重做

1. 命令的重复

在命令窗口中输入Enter可重复调用上一个命令，不管上一个命令是完成了还是被取消了。

2. 命令的撤销

在命令执行的任何时刻都可以取消和终止命令的执行。

1.5.3　坐标系统与数据的输入方法

1. 坐标系

AutoCAD采用两种坐标系：世界坐标系（WCS）与用户坐标系。用户刚进入AutoCAD时的坐标系统就是世界坐标系，是固定的坐标系统。世界坐标系也是坐标系统中的基准，绘制图形时多数情况下都是在这个坐标系统下进行的。

命令行：UCS。

菜单栏："工具" → "UCS"。

AutoCAD有两种视图显示方式：模型空间和

图纸空间。模型空间使用单一视图显示，我们通常使用的都是这种显示方式；图纸空间能够在绘图区创建图形的多视图，用户可以对其中每一个视图进行单独操作。在默认情况下，当前UCS与WCS重合。如图1-34所示，图1-34（a）为模型空间下的UCS坐标系图标，通常在绘图区左下角处；也可以指定其放在当前UCS的实际坐标原点位置，如图1-34（b）所示。图1-34（c）为图纸空间下的坐标系图标。

| （a） | （b） | （c） |

图1-34　坐标系图标

2. 数据输入方法

在AutoCAD中，点的坐标可以用直角坐标、极坐标、球面坐标和柱面坐标表示；每一种坐标又分别具有两种坐标输入方式：绝对坐标和相对坐标。其中直角坐标和极坐标最为常用，下面主要介绍一下它们的输入。

（1）直角坐标法：用点的X、Y坐标值表示的坐标。

例如，在命令行中输入点的坐标提示下，输入"15，18"，则表示输入了一个X、Y的坐标值分别为15、18的点，此为绝对坐标输入方式，表示该点的坐标是相对于当前坐标原点的坐标值，如图1-35（a）所示。如果输入"@10，20"，则为相对坐标输入方式，表示该点的坐标是相对于前一点的坐标值，如图1-35（c）所示。

（2）极坐标法：用长度和角度表示的坐标，只能用来表示二维点的坐标。

在绝对坐标输入方式下，表示为："长度<角度"，如"25<50"，其中长度为该点到坐标原点的距离，角度为该点至原点的连线与X轴正向的夹角，如图1-35（b）所示。

在相对坐标输入方式下，表示为："@长度<角度"，如"@25<45"，其中长度为该点到前一点的距离，角度为该点至前一点的连线与X轴正向的夹角，如图1-35（d）所示。

图 1-35 数据输入方法

3. 动态数据输入

按下状态栏上的"动态输入"按钮 ，系统打开动态输入功能，可以在屏幕上动态地输入某些参数数据。例如，绘制直线时，在光标附近会动态地显示"指定第一点"以及后面的坐标框，当前显示的是光标所在位置，可以输入数据，两个数据之间以逗号隔开，如图 1-36 所示。指定第一点后，系统动态显示直线的角度，同时要求输入线段长度值，如图 1-37 所示。其输入效果与"@长度<角度"方式相同。

图 1-36 动态输入坐标值

图 1-37 动态输入长度值

下面分别讲述一下点与距离值的输入方法。

1. 点的输入

绘图过程中，常需要输入点的位置，AutoCAD 提供了如下几种输入点的方式。

（1）用键盘直接在命令窗口中输入点的坐标。直角坐标有两种输入方式：x,y（点的绝对坐标值，例如，100，50）和@x,y（相对于上一点的相对坐标值，例如，@50，-30）。坐标值均相对于当前的用户坐标系。

极坐标的输入方式为：长度<角度（其中，长度为点到坐标原点的距离，角度为原点至该点连线与 X 轴的正向夹角，例如，20<45）或@长度<角度

（相对于上一点的相对极坐标，例如，@50<-30）。

（2）用鼠标等定标设备移动光标单击左键在屏幕上直接取点。

（3）用目标捕捉方式捕捉屏幕上已有图形的特殊点（如端点、中点、中心点、插入点、交点、切点、垂足点等，详见第4章）。

（4）直接输入距离。先用光标拖拉出橡筋线确定方向，然后用键盘输入距离。这样有利于准确控制对象的长度等参数。

2. 距离值的输入

在 AutoCAD 命令中，有时需要提供高度、宽度、半径、长度等距离值。AutoCAD 提供了两种输入距离值的方式：一种是用键盘在命令窗口中直接输入数值；另一种是在屏幕上拾取两点，以两点的距离值定出所需数值。

实例教学

下面以绘制一条20mm长的线段为例，介绍数据的输入方法。

STEP 绘制步骤

命令行提示与操作如下。

```
命令:LINE ✓
指定第一个点:（在屏幕上指定一点）
指定下一点或［放弃（U）］:
```

这时在屏幕上移动鼠标指针指明线段的方向，但不要单击鼠标左键确认，如图 1-38 所示。然后在命令行输入20，这样就在指定方向上准确地绘制了长度为20mm的线段。

图 1-38 绘制线段

1.5.4 | 按键定义

在AutoCAD中，除了可以通过在命令窗口输入命令、点取工具栏图标或点取菜单项来完成外，还可以使用键盘上的一组功能键或快捷键来快速实现指定功能，如单击F1键，系统调用AutoCAD帮助对话框。

系统使用AutoCAD传统标准（Windows之前）或Microsoft Windows标准解释快捷键。有些功能键或快捷键在AutoCAD的菜单中已经指出，如"粘贴"的快捷键为"Ctrl+V"，这些只要用户在使用的过程中多加留意，就会熟练掌握。快捷键的定义见菜单命令后面的说明，如"粘贴（P）Ctrl+V"。

1.6 上机实验

【实验1】熟悉操作界面

1. 目的要求

通过本实验的操作练习，熟悉并掌握AutoCAD 2019的操作界面。

2. 操作提示

（1）启动AutoCAD 2019，进入绘图界面。

（2）调整操作界面大小。

（3）设置绘图窗口颜色与光标大小。

（4）打开、移动、关闭工具栏和功能区。

（5）尝试同时利用命令行、下拉菜单和功能区绘制一条线段。

【实验2】管理图形文件

1. 目的要求

通过本实验的操作练习，熟悉并掌握管理AutoCAD 2019图形文件。

2. 操作提示

（1）启动AutoCAD 2019，进入绘图界面。

（2）打开一幅已经保存过的图形。

（3）进行自动保存设置。

（4）将图形以新的名字保存。

（5）尝试在图形上绘制任意图线。

（6）退出该图形。

（7）尝试重新打开按新名字保存的原图形。

【实验3】数据输入

1. 目的要求

通过本实验的操作练习，熟悉并掌握AutoCAD 2019图形文件的数据输入。

2. 操作提示

（1）在命令行输入"LINE"命令。

（2）输入起点的直角坐标方式下的绝对坐标值。

（3）输入下一点的直角坐标方式下的相对坐标值。

（4）输入下一点的极坐标方式下的绝对坐标值。

（5）输入下一点的极坐标方式下的相对坐标值。

（6）用鼠标直接指定下一点的位置。

（7）按下状态栏上的"正交"按钮，用鼠标拉出下一点的方向，在命令行输入一个数值。

（8）按<Enter>键结束绘制线段的操作。

【实验4】用缩放工具查看零件图的细节部分

1. 目的要求

如图1-39所示，本例给出的零件图形比较复杂，为了绘制或查看零件图的局部或整体，需要用到图形显示工具。通过本例的练习，要求读者熟练掌握各种图形显示工具的使用方法与技巧。

图1-39 零件图

2. 操作提示

（1）利用"平移"工具移动图形到一个合适位置。

（2）利用"缩放"工具栏中的各种缩放工具对图形各个局部进行缩放。

第2章

简单二维绘制命令

二维图形是指在二维平面空间绘制的图形，主要由一些图形元素组成，如点、直线、圆弧、圆、椭圆、矩形、多边形、多段线、样条曲线、多线等几何元素。AutoCAD 提供了大量的绘图工具，可以帮助用户完成二维图形的绘制。本章主要内容包括：直线、圆和圆弧、椭圆和椭圆弧、平面图形、点等。

重点与难点

- ➡ 直线类命令
- ➡ 圆类命令
- ➡ 平面图形
- ➡ 点命令

2.1 直线类命令

直线类命令包括直线段、射线和构造线。这几个命令是 AutoCAD 中最简单的绘图命令。

2.1.1 直线段

执行方式

命令行：LINE（快捷命令：L）。

菜单栏："绘图"→"直线"。

工具栏：单击"绘图"工具栏中的"直线"按钮 ／。

功能区：单击"默认"选项卡"绘图"面板中的"直线"按钮 ／。

操作步骤

命令行提示与操作如下。

```
命令：LINE↙
指定第一个点：输入直线段的起点坐标或在绘图区单
击指定点
指定下一点或 [放弃(U)]：输入直线段的端点坐标，
或单击光标指定一定角度后，直接输入直线的长度
指定下一点或 [放弃(U)]：输入下一直线段的端
点，或输入选项"U"表示放弃前面的输入；右击或
按<Enter>键，结束命令
指定下一点或 [闭合(C)/放弃(U)]：
输入下一直线段的端点，或输入选项"C"使图形闭合，
结束命令
```

选项说明

（1）输入点的坐标时，数值之间的逗号一定要在西文状态下输入，否则会出现错误。

（2）若采用按<Enter>键响应"指定第一点"提示，系统会把上次绘制图线的终点作为本次图线的起始点。若上次操作为绘制圆弧，按<Enter>键响应后绘出通过圆弧终点并与该圆弧相切的直线段，该线段的长度为光标在绘图区指定的一点与切点之间线段的距离。

（3）在"指定下一点"提示下，用户可以指定多个端点，从而绘出多条直线段。但是，每一条直线段是一个独立的对象，可以进行单独的编辑操作。

（4）绘制两条以上直线段后，若采用输入选项"C"响应"指定下一点"提示，系统会自动连接起始点和最后一个端点，从而绘出封闭的图形。

（5）若采用输入选项"U"响应提示，则删除最近一次绘制的直线段。

（6）若设置正交方式（按下状态栏中的"正交模式"按钮 ），只能绘制水平线段或垂直线段。

（7）若设置动态数据输入方式（按下状态栏中的"动态输入"按钮 ），则可以动态输入坐标或长度值，效果与非动态数据输入方式类似。除了特别需要，以后不再强调，而只按非动态数据输入方式输入相关数据。

实例教学

扫一扫

下面以图2-1所示的五角星为例，介绍一下直线命令的使用方法。

图2-1 五角星

STEP 绘制步骤

❶ 单击状态栏中的"动态输入"按钮 ，关闭动态输入。单击"默认"选项卡"绘图"面板中的"直线"按钮 ／，命令行提示与操作如下。

```
命令：_line
指定第一个点：
```

❷ 在命令行输入"120，120"（即顶点 P1 的位置，注意逗号一定是西文状态下输入）后回车，系统继续提示，以相似方法输入五角星的各个顶点，命令行提示与操作如下。

```
指定下一点或 [放弃(U)]：@ 80 < 252↙（P2
点，也可以按下状态栏上 按钮，在鼠标位置为108
°时，动态输入80，如图2-2所示）
指定下一点或 [放弃(U)]：159.091,90.870↙（P3点）
指定下一点或 [闭合(C)/放弃(U)]：@ -80,
0 ↙（P4 点，也可以按下"DYN"按钮，在鼠标位置
为180°时，动态输入80）
指定下一点或 [闭合(C)/放弃(U)]：144.721,
43.916 ↙（P5 点）
指定下一点或 [闭合(C)/放弃(U)]：C↙（封
闭五角星并结束命令）
```

图2-2　动态输入

直""角度""二等分""偏移"6种方式绘制构造线，分别如图2-3（a）~（f）所示。

（a）　　　　（b）　　　　（c）

（d）　　　　（e）　　　　（f）

图2-3　构造线

2.1.2 | 构造线

执行方式

命令行：XLINE（快捷命令：XL）。

菜单栏："绘图"→"构造线"。

工具栏：单击"绘图"工具栏中的"构造线"按钮 ✐。

功能区：单击"默认"选项卡"绘图"面板中的"构造线"按钮 ✐。

操作步骤

命令行提示与操作如下。

命令：XLINE ✓
指定点或 ［水平（H）／垂直（V）／角度（A）／二等分（B）／偏移（O）］：指定起点1
指定通过点： 指定通过点2，绘制一条双向无限长直线
指定通过点： 继续指定点，继续绘制直线，如图2-3（a）所示，按<Enter>键结束命令

选项说明

（1）执行选项中有"指定点""水平""垂

（2）构造线模拟手工作图中的辅助作图线。用特殊的线型显示，在图形输出时可不作输出。应用构造线作为辅助线绘制机械图中的三视图是构造线的最主要用途，构造线的应用保证了三视图之间"主、俯视图长对正，主、左视图高平齐，俯、左视图宽相等"的对应关系。图2-4所示为应用构造线作为辅助线绘制机械图中三视图的示例。图中细线为构造线，粗线为三视图轮廓线。

图2-4　构造线辅助绘制三视图

2.2 圆类命令

圆类命令主要包括"圆""圆弧""圆环""椭圆""椭圆弧"命令，这几个命令是AutoCAD中最简单的曲线命令。

2.2.1 | 圆

执行方式

命令行：CIRCLE（快捷命令：C）。

菜单栏："绘图"→"圆"。

工具栏：单击"绘图"工具栏中的"圆"按钮 ⊙。

功能区：单击"默认"选项卡"绘图"面板中

的"圆"按钮 ⊙。

操作步骤

命令行提示与操作如下。

命令：CIRCLE ✓
指定圆的圆心或 ［三点（3P）／两点（2P）／切点、切点、半径（T）］：指定圆心
指定圆的半径或 ［直径（D）］：直接输入半径值或

在绘图区单击指定半径长度
指定圆的直径 <默认值>：输入直径值或在绘图区
单击指定直径长度

选项说明

（1）三点（3P）：通过指定圆周上三点绘制圆。

（2）两点（2P）：通过指定直径的两端点绘制圆。

（3）切点、切点、半径（T）：通过先指定两个相切对象，再给出半径的方法绘制圆。图2-5（a）～（d）给出了以"切点、切点、半径"方式绘制圆的各种情形（加粗的圆为最后绘制的圆）。

（a）　　（b）　　（c）　　（d）

图2-5　圆与另外两个对象相切

单击菜单栏中的"绘图"→"圆"命令，其子菜单中多了一种"相切、相切、相切"的绘制方法，当单击此方式时（见图2-6），命令行提示与操作如下。

指定圆上的第一个点：_tan 到：单击相切的第一个圆弧
指定圆上的第二个点：_tan 到：单击相切的第二个圆弧
指定圆上的第三个点：_tan 到：单击相切的第三个圆弧

 注意　对于圆心点的单击，除了直接输入圆心点外，还可以利用圆心点与中心线的对应关系，单击对象捕捉的方法单击。按下状态栏中的"对象捕捉"按钮 ，命令行中会提示"命令:<对象捕捉开>"。

图2-6　"相切、相切、相切"绘制方法

实例教学

下面以图2-7所示的哈哈猪为例，介绍一下圆命令的使用方法。

扫一扫

图2-7　哈哈猪

STEP 绘制步骤

❶ 单击"默认"选项卡"绘图"面板中的"圆"按钮 ，绘制圆。绘制哈哈猪的两个眼睛，命令行提示与操作如下。

命令：CIRCLE ✓（输入绘制圆命令）
指定圆的圆心或 [三点（3P）/两点（2P）/切点、切点、半径（T）]：200，200 ✓（输入左边小圆的圆心坐标）
指定圆的半径或 [直径（D）] <75.3197>：25 ✓（输入圆的半径）
命令：C ✓（输入绘制圆命令的缩写名）
CIRCLE 指定圆的圆心或 [三点（3P）/两点（2P）/切点、切点、半径（T）]：2P ✓（两点方式绘制右边小圆）
指定圆直径的第一个端点：280，200 ✓（输入圆直径的左端点坐标）
指定圆直径的第二个端点：330，200 ✓（输入圆直径的右端点坐标）

绘制结果如图2-8所示。

图2-8　哈哈猪的眼睛

❷ 单击"默认"选项卡"绘图"面板中的"圆"按钮 ，以"切点、切点、半径"方式，捕捉两只眼睛的切点，绘制半径为50的圆。绘制哈哈猪的嘴巴，命令行提示与操作如下。

命令：✓（回车，或单击鼠标右键，继续执行绘制圆命令）
CIRCLE 指定圆的圆心或 [三点（3P）/两点（2P）/相切、相切、半径（T）]：T ✓（以"相切、相切、半径"方式绘制中间的圆，并自动打开"切点"捕捉功能）
指定对象与圆的第一个切点：（捕捉左边小圆的切点）
指定对象与圆的第二个切点：（捕捉右边小圆的切点）
指定圆的半径 <25.0000>：50（输入圆的半径）

绘制结果如图2-9所示。

图2-9 哈哈猪的嘴巴

❸ 选择菜单栏中的"绘图"→"圆"→"相切、相切、相切"命令，分别捕捉三个圆的切点，绘制圆。绘制哈哈猪的头部，命令行提示与操作如下。

```
命令：CIRCLE ✓
指定圆的圆心或 [三点（3P）/两点（2P）/相切、
相切、半径（T）]：3P✓（以三点方式绘制最外面
的大圆）
指定圆上的第一个点：（打开状态栏上的"对象捕捉"
按钮）
_tan 到（捕捉左边小圆的切点）
指定圆上的第二个点：（捕捉右边小圆的切点）
指定圆上的第三个点：（捕捉中间大圆的切点）
```

绘制结果如图2-10所示。

图2-10 哈哈猪的头部

❹ 利用"直线"命令，绘制哈哈猪的上下颌分界线。命令行提示与操作如下。

```
命令：line ✓
指定第一个点：（指定哈哈猪嘴巴圆上水平半径位置
左端点）
指定下一点或 [放弃（U）]：（指定哈哈猪嘴巴圆上
水平半径位置右端点）
指定下一点或 [放弃（U）]：✓
```

绘制结果如图2-11所示。

图2-11 哈哈猪的上下颌分界线

❺ 利用"圆"命令，绘制哈哈猪的鼻子。命令行提示与操作如下。

```
命令：_circle
指定圆的圆心或 [三点（3P）/两点（2P）/ 切点、
切点、半径（T）]：225，165 ✓
指定圆的半径或 [直径（D）] <10.0000>：D✓
指定圆的直径 <10.0000>：20 ✓
命令：_circle
指定圆的圆心或 [三点（3P）/两点（2P）/ 切点、
切点、半径（T）]：280，165 ✓
指定圆的半径或 [直径（D）] <10.0000>：D✓
指定圆的直径 <10.0000>：20 ✓
```

最终结果如图2-7所示。

2.2.2 圆弧

执行方式

命令行：ARC（快捷命令：A）。

菜单栏："绘图"→"圆弧"。

工具栏：单击"绘图"工具栏中的"圆弧"按钮 。

功能区：单击"默认"选项卡"绘图"面板中的"圆弧"按钮 。

操作步骤

命令行提示与操作如下。

```
命令：ARC ✓
指定圆弧的起点或 [圆心（C）]：指定起点
指定圆弧的第二点或 [圆心（C）/端点（E）]：指
定第二点
指定圆弧的端点：指定末端点
```

选项说明

（1）用命令行方式绘制圆弧时，可以根据系统提示单击不同的选项，具体功能和单击菜单栏中的"绘图"→"圆弧"中子菜单提供的11种方式相似。这11种方式绘制的圆弧分别如图2-12(a)~(k)所示。

图2-12 11种方法绘制的圆弧

（g）　　　　　（h）

（i）　　　　　（j）　　　　　（k）

图 2-12　11 种方法绘制的圆弧（续）

（2）需要强调的是"继续"方式，绘制的圆弧
与上一线段圆弧相切。继续绘制圆弧段，只提供端
点即可。

注意 绘制圆弧时，圆弧的曲率是遵循逆时针
　　　方向的，所以在单击指定圆弧两个端点
和半径模式时，需要注意端点的指定顺序，否则
有可能导致圆弧的凹凸形状与预期的相反。

实例教学

下面以图 2-13 所示的椅子
为例，介绍一下圆弧命令的使用
方法。

扫一扫

图 2-13　椅子

STEP 绘制步骤

❶ 单击"默认"选项卡"绘图"面板中的"直线"
按钮／，绘制初步轮廓结果如图 2-14 所示。

图 2-14　椅子初步轮廓

❷ 利用"圆弧"命令，绘制图形。命令行提示与操
作如下。

命令：ARC ↙
指定圆弧的起点或 [圆心（C）]：（用鼠标指定左上

方竖线段端点 1，如图 2-14 所示）
指定圆弧的第二点或 [圆心（C）/端点（E）]：（用
鼠标在上方两竖线段正中间指定一点 2）
指定圆弧的端点：（用鼠标指定右上方竖线段端点 3）
绘制结果如图 2-15 所示。

图 2-15　绘制圆弧

❸ 利用"直线"命令，绘制图形。命令行提示与操
作如下。

命令：LINE ↙
指定第一个点：（用鼠标在刚才绘制圆弧上指定一点）
指定下一点或 [放弃（U）]：（在垂直方向上用鼠标
在中间水平线段上指定一点）
指定下一点或 [放弃（U）]：

同样方法圆弧上指定一点为起点向下绘制另一
条竖线段。

绘制结果如图 2-16 所示。

图 2-16　绘制线段（1）

再以图 2-14 中 1、3 两点下面的水平线段的端
点为起点各向下适当距离绘制两条竖直线段。单击
"默认"选项卡"绘图"面板中的"直线"按钮／，
命令行提示与操作如下。

命令：LINE ↙
指定第一个点：（用鼠标指定水平直线的左端点）
指定下一点或 [放弃（U）]：（在垂直方向上用鼠标
指定一点）
指定下一点或 [放弃（U）]：↙
绘制结果如图 2-17 所示。

图 2-17　绘制线段（2）

❹ 利用"圆弧"命令，以同样方法绘制扶手位置的
圆弧。命令行提示与操作如下。

命令：ARC ✓
指定圆弧的起点或 ［圆心（C）］：（用鼠标指定左边第一条竖线段上端点 4，如图 2-17 所示）
指定圆弧的第二点或 ［圆心（C）/端点（E）］：（用上面刚绘制的竖线段上端点 5）
指定圆弧的端点：（用鼠标指定左下方第二条竖线段上端点 6）

绘制结果如图 2-18 所示。

图 2-18　绘制圆弧

❺ 利用"圆弧"命令，以同样方法绘制其他扶手位置处圆弧，如图 2-19 所示。

图 2-19　绘制其他圆弧

❻ 单击"默认"选项卡"绘图"面板中的"直线"按钮 ✏，在扶手下侧圆弧中点绘制适当长度的竖直线段，如图 2-20 所示。

图 2-20　绘制竖直线段

❼ 利用"圆弧"命令，在第❻步绘制的两条竖直线端点位置处绘制适当的圆弧，最后完成图形如图 2-13 所示。

2.2.3 | 圆环

命令行：DONUT（快捷命令：DO）。
菜单栏："绘图"→"圆环"。
功能区：单击"默认"选项卡"绘图"面板中的"圆环"按钮 ◉。

命令行提示与操作如下。

命令：DONUT ✓
指定圆环的内径 ＜默认值＞：指定圆环内径
指定圆环的外径 ＜默认值＞：指定圆环外径
指定圆环的中心点或 ＜退出＞：指定圆环的中心点
指定圆环的中心点或 ＜退出＞：继续指定圆环的中心点，则继续绘制相同内外径的圆环

按＜Enter＞、＜Space＞键或右击结束命令，如图 2-21（a）所示。

（1）若指定内径为零，则画出实心填充圆，如图 2-21（b）所示。

（2）用命令 FILL 可以控制圆环是否填充，具体方法如下。

命令：FILL ✓
输入模式 ［开（ON）/关（OFF）］＜开＞：（单击"开"表示填充，单击"关"表示不填充，如图 2-21（c）所示）

（a）　　　（b）　　　（c）

图 2-21　绘制圆环

2.2.4 | 椭圆与椭圆弧

命令行：ELLIPSE（快捷命令：EL）。
菜单栏："绘图"→"椭圆"→"椭圆弧"。
工具栏：单击"绘图"工具栏中的"椭圆"按钮 ⬭或"椭圆弧"按钮 ⬭。
功能区：单击"默认"选项卡"绘图"面板中的"圆心"按钮 ⬭、"轴，端点"按钮 ⬭或"椭圆弧"按钮 ⬭。

命令行提示与操作如下。

命令：ELLIPSE ✓
指定椭圆的轴端点或 ［圆弧（A）/中心点（C）］：指定轴端点 1，如图 2-22（a）所示
指定轴的另一个端点：指定轴端点 2，如图 2-22（a）所示
指定另一条半轴长度或 ［旋转（R）］：

（1）指定椭圆的轴端点：根据两个端点定义椭

圆的第一条轴，第一条轴的角度确定了整个椭圆的角度。第一条轴既可定义椭圆的长轴，也可定义其短轴。

（2）圆弧（A）：用于创建一段椭圆弧，与"单击'绘图'工具栏中的'椭圆弧'按钮⊙"功能相同。其中第一条轴的角度确定了椭圆弧的角度。第一条轴既可定义椭圆弧的长轴，也可定义其短轴。单击该项，系统命令行中继续提示如下。

> 指定椭圆弧的轴端点或 ［中心点（C）］：指定端点或输入"C"✓
> 指定轴的另一个端点：指定另一端点
> 指定另一条半轴长度或 ［旋转（R）］：指定另一条半轴长度或输入"R"✓
> 指定起点角度或 ［参数（P）］：指定起始角度或输入"P"✓
> 指定端点角度或 ［参数（P）/夹角（I）］：

其中各选项含义如下。

1）起始角度：指定椭圆弧端点的两种方式之一，光标与椭圆中心点连线的夹角为椭圆端点位置的角度，如图2-22（b）所示。

（a）椭圆　　　　　　　（b）椭圆弧

图2-22　椭圆和椭圆弧

2）参数（P）：指定椭圆弧端点的另一种方式，该方式同样是指定椭圆弧端点的角度，但通过以下矢量参数方程式创建椭圆弧。

$$p(u) = c + a \times \cos(u) + b \times \sin(u)$$

其中，c为椭圆的中心点，a和b分别为椭圆的长轴和短轴，u为光标与椭圆中心点连线的夹角。

3）夹角（I）：定义从起始角度开始的包含角度。

4）中心点（C）：通过指定的中心点创建椭圆。

5）旋转（R）：通过绕第一条轴旋转圆来创建椭圆。相当于将一个圆绕椭圆轴翻转一个角度后的投影视图。

> 椭圆命令生成的椭圆是以多义线还是以椭圆为实体，是由系统变量PELLIPSE决定的，当其为1时，生成的椭圆就以多义线形式存在。

 实例教学

扫一扫

下面以图2-23所示的浴室洗脸盆为例，介绍一下椭圆与椭圆弧命令的使用方法。

图2-23　浴室洗脸盆

STEP 绘制步骤

❶ 单击"默认"选项卡"绘图"面板中的"直线"按钮╱，绘制水龙头图形，绘制结果如图2-24所示。

图2-24　绘制水龙头

❷ 单击"默认"选项卡"绘图"面板中的"圆"按钮⊙，绘制两个水龙头旋钮，绘制结果如图2-25所示。

图2-25　绘制水龙头旋钮

❸ 利用"椭圆"命令，绘制洗脸盆外沿，命令行提示与操作如下。

> 命令：_ellipse
> 指定椭圆的轴端点或 ［圆弧（A）/中心点（C）］：指定椭圆轴端点
> 指定轴的另一个端点：指定另一端点
> 指定另一条半轴长度或 ［旋转（R）］：在绘图区拉出另一半轴长度

绘制结果如图2-26所示。

图2-26　绘制洗脸盆外沿

❹ 利用"椭圆弧"命令，绘制洗脸盆部分内沿，命令行提示与操作如下。

> 命令：_ellipse
> 指定椭圆的轴端点或 ［圆弧（A）/中心点（C）］：A
> 指定椭圆弧的轴端点或 ［中心点（C）］：C✓
> 指定椭圆弧的中心点：按下状态栏中的"对象捕捉"按钮▢，捕捉绘制的椭圆中心点
> 指定轴的端点：适当指定一点
> 指定另一条半轴长度或 ［旋转（R）］：R✓
> 指定绕长轴旋转的角度：在绘图区指定椭圆轴端点
> 指定起点角度或 ［参数（P）］：在绘图区拉出起始角度
> 指定端点角度或 ［参数（P）/夹角（I）］：在绘图区拉出终止角度

绘制结果如图2-27所示。

图2-27 绘制洗脸盆部分内沿

❺ 单击"默认"选项卡"绘图"面板中的"圆弧"按钮 ⟋，绘制洗脸盆内沿和其他部分，最终绘制结果如图2-23所示。

2.3 平面图形

2.3.1 矩形

执行方式

命令行：RECTANG（快捷命令：REC）。

菜单栏："绘图"→"矩形"。

工具栏：单击"绘图"工具栏中的"矩形"按钮▢。

功能区：单击"默认"选项卡"绘图"面板中的"矩形"按钮 ▢。

操作步骤

命令行提示与操作如下。

> 命令：RECTANG✓
> 指定第一个角点或 ［倒角（C）/标高（E）/圆角（F）/厚度（T）/宽度（W）］：指定角点
> 指定另一个角点或 ［面积（A）/尺寸（D）/旋转（R）］：

选项说明

（1）第一个角点：通过指定两个角点确定矩形，如图2-28（a）所示。

（2）倒角（C）：指定倒角距离，绘制带倒角的矩形，如图2-28（b）所示。每一个角点的逆时针和顺时针方向的倒角可以相同，也可以不同，其中第一个倒角距离是指角点逆时针方向倒角距离，第二个倒角距离是指角点顺时针方向倒角距离。

（3）标高（E）：指定矩形标高（Z坐标），即把矩形放置在标高为Z并与XOY坐标面平行的平面上，并作为后续矩形的标高值。

（4）圆角（F）：指定圆角半径，绘制带圆角的矩形，如图2-28（c）所示。

（5）厚度（T）：指定矩形的厚度，如图2-28（d）所示。

（6）宽度（W）：指定线宽，如图2-28（e）所示。

（a）　　　（b）　　　（c）

（d）　　　（e）

图2-28 绘制矩形

（7）面积（A）：指定面积和长或宽创建矩形。单击该项，命令行提示与操作如下。

> 输入以当前单位计算的矩形面积 <20.0000>：输入面积值
> 计算矩形标注时依据 ［长度（L）/宽度（W）］ <长度>：按 <Enter> 键或输入"W"
> 输入矩形长度 <4.0000>：指定长度或宽度

指定长度或宽度后，系统自动计算另一个维度，绘制出矩形。如果矩形被倒角或圆角，则长度或面积计算中也会考虑此设置，如图2-29所示。

倒角距离 (1,1) 面积　　圆角半径：1.0 面
：20 长度：6　　　积：20 宽度：6

图 2-29　按面积绘制矩形

（8）尺寸（D）。使用长和宽创建矩形，第二个指定点将矩形定位在与第一角点相关的4个位置之一内。

（9）旋转（R）。使所绘制的矩形旋转一定角度。单击该项，命令行提示与操作如下。

> 指定旋转角度或 [拾取点（P）] <135>：指定角度
> 指定另一个角点或 [面积(A)/尺寸(D)/旋转(R)]：
> 指定另一个角点或单击其他选项

指定旋转角度后，系统按指定角度创建矩形，如图2-30所示。

图 2-30　按指定旋转角度绘制矩形

实例教学

下面以图2-31所示方头平键为例，介绍一下矩形命令的使用方法。

扫一扫

图 2-31　方头平键

STEP 绘制步骤

❶ 利用"矩形"命令，绘制主视图外形，命令行提示与操作如下。

> 命令：rectang
> 指定第一个角点或 [倒角（C）/标高（E）/圆角（F）/厚度（T）/宽度（W）]：0，30✓
> 指定另一个角点或 [面积（A）/尺寸（D）/旋转（R）]：@100，11✓
> 绘制结果如图2-32所示。

图 2-32　绘制主视图外形

❷ 单击"默认"选项卡"绘图"面板中的"直线"

按钮╱，绘制主视图两条棱线。一条棱线端点的坐标值为（0，32）和（@100，0），另一条棱线端点的坐标值为（0，39）和（@100，0），绘制结果如图2-33所示。

图 2-33　绘制主视图棱线

❸ 单击"默认"选项卡"绘图"面板中的"构造线"按钮╱，绘制构造线，命令行提示与操作如下。

> 命令：_xline指定点或 [水平（H）/垂直（V）/角度（A）/二等分（B）/偏移（O）]：指定主视图左边竖线上一点
> 指定通过点：指定竖直位置上一点
> 指定通过点：✓

采用同样的方法绘制右边竖直构造线，绘制结果如图2-34所示。

图 2-34　绘制竖直构造线

❹ 利用"矩形"命令，绘制俯视图，命令行提示与操作如下。

> 命令：rectang
> 指定第一个角点或 [倒角（C）/标高（E）/圆角（F）/厚度（T）/宽度（W）]：0.18
> 指定另一个角点或 [面积（A）/尺寸（D）/旋转（R）]：@100，-18

❺ 单击"默认"选项卡"绘图"面板中的"直线"按钮╱，接着绘制两条直线，端点分别为｛（0，2），（@100，0）｝和｛（0，16），（@100，0）｝，绘制结果如图2-35所示。

图 2-35　绘制俯视图

❻ 单击"默认"选项卡"绘图"面板中的"构造线"按钮╱，绘制左视图构造线，命令行提示与操作如下。

> 命令：_xline 指定点或 [水平（H）/垂直（V）/角度（A）/二等分（B）/偏移（O）]：H✓
> 指定通过点：指定主视图上右上端点
> 指定通过点：指定主视图上右下端点
> 指定通过点：指定俯视图上右上端点
> 指定通过点：指定俯视图上右下端点
> 指定通过点：✓

命令：✓（按 <Enter> 键或空格键表示重复绘制构造线命令）

指定点或 ［水平（H）/ 垂直（V）/ 角度（A）/ 二等分（B）/ 偏移（O）］：A✓

输入构造线的角度（0）或 ［参照（R）］：-45✓

指定通过点：任意指定一点

指定通过点：✓

命令：✓

指定点或 ［水平（H）/ 垂直（V）/ 角度（A）/ 二等分（B）/ 偏移（O）］：V✓

指定通过点：指定斜线与向下数第 3 条水平线的交点

指定通过点：指定斜线与向下数第 4 条水平线的交点

绘制结果如图 2-36 所示。

图 2-36 绘制左视图构造线

❼ 利用"矩形"命令，按照绘制的构造线网格绘制左视图，设置矩形两个倒角距离为 2，命令行提示与操作如下。

```
命令：_rectang
指定第一个角点或 ［倒角（C）/标高（E）/圆角（F）/
厚度（T）/宽度（W）］：C✓
指定矩形的第一个倒角距离 <21.0950>：2
指定矩形的第二个倒角距离 <2.0000>：✓
指定第一个角点或 ［倒角（C）/标高（E）/圆角（F）/
厚度（T）/宽度（W）］：（按构造线确定位置指定一
个角点）
指定另一个角点或 ［面积（A）/尺寸（D）/旋转（R）］：
（按构造线确定位置指定另一个角点）
```

绘制结果如图 2-37 所示。

图 2-37 绘制左视图

❽ 删除构造线，最终绘制结果如图 2-31 所示。

2.3.2 正多边形

执行方式

命令行：POLYGON（快捷命令：POL）。

菜单栏："绘图"→"正多边形"。

工具栏：单击"绘图"工具栏中的"多边形"按钮 ⬡。

功能区：单击"默认"选项卡"绘图"面板中

的"多边形"按钮 ⬠。

操作步骤

命令行提示与操作如下。

```
命令：POLYGON ✓
输入边的数目 <4>：指定多边形的边数，默认值为 4
指定正多边形的中心点或 ［边（E）］：指定中心点
输入选项 ［内接于圆（I）/ 外切于圆（C）］ <I>：
指定是内接于圆或外切于圆
指定圆的半径：指定外接圆或内切圆的半径
```

选项说明

（1）边（E）：单击该选项，则只要指定多边形的一条边，系统就会按逆时针方向创建该正多边形，如图 2-38（a）所示。

（2）内接于圆（I）：单击该选项，绘制的多边形内接于圆，如图 2-38（b）所示。

（3）外切于圆（C）：单击该选项，绘制的多边形外切于圆，如图 2-38（c）所示。

（a）　　　　　（b）　　　　　（c）

图 2-38 绘制正多边形

实例教学

扫一扫

下面以图 2-39 所示的螺母为例，介绍一下多边形命令的使用方法。

图 2-39 螺母

STEP 绘制步骤

❶ 单击"默认"选项卡"绘图"面板中的"圆"按钮 ⊙，以（150，150）为圆心，以 30 为半径绘制圆，结果如图 2-40 所示。

图 2-40 绘制圆

❷ 利用"多边形"命令，绘制中心点为（150，150），外切圆半径为 30 的多边形。命令行提示与操作如下。

```
命令：polygon ↙
输入侧面数 <4>：6
指定正多边形的中心点或 [边（E）]：150，150 ↙
输入选项 [内接于圆（I）/外切于圆（C）] <I>：c ↙
指定圆的半径：30 ↙
```

绘制结果如图 2-41 所示。

图 2-41　绘制正六边形

❸ 单击"默认"选项卡"绘图"面板中的"圆"按钮⊙，同样以（150，150）为圆心，以 20 为半径绘制另一个圆，结果如图 2-39 所示。

2.4　点命令

点在 AutoCAD 中有多种不同的表示方式，用户可以根据需要进行设置，也可以设置等分点和测量点。

2.4.1　点

执行方式

命令行：POINT（快捷命令：PO）。

菜单栏："绘图"→"点"。

工具栏：单击"绘图"工具栏中的"点"按钮 ∴。

功能区：单击"默认"选项卡"绘图"面板中的"多点"按钮 ∴。

操作步骤

命令行提示与操作如下。

```
命令：POINT ↙
当前点模式：PDMODE=0  PDSIZE=0.0000
指定点：指定点所在的位置。
```

选项说明

（1）通过菜单方法操作时（见图2-42），"单点"命令表示只输入一个点，"多点"命令表示可输入多个点。

（2）可以按下状态栏中的"对象捕捉"按钮 ，设置点捕捉模式，帮助用户单击点。

（3）点在图形中的表示样式，共有20种。可通过"DDPTYPE"命令或单击菜单栏中的"格式"→"点样式"命令，通过打开的"点样式"对话框来设置，如图2-43所示。

图 2-42　"点"的子菜单

图 2-43　"点样式"对话框

2.4.2 等分点

执行方式

命令行：DIVIDE（快捷命令：DIV）。

菜单栏："绘图"→"点"→"定数等分"。

功能区：单击"默认"选项卡"绘图"面板中的"定数等分"按钮。

操作步骤

命令行提示与操作如下。

命令：DIVIDE ✓
选择要定数等分的对象：
输入线段数目或 ［块（B）］：指定实体的等分数
图2-44（a）所示为绘制等分点的图形。

选项说明

（1）等分数目范围为2～32767。

（2）在等分点处，按当前点样式设置画出等分点。

（3）在第二提示行单击"块（B）"选项时，表示在等分点处插入指定的块。

2.4.3 测量点

执行方式

命令行：MEASURE（快捷命令：ME）。

菜单栏："绘图"→"点"→"定距等分"。

功能区：单击"默认"选项卡"绘图"面板中的"定距等分"按钮。

操作步骤

命令行提示与操作如下。

命令：MEASURE ✓
选择要定距等分的对象：单击要设置测量点的实体
指定线段长度或 ［块（B）］：指定分段长度
图2-44（b）所示为绘制测量点的图形。

（a）　　　　　（b）

图2-44　绘制等分点和测量点

选项说明

（1）设置的起点一般是指定线的绘制起点。

（2）在第二提示行单击"块（B）"选项时，表示在测量点处插入指定的块。

（3）在等分点处，按当前点样式设置绘制测量点。

（4）最后一个测量段的长度不一定等于指定分段长度。

实例教学

扫一扫

下面以图2-45所示楼梯为例，介绍一下等分点命令的使用方法。

图2-45　楼梯

STEP 绘制步骤

❶ 单击"默认"选项卡"绘图"面板中的"直线"按钮，绘制墙体与扶手，如图 2-46 所示。

图2-46　绘制墙体与扶手

❷ 单击"格式"→"点样式"命令，在打开的"点样式"对话框中单击"X"样式，如图2-47所示。

图2-47　"点样式"对话框

❸ 利用"定数等分"命令，以左边扶手的外面线段
为对象，数目为8，绘制等分点，如图2-48所示。

图2-48 绘制等分点

图2-49 绘制水平线段

❹ 单击"默认"选项卡"绘图"面板中的"直线"
按钮╱，分别以等分点为起点、左边墙体上的
点为终点绘制水平线段，如图2-49所示。

❺ 单击"默认"选项卡"修改"面板中的"删除"
按钮╱，删除绘制的等分点，如图2-50所示。

❻ 用相同方法绘制另一侧楼梯，最终结果如图
2-45所示。

图2-50 删除等分点

2.5 综合演练——汽车的绘制

本实例绘制的汽车简易造型，如图2-51所示。大体顺序是先绘制两个车轮，从而确定
汽车的大体尺寸和位置；然后绘制车体轮廓；最后绘制车窗。绘制过程中要用到直线、圆、
圆弧、圆环、矩形和正多边形等命令。

扫一扫

图2-51 汽车

STEP 绘制步骤

❶ 绘制车轮。

（1）单击"默认"选项卡"绘图"面板中的"圆"
按钮⊙，绘制圆。命令行提示与操作如下。

```
命令：_circle
指定圆的圆心或 [三点（3P）/两点（2P）/相切、
相切、半径（T）]：500, 200 ✓
指定圆的半径或 [直径（D）] <163.7959>：150 ✓
结果如图2-52所示。
```

图2-52 绘制圆

（2）用同样方法，指定圆心坐标为（1500,

200），半径为150绘制另外一个圆，如图2-53
所示。

图2-53 绘制另外一个圆

（3）选择菜单栏中的"绘图"→"圆环"命令，
绘制两个圆环。命令行提示与操作如下。

```
命令：_donut
指定圆环的内径 <10.0000>：30 ✓
指定圆环的外径 <80.0000>:100 ✓
指定圆环的中心点或 <退出>:500, 200 ✓
指定圆环的中心点或 <退出>:1500, 200 ✓
指定圆环的中心点或 <退出>:✓
结果如图2-54所示。
```

图2-54 绘制车轮

❷ 绘制车体轮廓。

（1）单击"默认"选项卡"绘图"面板中的"直线"按钮 ╱，绘制底板。命令行提示与操作如下。

```
命令：_line
指定第一个点：50，200 ✓
指定下一点或 [放弃（U）]：350，200 ✓
指定下一点或 [放弃（U）]：✓
```

结果如图2-55所示。

图2-55 绘制底板

（2）用同样方法，指定端点坐标分别为{（650，200）、（1350，200）}和{（1650，200）、（2200，200）}绘制两条线段，如图2-56所示。

图2-56 继续绘制底板

（3）单击"默认"选项卡"绘图"面板中的"多段线"按钮 ，绘制轮廓。命令行提示与操作如下。

```
命令：_pline
指定起点：50，200 ✓
当前线宽为 0.0000
指定下一个点或 [圆弧（A）/半宽（H）/长度（L）/
放弃（U）/宽度（W）]：a✓（在AutoCAD中，执
行命令时，采用大写字母与小写字母效果相同）
指定圆弧的端点（按住 Ctrl 键以切换方向）或 [角度
（A）/圆心（CE）/方向（D）/直线（L）/半
径（R）/第二个点（S）/放弃（U）/宽度（W）]：s✓
指定圆弧上的第二个点：0，380 ✓
指定圆弧的端点：50，550 ✓
指定圆弧的端点（按住 Ctrl 键以切换方向）或 [角
度（A）/圆心（CE）/闭合（CL）/方向（D）/半
宽（H）/直线（L）/半径（R）/第二个点（S）/放
弃（U）/宽度（W）]：l✓
指定下一点或 [圆弧（A）/闭合（C）/半宽（H）/
长度（L）/放弃（U）/宽度（W）]：@375，0 ✓
指定下一点或 [圆弧（A）/闭合（C）/半宽（H）/
长度（L）/放弃（U）/宽度（W）]：@160，240 ✓
指定下一点或 [圆弧（A）/闭合（C）/半宽（H）/
长度（L）/放弃（U）/宽度（W）]：@780，0 ✓
指定下一点或 [圆弧（A）/闭合（C）/半宽（H）/
长度（L）/放弃（U）/宽度（W）]：@365，-285 ✓
指定下一点或 [圆弧（A）/闭合（C）/半宽（H）/
```

```
长度（L）/放弃（U）/宽度（W）]：@470，-60 ✓
指定下一点或 [圆弧（A）/闭合（C）/半宽（H）/
长度（L）/放弃（U）/宽度（W）]：✓
```

结果如图2-57所示。

图2-57 绘制轮廓

（4）单击"默认"选项卡"绘图"面板中的"圆弧"按钮 ，绘制圆弧。命令行提示与操作如下。

```
命令：_arc
指定圆弧的起点或 [圆心（C）]：2200，200 ✓
指定圆弧的第二个点或 [圆心（C）/端点（E）]：2256，
322 ✓
指定圆弧的端点：2200，445 ✓
```

结果如图2-58所示。

图2-58 绘制圆弧

❸ 绘制车窗。

（1）单击"默认"选项卡"绘图"面板中的"矩形"按钮 ，绘制矩形。命令行提示与操作如下。

```
命令：_rectang
指定第一个角点或 [倒角（C）/标高（E）/圆角（F）/
厚度（T）/宽度（W）]：650，730 ✓
指定另一个角点或 [面积（A）/尺寸（D）/旋转（R）]：
880，370 ✓
```

结果如图2-59所示。

图2-59 绘制矩形

（2）单击"默认"选项卡"绘图"面板中的"多边形"按钮 ，命令行提示与操作如下。

```
命令：_polygon
输入边的数目 <4>：✓
指定正多边形的中心点或 [边（E）]：e✓
指定边的第一个端点：920，730 ✓
指定边的第二个端点：920，370 ✓
```

结果如图2-51所示。

2.6 上机实验

【实验1】绘制螺栓

1. 目的要求

如图2-60所示，本例图形涉及的命令主要是"直线"。为了做到准确无误，要求通过坐标值的输入指定直线的相关点，从而使读者灵活掌握直线的绘制方法。

图2-60 螺栓

2. 操作提示

利用"直线"命令绘制螺栓。

【实验2】绘制连环圆

1. 目的要求

如图2-61所示，本例图形涉及的命令主要是"圆"，可以使读者灵活掌握圆的绘制方法。

图2-61 连环圆

2. 操作提示

利用"圆"命令绘制连环圆。

【实验3】绘制五瓣梅

1. 目的要求

如图2-62所示，本例图形涉及的命令主要是"圆弧"。为了做到准确无误，要求通过坐标值的输入指定圆弧的相关点，从而使读者灵活掌握圆弧的绘制方法。

2. 操作提示

利用"圆弧"命令绘制五瓣梅。

图2-62 五瓣梅

【实验4】绘制卡通造型

1. 目的要求

如图2-63所示，本例图形涉及各种命令。做到准确无误，从而使读者灵活掌握各种命令的绘制方法。

图2-63 卡通造型

2. 操作提示

主要是利用"直线""圆""多边形""椭圆""圆环"绘制卡通造型。

【实验5】绘制棘轮

1. 目的要求

如图2-64所示，本例图形涉及"直线""圆"和"等分点"命令。做到准确无误，从而使读者灵活掌握各种命令的绘制方法。

图2-64 棘轮

2. 操作提示

（1）利用"圆"命令绘制三个同心圆。

（2）利用"等分点"命令对外面的两个圆进行同数量的等分。

（3）利用"直线"命令依次连接等分点。

（4）删除外面的两个圆。

第 3 章

文字与表格

文字注释是图形中很重要的一部分内容，在进行各种设计时，通常不仅要绘出图形，还要在图形中标注一些文字，如技术要求、注释说明等，对图形对象加以解释。AutoCAD提供了多种写入文字的方法，本章将介绍文本的标注和编辑功能。图表在 AutoCAD 图形中也有大量的应用，如明细表、参数表和标题栏等，本章还介绍了与图表有关的内容。

重点与难点

- 文本样式
- 文本标注
- 文本编辑
- 表格

3.1 文本样式

所有AutoCAD图形中的文字都有与其相对应的文本样式。当输入文字对象时，AutoCAD使用当前设置的文本样式。文本样式是用来控制文字基本形状的一组设置。AutoCAD 2019提供了"文字样式"对话框，通过这个对话框可以方便直观地设置需要的文本样式，或是对已有样式进行修改。

执行方式

命令行：STYLE（快捷命令：ST）或DDSTYLE。

菜单栏："格式"→"文字样式"。

工具栏：单击"文字"工具栏中的"文字样式"按钮 A。

功能区：单击"默认"选项卡"注释"面板中的"文字样式"按钮 A（见图3-1）或单击"注释"选项卡"文字"面板上的"文字样式"下拉菜单中的"管理文字样式"按钮（见图3-2）或单击"注释"选项卡"文字"面板中的"对话框启动器"按钮。

图3-1 "注释"面板1

图3-2 "文字"面板

执行上述操作后，系统打开"文字样式"对话框，如图3-3所示。

图3-3 "文字样式"对话框

选项说明

（1）"样式"列表框：列出所有已设定的文字样式名或对已有样式名进行相关操作。单击"新建"按钮，系统打开如图3-4所示的"新建文字样式"对话框。在该对话框中可以为新建的文字样式输入名称。从"样式"列表框中选中要改名的文本样式并右击，选择快捷菜单中的"重命名"命令，可以为所选文本样式输入新的名称，如图3-5所示。

图3-4 "新建文字样式"对话框

图3-5 快捷菜单

（2）"字体"选项组：用于确定字体样式。文字的字体确定字符的形状，在AutoCAD中，除了它固有的SHX形状字体文件外，还可以使用TrueType字体（如宋体、楷体等）。一种字体可以设置不同的效果，从而被多种文本样式使用，图3-6所示就是同一种字体（宋体）的不同样式。

图3-6 同一种字体的不同样式

（3）"大小"选项组：用于确定文本样式使用的字体文件、字体风格及字高。"高度"文本框用来设置创建文字时的固定字高，在用TEXT命令输入文字时，AutoCAD不再提示输入字高参数。如果在此文本框中设置字高为0，系统会在每一次创建文字时提示输入字高。所以，如果不想固定字高，就可以把"高度"文本框中的数值设置为0。

（4）"效果"选项组。

1）"颠倒"复选框：勾选该复选框，表示将文本文字倒置标注，如图3-7（a）所示。

2）"反向"复选框：确定是否将文本文字反向标注，如图3-7（b）所示。

ABCDEFGHIJKLMN ABCDEFGHIJKLMN

（a）   （b）

图3-7　文字倒置标注与反向标注

3）"垂直"复选框：确定文本是水平标注还是垂直标注。勾选该复选框时为垂直标注，否则为水平标注。垂直标注效果如图3-8所示。

$abcd$
a
b
c
d

图3-8　垂直标注文字

4）"宽度因子"文本框：设置宽度系数，确定文本字符的宽高比。当比例系数为1时，表示将按字体文件中定义的宽高比标注文字；当此系数小于1时，字会变窄，反之变宽。图3-6所示是在不同比例系数下标注的文本文字。

5）"倾斜角度"文本框：用于确定文字的倾斜角度。角度为0时不倾斜，为正数时向右倾斜，为负数时向左倾斜，效果如图3-6所示。

（5）"应用"按钮：确认对文字样式的设置。当创建新的文字样式或对现有文字样式的某些特征进行修改后，都需要单击此按钮，系统才会确认所做的改动。

（6）"置为当前"按钮：该按钮用于将在"样式"下选定的样式设置为当前。

（7）"新建"按钮：该按钮用于新建文字样式。单击此按钮，系统会弹出如图3-9所示的"新建文字样式"对话框并自动为当前设置提供名称"样式n"（其中n为所提供样式的编号）。可以采用默认值或在该框中输入名称，然后单击"确定"按钮使新样式名使用当前样式设置。

图3-9　"新建文字样式"对话框

（8）"删除"按钮：该按钮用于删除未使用文字样式。

3.2　文本标注

在绘制图形的过程中，文字传递了很多设计信息，它可能是一个很复杂的说明，也可能是一个简短的说明。当需要文字标注的本文不太长时，可以利用TEXT命令创建单行文本；当需要标注很长、很复杂的文字信息时，可以利用MTEXT命令创建多行文本。

3.2.1　单行文本标注

执行方式

命令行：TEXT。

菜单栏："绘图"→"文字"→"单行文字"。

工具栏：单击"文字"工具栏中的"单行文字"按钮A。

功能区：单击"注释"选项卡"文字"面板中的"单行文字"按钮A或单击"默认"选项卡"注释"面板中的"单行文字"按钮A。

操作步骤

命令行提示如下。

```
命令：TEXT↙
当前文字样式："Standard"　文字高度：
2.5000 注释性：否 对正：左
指定文字的起点或［对正（J）/样式（S）］：
```

选项说明

（1）指定文字的起点：在此提示下直接在绘

图区选择一点作为输入文本的起始点。命令行提示如下。

> 指定高度 <0.2000>：确定文字高度
> 指定文字的旋转角度 <0>：确定文本行的倾斜角度

执行上述命令后，即可在指定位置输入文本文字，输入后按<Enter>键，文本文字另起一行，可继续输入文字，待全部输入完后按两次<Enter>键，退出TEXT命令。可见，TEXT命令也可创建多行文本，只是这种多行文本每一行是一个对象，不能对多行文本同时进行操作。

 注意 只有当前文本样式中设置的字符高度为0，在使用TEXT命令时，系统才出现要求用户确定字符高度的提示。AutoCAD允许将文本行倾斜排列，图3-10所示为倾斜角度分别是0°、45°和-45°时的排列效果。在"指定文字的旋转角度 <0>"提示下输入文本行的倾斜角度或在绘图区拉出一条直线来指定倾斜角度。

图3-10 文本行倾斜排列的效果

（2）对正（J）：在"指定文字的起点或 [对正（J）/样式（S）]"提示下输入"J"，用来确定文本的对齐方式，对齐方式决定文本的哪部分与所选插入点对齐。执行此选项，命令行提示如下。

> 输入选项 [对齐（A）/调整（F）/中心（C）/中间（M）/右®/左上（TL）/中上（TC）/右上（TR）/左中（ML）/正中（MC）/右中（MR）/左下（BL）/中下（BC）/右下（BR）]：

在此提示下选择一个选项作为文本的对齐方式。当文本文字水平排列时，AutoCAD为标注文本的文字定义了如图3-11所示的顶线、基线、中线和底线。各种对齐方式如图3-12所示，图中大写字母对应上述提示中各命令。下面以"对齐"方式为例进行简要说明。

图3-11 文本行的底线、基线、中线和顶线

图3-12 文本的对齐方式

选择"对齐（A）"选项，要求用户指定文本行基线的起始点与终止点的位置。命令行提示与操作如下。

> 指定文字基线的第一个端点：指定文本行基线的起点位置
> 指定文字基线的第二个端点：指定文本行基线的终点位置
> 输入文字：输入文本文字✓
> 输入文字：✓

执行结果：输入的文本文字均匀地分布在指定的两点之间，如果两点间的连线不水平，则文本行倾斜放置，倾斜角度由两点间的连线与X轴夹角确定；字高、字宽根据两点间的距离、字符的多少以及文本样式中设置的宽度系数自动确定。指定了两点之后，每行输入的字符越多，字宽和字高越小。其他选项与"对齐"类似，此处不再赘述。

实际绘图时，有时需要标注一些特殊字符，例如直径符号、上划线或下划线、温度符号等。由于这些符号不能直接从键盘上输入，AutoCAD提供了一些控制码，用来实现这些要求。控制码用两个百分号（%%）加一个字符构成，常用的控制码及其功能如表3-1所示。

表3-1 AutoCAD常用控制码及其功能

控制码	标注的特殊字符	控制码	标注的特殊字符
%%O	上划线	\u+0278	电相位
%%U	下划线	\u+E101	流线
%%D	"度"符号（°）	\u+2261	标识
%%P	正负符号（±）	\u+E102	界碑线
%%C	直径符号（φ）	\u+2260	不相等（≠）
%%%	百分号（%）	\u+2126	欧姆（Ω）
\u+2248	约等于（≈）	\u+03A9	欧米加（Ω）
\u+2220	角度（∠）	\u+214A	低界线
\u+E100	边界线	\u+2082	下标2
\u+2104	中心线	\u+00B2	上标2
\u+0394	差值		

其中，%%O和%%U分别是上划线和下划线

的开关，第一次出现此符号开始画上划线和下划线，第二次出现此符号则上划线和下划线终止。例如输入"I want to %%U go to Beijing%%U."，则得到如图3-13（a）所示的文本行；输入"50%%D+%%C75%%P12"，则得到如图3-13（b）所示的文本行。

I want to go to Beijing.

（a）

50°+Ø75±12

（b）

图 3-13　文本行

利用TEXT命令可以创建一个或若干个单行文本，即此命令可以标注多行文本。在"输入文字"提示下输入一行文本文字后按<Enter>键，命令行继续提示"输入文字"，用户可输入第二行文本文字。依此类推，直到文本文字全部输入完毕，再在此提示下按两次<Enter>键，结束文本输入命令。每一次按<Enter>键就结束一个单行文本的输入，每一个单行文本是一个对象，可以单独修改其文本样式、字高、旋转角度、对齐方式等。

用TEXT命令创建文本时，在命令行输入的文字同时显示在绘图区，而且在创建过程中可以随时改变文本的位置，只要移动光标到新的位置并单击，则当前行结束，随后输入的文字在新的文本位置出现。用这种方法可以把多行文本标注到绘图区的不同位置。

3.2.2 | 多行文本标注

执行方式

命令行：MTEXT（快捷命令：T或MT）。

菜单栏："绘图"→"文字"→"多行文字"。

工具栏：单击"绘图"工具栏中的"多行文字"按钮 **A** 或单击"文字"工具栏中的"多行文字"按钮 **A**。

功能区：单击"默认"选项卡"注释"面板中的"多行文字"按钮 **A** 或单击"注释"选项卡"文字"面板中的"多行文字"按钮 **A**。

操作步骤

命令行提示如下。

命令：MTEXT ✓
当前文字样式："Standard"　文字高度：1.9122
注释性：　否
指定第一角点：指定矩形框的第一个角点
指定对角点或 [高度（H）/对正（J）/行距（L）/旋转（R）/样式（S）/宽度（W）/栏（C）]

选项说明

（1）指定对角点：直接在屏幕上拾取一个点作为矩形框的第二个角点，AutoCAD以这两个点为对角点形成一个矩形区域，其宽度作为将来要标注的多行文本的宽度，而且第一个点作为第一行文本顶线的起点。响应后AutoCAD打开"文字编辑器"选项卡和多行文字编辑器，可利用此编辑器输入多行文本并对其格式进行设置。关于对话框中各选项的含义与编辑器功能，稍后再详细介绍。

（2）对正（J）：确定所标注文本的对齐方式。

这些对齐方式与"TEXT"命令中的各对齐方式相同，在此不再重复。选择一种对齐方式后按<Enter>键，AutoCAD回到上一级提示。

（3）行距（L）：确定多行文本的行间距，这里所说的行间距是指相邻两文本行基线之间的垂直距离。选择此选项，命令行提示如下。

输入行距类型 [至少（A）/精确（E）]<至少（A）>：

在此提示下有两种方式确定行间距："至少"方式和"精确"方式。"至少"方式下AutoCAD根据每行文本中最大的字符自动调整行间距。"精确"方式下AutoCAD给多行文本赋予一个固定的行间距。可以直接输入一个确切的间距值，也可以输入"nx"的形式，其中"n"是一个具体数，表示行间距设置为单行文本高度的n倍，而单行文本高度是本行文本字符高度的1.66倍。

（4）旋转（R）：确定文本行的倾斜角度。选择此选项，命令行提示如下。

指定旋转角度 <0>：（输入倾斜角度）

输入角度值后按<Enter>键，返回"指定对角点或[高度（H）/对正（J）/行距（L）/旋转（R）/样式（S）/宽度（W）]："提示。

（5）样式（S）：确定当前的文字样式。

（6）宽度（W）：指定多行文本的宽度。可在屏幕上拾取一点，将其与前面确定的第一个角点组成的矩形框的宽度作为多行文本的宽度，也可以输入一个数值，精确设置多行文本的宽度。

在创建多行文本时，只要指定文本行的起始点和宽度后，AutoCAD就会打开"文字编辑器"选项卡和多行文字编辑器，如图3-14和图3-15所示。该编辑器与Microsoft Word编辑器界面相似，事实上该编辑器与Word编辑器在某些功能上趋于一致。这样既增强了多行文字的编辑功能，又能让用户更熟悉和方便地使用。

图 3-14 "文字编辑器"选项卡

图 3-15 多行文字编辑器

（7）栏（C）：可以将多行文字对象的格式设置为多栏。可以指定栏和栏之间的宽度、高度及栏数，以及使用夹点编辑栏宽和栏高。其中提供了3个栏选项："不分栏""静态栏""动态栏"。

（8）"文字编辑器"选项卡：用来控制文本文字的显示特性。可以在输入文本文字前设置文本的特性，也可以改变已输入的文本文字特性。要改变已有文本文字显示特性，首先应选择要修改的文本，选择文本的方式有以下3种。

1）将光标定位到文本文字开始处，按住鼠标左键，拖到文本末尾。

2）双击某个文字，则该文字被选中。

3）3次单击鼠标，则选中全部内容。

下面介绍选项卡中部分选项的功能。

（1）"文字高度"下拉列表框：用于确定文本的字符高度，可在文本编辑器中设置输入新的字符高度，也可从此下拉列表框中选择已设定过的高度值。

（2）"加粗" **B**和"斜体" *I*按钮：用于设置加粗或斜体效果，但这两个按钮只对TrueType字体有效。

（3）"删除线"按钮：用于在文字上添加水平删除线。

（4）"下划线" U和"上划线" ō按钮：用于设置或取消文字的上下划线。

（5）"堆叠"按钮：为层叠或非层叠文本按钮，用于层叠所选的文本文字，也就是创建分数形式。当文本中某处出现"/""^"或"#"3种层叠符号之一时，选中需层叠的文字，才可层叠文本。二者缺一不可，则符号左边的文字作为分子，右边的文字作为分母进行层叠。

AutoCAD提供了3种分数形式。

1）如果选中"abcd/efgh"后单击此按钮，得到如图3-16（a）所示的分数形式。

2）如果选中"abcd^efgh"后单击此按钮，则得到如图3-16（b）所示的形式，此形式多用于标注极限偏差。

3）如果选中"abcd # efgh"后单击此按钮，则创建斜排的分数形式，如图3-16（c）所示。

$$\frac{abcd}{efgh} \qquad \frac{abcd}{efgh} \qquad abcd\Big/efgh$$

（a）　　　（b）　　　（c）

图 3-16 文本层叠

如果选中已经层叠的文本对象后单击此按钮，则恢复到非层叠形式。

（6）"倾斜角度"（）文本框：用于设置文字的倾斜角度。

倾斜角度与斜体效果是两个不同的概念，前者可以设置任意倾斜角度，后者是在任意倾斜角度的基础上设置斜体效果，如图3-17所示。第一行倾斜角度为0°，非斜体效果；第二行倾斜角度为12°，非斜体效果；第三行倾斜角度为12°，斜体效果。

都市农夫
都市农夫
都市农夫

图 3-17 倾斜角度与斜体效果

（7）"符号"按钮@：用于输入各种符号。单击此按钮，系统打开符号列表，可以从中选择符号输入到文本中，如图3-18所示。

（8）"插入字段"按钮：用于插入一些常用或预设字段。单击此按钮，系统打开"字段"对话框，如图3-19所示。用户可从中选择字段，插入到标注文本中。

度数	%%d
正/负	%%p
直径	%%c
几乎相等	\U+2248
角度	\U+2220
边界线	\U+E100
中心线	\U+2104
差值	\U+0394
电相角	\U+0278
流线	\U+E101
恒等于	\U+2261
初始长度	\U+E200
界碑线	\U+E102
不相等	\U+2260
欧姆	\U+2126
欧米加	\U+03A9
地界线	\U+214A
下标 2	\U+2082
平方	\U+00B2
立方	\U+00B3
不间断空格	Ctrl+Shift+Space
其他...	

图 3-18　符号列表

图 3-19　"字段"对话框

（9）"追踪"下拉列表框 $\underset{\text{ab}}{\longleftrightarrow}$：用于增大或减小选定字符的间距。1.0 表示设置常规间距，设置大于 1.0 表示增大间距，设置小于 1.0 表示减小间距。

（10）"宽度因子"下拉列表框 $\underset{}{\text{O}}$：用于扩展或收缩选定字符。1.0 表示设置代表此字体中字母的常规宽度，可以增大该宽度或减小该宽度。

（11）"上标" x^{a} 按钮：将选定文字转换为上标，即在输入线的上方设置稍小的文字。

（12）"下标" x_{a} 按钮：将选定文字转换为下标，即在输入线的下方设置稍小的文字。

（13）"清除格式"下拉列表：删除选定字符的字符格式，或删除选定段落的段落格式，或删除选定段落中的所有格式。

1）关闭：如果选择此选项，将从应用了列表格式的选定文字中删除字母、数字和项目符号，不更改缩进状态。

2）以数字标记：应用将带有句点的数字用于列表中的项的列表格式。

3）以字母标记：应用将带有句点的字母用于列表中的项的列表格式。如果列表含有的项多于字母序列中已含有的字母，可以使用双字母继续序列。

4）以项目符号标记：应用将项目符号用于列表中的项的列表格式。

5）启动：在列表格式中启动新的字母或数字序列。如果选定的项位于列表中间，则选定项下面未选中的项也将成为新列表的一部分。

6）继续：将选定的段落添加到上面最后一个列表，然后继续序列。如果选择了列表项而非段落，选定项下面未选中的项将继续序列。

7）允许自动项目符号和编号：在输入时应用列表格式。以下字符可以用作字母和数字后的标点并不能用作项目符号：句点（.）、逗号（,）、右括号（)）、右尖括号（>）、右方括号（]）和右花括号（}）。

8）允许项目符号和列表：如果选择此选项，列表格式将应用到外观类似列表的多行文字对象中的所有纯文本。

9）拼写检查：确定输入时拼写检查处于打开还是关闭状态。

10）编辑词典：显示"词典"对话框，从中可添加或删除在拼写检查过程中使用的自定义词典。

11）标尺：在编辑器顶部显示标尺。拖曳标尺末尾的箭头可更改文字对象的宽度。列模式处于活动状态时，还显示高度和列夹点。

（14）段落：为段落和段落的第一行设置缩进。指定制表位和缩进，控制段落对齐方式、段落间距和段落行距，如图 3-20 所示。

（15）输入文字：选择此项，系统打开"选择文件"对话框，如图 3-21 所示。选择任意 ASCII或 RTF 格式的文件，输入的文字保留原始字符格式和样式特性，但可以在多行文字编辑器中编辑和格式化输入的文字。选择要输入的文本文件后，可以替换选定的文字或全部文字，或在文字边界内将插入的文字附加到选定的文字中。切记，输入文字的文件必须小于32KB。

图 3-20 "段落"对话框

图 3-21 "选择文件"对话框

（16）编辑器设置：显示"文字格式"工具栏的选项列表。有关详细信息，请参见编辑器设置。

> **注意** 多行文字是由任意数目的文字行或段落组成的，不满指定的宽度，还可以沿垂直方向无限延伸。多行文字中，无论行数是多少，单个编辑任务中创建的每个段落集将构成单个对象；用户可对其进行移动、旋转、删除、复制、镜像或缩放操作。

实例教学

下面以在标注文字时插入"±"号为例，介绍一下文字标注命令的使用方法。

扫一扫

STEP 绘制步骤

❶ 利用"多行文字"命令，系统打开"文字编辑器"选项卡。在"符号"子菜单中选择"其他"命令，如图3-22所示。系统打开"字符映射表"对话框，其中包含当前字体的整个字符集，如图3-23所示。

图 3-22 "符号"子菜单

图 3-23 "字符映射表"对话框

❷ 选中要插入的字符，然后单击"选择"按钮。

❸ 选中要使用的所有字符，然后单击"复制"按钮。

❹ 在多行文字编辑器中右击，在打开的快捷菜单中选择"粘贴"命令。

3.3 文本编辑

命令行：DDEDIT（快捷命令：ED）。

菜单栏："修改"→"对象"→"文字"→"编辑"。

工具栏：单击"文字"工具栏中的"编辑"按钮。

快捷菜单："修改多行文字"或"编辑文字"。

命令行提示与操作如下。

```
命令：DDEDIT ✓
选择注释对象或 [ 放弃（U）]：
```

要求选择想要修改的文本，同时光标变为拾取框。用拾取框选择对象，如果选择的文本是用TEXT命令创建的单行文本，则深显该文本，可对其进行修改；如果选择的文本是用MTEXT命令创建的多行文本，选择对象后则打开多行文字编辑器（见图3-15），可根据前面的介绍对各项设置或对内容进行修改。

3.4 表格

在以前的AutoCAD版本中，要绘制表格必须采用绘制图线或结合偏移、复制等编辑命令来完成，这样的操作过程烦琐而复杂，不利于提高绘图效率。"表格"绘图功能就使创建表格变得非常容易，用户可以直接插入设置好样式的表格，而不用绘制由单独图线组成的表格。

3.4.1 定义表格样式

和文字样式一样，所有AutoCAD图形中的表格都有与其相对应的表格样式。当插入表格对象时，系统使用当前设置的表格样式。表格样式是用来控制表格基本形状和间距的一组设置。模板文件ACAD.DWT和ACADISO.DWT中定义了名为"Standard"的默认表格样式。

命令行：TABLESTYLE。

菜单栏："格式"→"表格样式"。

工具栏：单击"样式"工具栏中的"表格样式"按钮。

功能区：单击"默认"选项卡"注释"面板中的"表格样式"按钮（见图3-24）或单击"注释"选项卡"表格"面板上的"表格样式"下拉菜单中的"管理表格样式"按钮（见图3-25）或单击"注释"选项卡"表格"面板中的"对话框启动器"按钮。

图 3-24 "注释"面板 2

图 3-25 "表格"面板

执行上述操作后，系统打开"表格样式"对话框，如图3-26所示。

图 3-26　"表格样式"对话框

选项说明

（1）"新建"按钮：单击该按钮，系统打开"创建新的表格样式"对话框，如图3-27所示。输入新的表格样式名后，单击"继续"按钮，系统打开"新建表格样式"对话框，从中可以定义新的表格样式，如图3-28所示。

图 3-27　"创建新的表格样式"对话框

图 3-28　"新建表格样式"对话框

"新建表格样式"对话框的"单元样式"下拉列表框中有3个重要的选项——"数据""表头"和"标题"，分别控制表格中数据、列标题和总标题的有关参数。在"新建表格样式"对话框中有3个重要的选项卡，分别介绍如下。

1）"常规"选项卡：用于控制数据栏格与标题栏格的上下位置关系。

2）"文字"选项卡：用于设置文字属性。单击此选项卡，在"文字样式"下拉列表框中可以选择已定义的文字样式并应用于数据文字，也可以单击右侧的按钮┄重新定义文字样式。其中"文字高度""文字颜色"和"文字角度"各选项设定的相应参数格式可供用户选择。

3）"边框"选项卡：用于设置表格的边框属性。下面的边框线按钮控制数据边框线的各种形式，如绘制所有数据边框线、只绘制数据边框外部边框线、只绘制数据边框内部边框线、无边框线、只绘制底部边框线等。选项卡中的"线宽""线型"和"颜色"下拉列表框则控制边框线的线宽、线型和颜色；选项卡中的"间距"文本框用于控制单元边界和内容的间距。

图3-29所示是数据文字样式为"standard"，文字高度为4.5，文字颜色为"红色"，对齐方式为"右下"；标题文字样式为"standard"，文字高度为6，文字颜色为"蓝色"，对齐方式为"正中"，表格方向为"上"，水平单元边距和垂直单元边距都为"1.5"的表格样式。

数据	数据	数据
数据	数据	数据
数据	数据	数据
表头	表头	表头
标题		

图3-29　表格样式

（2）"修改"按钮：用于对当前表格样式进行修改，方式与新建表格样式相同。

3.4.2 | 创建表格

在设置好表格样式后，用户可以利用TABLE命令创建表格。

执行方式

命令行：TABLE。

菜单栏："绘图"→"表格"。

工具栏：单击"绘图"工具栏中的"表格"按

钮囲。

功能区：单击"默认"选项卡"注释"面板中的"表格"按钮囲或单击"注释"选项卡"表格"面板中的"表格"按钮囲。

执行上述操作后，系统打开"插入表格"对话框，如图3-30所示。

图3-30 "插入表格"对话框

选项说明

（1）"表格样式"下拉列表框：用于选择表格样式，也可以单击右侧的囲按钮新建或修改表格样式。

（2）"插入方式"选项组：

1）"指定插入点"单选钮：指定表左上角的位置。可以使用定点设备，也可以在命令行输入坐标值。如果在"表格样式"对话框中将表格的方向设置为由下而上读取，则插入点位于表格的左下角。

2）"指定窗口"单选钮：指定表格的大小和位置。可以使用定点设备，也可以在命令行输入坐标值。点选该单选钮，列数、列宽、数据行数和行高取决于窗口的大小以及列和行的设置情况。

（3）"列和行设置"选项组：用于指定列和行的数目以及列宽与行高。

> **注意** 在"插入方式"选项组中点选"指定窗口"单选钮后，列与行设置的两个参数中只能指定一个，另外一个由指定窗口的大小自动等分来确定。

在"插入表格"对话框中进行相应设置后，单击"确定"按钮，系统在指定的插入点或窗口自动插入一个空表格，并打开多行文字编辑器，用户可以逐行逐列输入相应的文字或数据，如图3-31所示。

图3-31 空表格和多行文字编辑器

> **注意** 在插入后的表格中选择某一个单元格，单击后出现钳夹点，通过移动钳夹点可以改变单元格的大小，如图3-32所示。

图3-32 改变单元格大小

3.4.3 表格文字编辑

执行方式

命令行：TABLEDIT。

快捷菜单：选择表和一个或多个单元后右击，选择快捷菜单中的"编辑文字"命令。

定点设备：在表单元内双击。

执行上述操作后，命令行出现"拾取表格单元"的提示，选择要编辑的表格单元，系统打开如图3-31所示的多行文字编辑器，用户可以对选择的表格单元的文字进行编辑。

实例教学

下面以图3-33所示明细表为例，介绍一下表格命令的使用方法。

扫一扫

11	hu11	橡胶密封圈	1	
10	hu10	橡胶密封圈	1	
9	hu9	卡环	1	
8	hu8	卡环	1	
7	hu7	离合器压板	1	
6	hu6	外齿摩擦片	7	
5	hu5	弹簧	20	
4	hu4	离合器活塞	1	
3	hu3	CNL离合器缸体	1	
2	hu2	弹簧座总成	1	
1	hu1	内齿摩擦片总成	7	
序号	代 号	名 称	数量	备注

图3-33 明细表

STEP 绘制步骤

❶ 选择菜单命令"格式"→"表格样式",打开"表格样式"对话框,如图 3-34 所示。

图 3-34　"表格样式"对话框

❷ 单击"修改"按钮,系统打开"修改表格样式"对话框,如图 3-35 所示。在该对话框中进行如下设置:数据单元中文字样式为 Standard,文字高度为 5,文字颜色为"红色",填充颜色为"无",对齐方式为"左中",边框颜色为"绿色",水平页边距和垂直页边距为1.5。标题单元中文字样式为 Standard,文字高度为 5,文字颜色为"蓝色",填充颜色为"无",对齐方式为"正中";表格方向为"上"。

❸ 设置好文字样式后,单击"置为当前"按钮,然后单击"确定"按钮退出。

图 3-35　"修改表格样式"对话框

❹ 选择菜单命令"绘图"→"表格"命令,打开"插入表格"对话框,设置插入方式为"指定插入点",数据行数和列数设置为11行5列,列宽为 10,行高为 1,如图 3-36 所示。

图 3-36　"插入表格"对话框

确定后,在绘图平面指定插入点,则插入如图 3-37 所示的空表格,并显示多行文字编辑器。不输入文字,直接在多行文字编辑器中单击"确定"按钮退出。

图 3-37　多行文字编辑器

❺ 单击第 2 列中的任意一个单元格,出现钳夹点后,将右边钳夹点向右拖动,使列宽大约变成 30;用同样方法,将第 3 列和第 5 列的列宽设置为40 和 20。结果如图 3-38 所示。

图 3-38　改变列宽

❻ 双击要输入文字的单元格,重新打开多行文字编辑器,在各单元中输入相应的文字或数据,最终结果如图 3-33 所示。

注意 如果有多个文本格式一样,可以采用复制后修改文字内容的方法进行表格文字的填充,这样只需双击就可以直接修改表格文字的内容,而不用重新设置每个文本格式。

扫一扫

3.5 综合演练——绘制电气制图样板图

绘制如图3-39所示的A3样板图。

图 3-39 A3 样板图

图 3-41 标题栏示意图

STEP 绘制步骤

❶ 单击"默认"选项卡"绘图"面板中的"矩形"按钮 ⬚，绘制一个矩形，指定矩形两个角点的坐标分别为（25，10）和（410，287），如图3-40所示。

图 3-40 绘制矩形

> **注意** "国家标准"规定A3图纸的幅面大小是420mm×297mm，这里留出了带装订边的图框到纸面边界的距离。

❷ 标题栏结构如图 3-41 所示。由于分隔线并不整齐，所以可以先绘制一个 28×4（每个单元格的尺寸是 5×8，长度单位为 mm，下同）的标准表格，然后在此基础上编辑合并单元格。

❸ 选择菜单栏中的"格式"→"表格样式"命令，打开"表格样式"对话框，如图 3-42 所示。

图 3-42 "表格样式"对话框

❹ 单击"修改"按钮，系统打开"修改表格样式"对话框，在"单元样式"下拉列表框中选择"数据"选项，在下面的"文字"选项卡中将文字高度设置为3，如图 3-43 所示。再打开"常规"选项卡，将"页边距"选项组中的"水平"和"垂直"都设置成 1，如图 3-44 所示。

图 3-43 设置"文字"选项卡

图 3-44　设置"常规"选项卡

❺ 系统返回"表格样式"对话框,单击"关闭"按钮退出。

❻ 选择菜单命令"绘图"→"表格",系统打开"插入表格"对话框,在"列和行设置"选项组中将"列数"设置为28,将"列宽"设置为5,将"数据行数"设置为2(加上标题行和表头行共4行),将"行高"设置为1(即为10);在"设置单元样式"选项组中将"第一行单元样式"与"第二行单元样式"和"所有其他行单元样式"都设置为"数据",如图3-45所示。

图 3-45　"插入表格"对话框

❼ 在图框线右下角附近指定表格位置,系统生成表格,同时打开多行文字编辑器,如图3-46所示。直接按<Enter>键,不输入文字,生成的表格如图3-47所示。

图 3-46　表格和文字编辑器

图 3-47　生成表格

❽ 单击表格一个单元格,系统显示其编辑夹点,单击鼠标右键,在打开的快捷菜单中选择"特性"命令,如图3-48所示。系统打开"特性"对话框,将单元高度参数改为8,如图3-49所示,这样该单元格所在行的高度就统一改为8。用同样方法将其他行的高度改为8,如图3-50所示。

图 3-48　快捷菜单

图 3-49　"特性"对话框

图 3-50　修改表格行高度

❾ 选择 A1 单元格，按住 Shift 键，同时选择右边的 12 个单元格以及下面的 13 个单元格，单击鼠标右键，打开快捷菜单，选择其中的"合并"→"全部"命令，如图 3-51 所示。这些单元格完成合并，如图 3-52 所示。

图 3-51　快捷菜单

图 3-52　合并单元格

用同样的方法合并其他单元格，结果如图 3-53 所示。

图 3-53　完成表格绘制

❿ 在单元格单击鼠标左键 3 次，打开文字编辑器，在单元格中输入文字，将文字大小改为 4，如图 3-54 所示。

用同样的方法输入其他单元格文字，结果如图 3-55 所示。

图 3-54　输入文字

图 3-55　完成标题栏文字输入

⓫ 刚生成的标题栏无法准确确定与图框的相对位置，需要移动。选择刚绘制的表格，捕捉表格的右下角点，将表格准确放置在图框的右下角，如图 3-56 所示。

图 3-56　移动表格

⓬ 选择菜单命令"文件"→"另存为…"，打开"图形另存为"对话框，将图形保存为 DWT 格式文件即可，如图 3-57 所示。

图 3-57　"图形另存为"对话框

3.6 上机实验

【实验1】标注技术要求

1. 目的要求

如图3-58所示，文字标注在零件图或装配图的技术要求中经常用到，正确进行文字标注是AutoCAD绘图中必不可少的一项工作。通过本例的练习，读者应掌握文字标注的一般方法，尤其是特殊字体的标注方法。

1. 当无标准齿轮时,允许检查下列三项代替检查径
向综合公差和一齿径向综合公差
　　a. 齿圈径向跳动公差Fr为0.056
　　b. 齿形公差ff为0.016
　　c. 基节极限偏差±f_{pb}为0.018
2. 未注倒角1×45。

图3-58 技术要求

2. 操作提示

（1）设置文字标注的样式。
（2）利用"多行文字"命令进行标注。
（3）利用快捷菜单输入特殊字符。

【实验2】在"实验1"标注的技术要求中加入下面一段文字

3. 尺寸为$\Phi 30^{+0.05}_{-0.06}$的孔抛光处理。

1. 目的要求

文字编辑是对标注的文字进行调整的重要手段。本例通过添加技术要求文字，让读者掌握文字，尤其是特殊符号的编辑方法和技巧。

2. 操作提示

（1）选择"实验1"中标注好的文字，进行文字编辑。
（2）在打开的文字编辑器中输入要添加的文字。
（3）在输入尺寸公差时要注意，一定要输入"+0.05^-0.06"，然后选择这些文字，单击"文字格式"对话框中的"堆叠"按钮。

【实验3】绘制齿轮参数表

1. 目的要求

如图3-59所示，本例通过绘制齿轮参数表，要求读者掌握表格相关命令的用法，体会表格功能的便捷性。

齿 数	Z	24
模 数	m	3
压力角	α	30°
公差等级及配合类别	6H-GB	T3478.1-1995
作用齿槽宽最小值	E$_{Vmin}$	4.712
实际齿槽宽最大值	E$_{max}$	4.837
实际齿槽宽最小值	E$_{min}$	4.759
作用齿槽宽最大值	E$_{Vmax}$	4.790

图3-59 齿轮参数表

2. 操作提示

（1）设置表格样式。
（2）插入空表格，并调整列宽。
（3）重新输入文字和数据。

第4章

基本绘图工具

AutoCAD 提供了图层工具，对每个图层规定其颜色和线型，并把具有相同特征的图形对象放在同一层上绘制。这样绘图时就不用分别设置对象的线型和颜色，不仅方便绘图，而且存储图形时只需存储其几何数据和所在图层，因而节省了存储空间。为了快捷准确地绘制图形，AutoCAD 还提供了多种必要的和辅助的绘图工具，如工具条、对象选择工具、对象捕捉工具、栅格和正交模式等。利用这些工具，可以方便、迅速、准确地实现图形的绘制和编辑，不仅可提高工作效率，而且能更好地保证图形的质量。

重点与难点

- ❖ 设置图层
- ❖ 设置颜色
- ❖ 图层的线型
- ❖ 精确定位工具
- ❖ 对象约束

4.1 设置图层

图层的概念类似投影片，将不同属性的对象分别放置在不同的投影片（图层）上。例如将图形的主要线段、中心线、尺寸标注等分别绘制在不同的图层上，每个图层可设定不同的线型、线条颜色，然后把不同的图层堆栈在一起成为一张完整的视图，这样可使视图层次分明，方便对图形对象的编辑与管理。一个完整的图形就是由它所包含的所有图层上的对象叠加在一起构成的，如图4-1所示。

墙壁
电器
家具
全部图层

图4-1 图层效果

4.1.1 利用对话框设置图层

AutoCAD 2019提供了详细直观的"图层特性管理器"对话框，用户可以方便地通过对该对话框中的各选项及其二级对话框进行设置，从而实现创建新图层、设置图层颜色及线型的各种操作。

执行方式

命令行：LAYER。

菜单栏："格式"→"图层"。

工具栏：单击"图层"工具栏中的"图层特性管理器"按钮。

功能区：单击"默认"选项卡"图层"面板中的"图层特性"按钮或单击"视图"选项卡"选项板"面板中的"图层特性"按钮。

执行上述操作后，系统打开如图4-2所示的"图层特性管理器"对话框。

图4-2 "图层特性管理器"对话框

选项说明

（1）"新建特性过滤器"按钮：单击该按钮，可以打开"图层过滤器特性"对话框，如图4-3所示。从中可以基于一个或多个图层特性创建图层过滤器。

（2）"新建组过滤器"按钮：单击该按钮可以创建一个图层过滤器，其中包含用户选定并添加到该过滤器的图层。

图4-3 "图层过滤器特性"对话框

（3）"图层状态管理器"按钮 ：单击该按钮，可以打开"图层状态管理器"对话框，如图4-4所示。从中可以将图层的当前特性设置保存到命名图层状态中，以后可以再恢复这些设置。

（4）"新建图层"按钮 ：单击该按钮，图层列表中出现一个新的图层名称"图层1"，用户可使用此名称，也可改名。要想同时创建多个图层，可选中一个图层名后，输入多个名称，各名称之间以逗号分隔。图层的名称可以包含字母、数字、空格和特殊符号，AutoCAD 2019支持长达255个字符的图层名称。新的图层继承了创建新图层时所选中的已有图层的所有特性（颜色、线型、开/关状态等），如果新建图层时没有图层被选中，则新图层具有默认的设置。

图4-4　"图层状态管理器"对话框

（5）"在所有视口中都被冻结的新图层视口"按钮 ：单击该按钮，将创建新图层，然后在所有现有布局视口中将其冻结。可以在"模型"空间或"布局"空间中访问此按钮。

（6）"删除图层"按钮 ：在图层列表中选中某一图层，然后单击该按钮，则把该图层删除。

（7）"置为当前"按钮 ：在图层列表中选中某一图层，然后单击该按钮，则把该图层设置为当前图层，并在"当前图层"列中显示其名称。当前图层的名称存储在系统变量CLAYER中。另外，双击图层名也可把其设置为当前图层。

（8）"搜索图层"文本框：输入字符时，按名称快速过滤图层列表。关闭图层特性管理器时并不保存此过滤器。

（9）"状态行"：显示当前过滤器的名称、列表视图中显示的图层数和图形中的图层数。

（10）"反向过滤器"复选框：勾选该复选框，显示所有不满足选定图层特性过滤器中条件的图层。

（11）图层列表区：显示已有的图层及其特性。要修改某一图层的某一特性，单击它所对应的图标即可。右击空白区域或利用快捷菜单可快速选中所有图层。列表区中各列的含义如下。

1）状态：指示项目的类型，有图层过滤器、正在使用的图层、空图层或当前图层四种。

2）名称：显示满足条件的图层名称。如果要对某图层进行修改，首先要选中该图层的名称。

3）状态转换图标：在"图层特性管理器"对话框的图层列表中有一列图标，单击这些图标，可以打开或关闭该图标所代表的功能。各图标功能说明如表4-1所示。

表4-1　图标功能说明

图示	名称	功能说明
♀ / ♀	开/关闭	将图层设定为打开或关闭状态。当呈现关闭状态时，该图层上的所有对象将隐藏不显示，只有处于打开状态的图层会在绘图区显示或由打印机打印出来。因此，绘制复杂的视图时，先将不编辑的图层暂时关闭，可降低图形的复杂性。图4-5（a）和图4-5（b）分别表示尺寸标注图层打开和关闭的情形
☼ / ❄	解冻/冻结	将图层设定为解冻或冻结状态。当图层呈现冻结状态时，该图层上的对象均不会显示在绘图区，也不能由打印机打印出，而且不会执行重生（REGEN）、缩放（EOOM）、平移（PAN）等命令的操作。因此若将视图中不编辑的图层暂时冻结，可加快执行绘图编辑的速度。而♀/♀（开/关闭）功能只是单纯将对象隐藏，因此并不会加快执行速度
🔓 / 🔒	解锁/锁定	将图层设定为解锁或锁定状态。被锁定的图层，仍然显示在绘图区，但不能编辑修改被锁定的对象，只能绘制新的图形，这样可防止重要的图形被修改
🖶 / 🖶	打印/不打印	将图层设定为是否可以打印图形

（a）打开　　　　　　（b）关闭

图4-5　打开或关闭尺寸标注图层

4）颜色：显示和改变图层的颜色。如果要改变某一图层的颜色，单击其对应的颜色图标，AutoCAD系统打开如图4-6所示的"选择颜色"对话框，用户可从中选择需要的颜色。

5）线型：显示和修改图层的线型。如果要修改某一图层的线型，单击该图层的"线型"项，系统打开"选择线型"对话框，如图4-7所示。其中列出了当前可用的线型，用户可从中进行选择。

图4-6 "选择颜色"对话框

图4-7 "选择线型"对话框

6）线宽：显示和修改图层的线宽。如果要修改某一图层的线宽，单击该图层的"线宽"列，打开"线宽"对话框，如图4-8所示。其中列出了AutoCAD设定的线宽，用户可从中进行选择。其中"线宽"列表框中显示可以选用的线宽值，用户可从中选择需要的线宽。"旧的"显示行显示前面赋予图层的线宽，当创建一个新图层时，采用默认线宽（其值为0.01in，即0.25mm），默认线宽的值由系统变量LWDEFAULT设置；"新的"显示行显示赋予图层的新线宽。

图4-8 "线宽"对话框

7）打印样式：打印图形时各项属性的设置。

 合理利用图层，可以事半功倍。我们在开始绘制图形时，就预先设置一些基本图层，并为每个图层锁定自己的专门用途。这样做我们只需绘制一份图形文件，就可以组合出许多需要的图纸，修改时也可针对各个图层进行。

4.1.2 利用面板设置图层

AutoCAD 2019提供了一个"特性"面板，如图4-9所示。用户可以利用面板下拉列表框中的选项，快速地查看和改变所选对象的图层、颜色、线型和线宽特性。"特性"面板上的图层颜色、线型、线宽和打印样式的控制增强了查看和编辑对象属性的命令。在绘图区选择任何对象，都将在面板上自动显示它所在的图层、颜色、线型等属性。"特性"面板各部分的功能介绍如下。

图4-9 "特性"面板

（1）"颜色控制"下拉列表框：单击右侧的向下箭头，用户可从打开的选项列表中选择一种颜色，使之成为当前颜色。如果选择"选择颜色"选项，系统打开"选择颜色"对话框以便选择其他颜色。修改当前颜色后，不论在哪个图层上绘图都采用这种颜色，但对各个图层的颜色设置没有影响。

（2）"线型控制"下拉列表框：单击右侧的向下箭头，用户可从打开的选项列表中选择一种线型，使之成为当前线型。修改当前线型后，不论在哪个图层上绘图都采用这种线型，但对各个图层的线型设置没有影响。

（3）"线宽控制"下拉列表框：单击右侧的向下箭头，用户可从打开的选项列表中选择一种线宽，使之成为当前线宽。修改当前线宽后，不论在哪个图层上绘图都采用这种线宽，但对各个图层的线宽设置没有影响。

（4）"打印类型控制"下拉列表框：单击右侧的向下箭头，用户可从打开的选项列表中选择一种打印样式，使之成为当前打印样式。

4.2 设置颜色

AutoCAD绘制的图形对象都具有一定的颜色，为使绘制的图形表达清晰，可把同一类的图形对象用相同的颜色绘制，而使不同类的对象具有不同的颜色，以示区分，这样就需要适当地对颜色进行设置。AutoCAD允许用户设置图层颜色，为新建的图形对象设置当前颜色，还可以改变已有图形对象的颜色。

命令行：COLOR（快捷命令：COL）。

菜单栏："格式"→"颜色"。

功能区：单击"默认"选项卡"特性"面板上的"对象颜色"下拉菜单中的"更多颜色"按钮●。

执行上述操作后，系统打开如图4-6所示的"选择颜色"对话框。

1."索引颜色"选项卡

单击此选项卡，可以在系统所提供的255种颜色索引表中选择所需要的颜色。

（1）"颜色索引"列表框：依次列出了255种索引色，在此列表框中选择所需要的颜色。

（2）"颜色"文本框：所选择的颜色代号值显示在"颜色"文本框中，也可以直接在该文本框中输入自己设定的代号值来选择颜色。

（3）"ByLayer"和"ByBlock"按钮：单击这两个按钮，颜色分别按图层和图块设置。这两个按钮只有在设定了图层颜色和图块颜色后才可以使用。

2."真彩色"选项卡

单击此选项卡，可以选择需要的任意颜色，如图4-10所示。可以拖曳调色板中的颜色指示光标和亮度滑块选择颜色及其亮度，也可以通过"色调"、"饱和度"和"亮度"的调节钮来选择需要的颜色。所选颜色的红、绿、蓝值显示在下面的"颜色"文本框中，也可以直接在该文本框中输入自己

设定的红、绿、蓝值来选择颜色。

在此选项卡中还有一个"颜色模式"下拉列表框，默认的颜色模式为"HSL"模式，即图4-10所示的模式。RGB模式也是常用的一种颜色模式，如图4-11所示。

图4-10 "真彩色"选项卡

图4-11 RGB模式

3."配色系统"选项卡

单击此选项卡，可以从标准配色系统（如 Pantone）中选择预定义的颜色，如图4-12所示。在"配色系统"下拉列表框中选择需要的系统，然后拖曳右边的滑块来选择具体的颜色，所选颜色编号显示在下面的"颜色"文本框中，也可以直接在该文本框中输入编号值来选择颜色。

图4-12 "配色系统"选项卡

4.3 图层的线型

在国家标准GB/T 4457.4—2002中，对机械图样中使用的各种图线名称、线型、线宽以及在图样中的应用做了规定，如表4-2所示。其中常用的图线有4种，即粗实线、细实线、虚线、细点画线。图线分为粗、细两种，粗线的宽度b应按图样的大小和图形的复杂程度在0.5 ~ 2mm之间选择，细线的宽度约为$b/2$。

表4-2　图线的形式及用途

图线名称	线　　型	线宽	主　要　用　途
粗实线	————————	b	可见轮廓线，可见过渡线
细实线	————————	约$b/2$	尺寸线、尺寸界线、剖面线、引出线、弯折线、牙底线、齿根线、辅助线等
细点画线	— — — —	约$b/2$	轴线、对称中心线、齿轮节线等
虚线	— — — — —	约$b/2$	不可见轮廓线、不可见过渡线
波浪线	～～～～～	约$b/2$	断裂处的边界线、剖视与视图的分界线
双折线	～／�	约$b/2$	断裂处的边界线
粗点画线	━ ━ ━ ━	b	有特殊要求的线或面的表示线
双点画线	— ‥ — ‥ —	约$b/2$	相邻辅助零件的轮廓线、极限位置的轮廓线、假想投影的轮廓线

4.3.1 在"图层特性管理器"对话框中设置线型

单击"默认"选项卡"图层"面板中的"图层特性"按钮，打开"图层特性管理器"对话框，如图4-2所示。在图层列表的线型列下单击线型名，系统打开"选择线型"对话框，如图4-7所示。对话框中选项的含义如下。

（1）"已加载的线型"列表框：显示在当前绘图中加载的线型，可供用户选用，其右侧显示线型的形式。

（2）"加载"按钮：单击该按钮，打开"加载或重载线型"对话框，如图4-13所示。用户可通过此对话框加载线型并把它添加到线型列中。但要注意，加载的线型必须在线型库（LIN）文件中定义过，标准线型都保存在acad.lin文件中。

图4-13 "加载或重载线型"对话框

4.3.2 | 直接设置线型

执行方式

命令行 : LINETYPE。

功能区 : 单击"默认"选项卡"特性"面板上的"线型"下拉菜单中的"其他"按钮。

在命令行输入上述命令后按 <Enter> 键，系统打开"线型管理器"对话框，如图 4-14 所示。用户可在该对话框中设置线型。该对话框中的选项含义与前面介绍的选项含义相同，此处不再赘述。

图 4-14 "线型管理器"对话框

 实例教学

下面以图 4-15 所示的螺栓为例，介绍一下图层命令的使用方法。

扫一扫

图 4-15 螺栓

STEP 绘制步骤

❶ 单击"默认"选项卡"图层"面板中的"图层特性"按钮，打开"图层特性管理器"对话框。

❷ 单击"新建图层"按钮创建一个新层，把名字由默认的"图层 1"改为"中心线"。

❸ 单击"中心线"层对应的"颜色"项，打开"选择颜色"对话框，选择红色为该层颜色，单击"确定"按钮返回"图层特性管理器"对话框。

❹ 单击"中心线"层对应的"线型"项，打开"选择线型"对话框。

❺ 在"选择线型"对话框中，单击"加载"按钮，系统打开"加载或重载线型"对话框，选择 CENTER 线型，单击"确定"按钮退出。在"选择线型"对话框中选择 CENTER（点画线）为该层线型，单击"确定"按钮返回"图层特性管理器"对话框。

❻ 单击"中心线"层对应的"线宽"项，打开"线宽"对话框，选择 0.09mm 线宽，单击"确定"按钮退出。

❼ 用相同的方法再建立两个新层，分别命名为"轮廓线"和"细实线"。"轮廓线"层的颜色设置为白色，线型为 Continuous（实线），线宽为 0.30mm。"细实线"层的颜色设置为蓝色，线型为 Continuous，线宽为 0.09mm。并且让 3 个图层均处于打开、解冻和解锁状态，各项设置如图 4-16 所示。

图 4-16 新建图层的各项设置

❽ 选中"中心线"层，单击"置为当前"按钮，将其设置为当前图层，然后单击"确定"按钮关闭"图层特性管理器"对话框。

❾ 在当前图层"中心线"层上绘制图 4-15 中的中心线，如图 4-17（a）所示。

❿ 单击"默认"选项卡"图层"面板中的图层下拉列表的下拉按钮，将"轮廓线"层设置为当前图层，并在其上绘制图 4-15 中的主体图形，如图 4-17（b）所示。

⓫ 将当前图层设置为"细实线"层，并在"细实线"层上绘制螺纹牙底线。

（a） （b）

图 4-17 绘制过程

绘制结果如图 4-15 所示。

4.4 精确定位工具

精确定位工具是指能够帮助用户快速准确地定位某些特殊点（如端点、中点、圆心等）和特殊位置（如水平位置、垂直位置）的工具。

精确定位工具主要集中在状态栏上，图4-18所示为默认状态下显示的状态栏按钮。

图4-18 状态栏按钮

在绘制图形时，可以使用直角坐标和极坐标精确定位点，但是有些点（如端点、中心点等）的坐标我们是不知道的，又想精确地指定这些点，可想而知是很难的，有时甚至是不可能的。AutoCAD提供了辅助定位工具，使用这类工具，我们可以很容易地在屏幕中捕捉到这些点，并进行精确的绘图。

1. 栅格

AutoCAD的栅格由有规则的点的矩阵组成，延伸到指定为图形界限的整个区域。使用栅格与在坐标纸上绘图是十分相似的，可以对齐对象并直观显示对象之间的距离。如果放大或缩小图形，可能需要调整栅格间距，使其更适合新的比例。虽然栅格在屏幕上是可见的，但它并不是图形对象，因此不会被打印成图形中的一部分，也不会影响在何处绘图。

可以单击状态栏上的"栅格"按钮或按F7键，打开或关闭栅格。启用栅格并设置栅格在X轴方向和Y轴方向上的间距的方法如下。

执行方式

命令行：DSETTINGS或DS, SE或DDRMODES。

菜单栏："工具"→"绘图设置"。

快捷菜单："栅格"按钮处右键单击→设置。

操作步骤

执行上述命令，系统弹出"草图设置"对话框，如图4-19所示。

如果需要显示栅格，勾选"启用栅格"复选框。在"栅格X轴间距"文本框中，输入栅格点之间的水平距离，单位毫米。如果使用相同的间距设置垂直和水平分布的栅格点，则按<Tab>键；否则，在"栅格Y轴间距"文本框中输入栅格点之间的垂直距离。

图4-19 "草图设置"对话框

用户可改变栅格与图形界限的相对位置。默认情况下，栅格以图形界限的左下角为起点，沿着与坐标轴平行的方向填充整个由图形界限所确定的区域。在"捕捉"选项区中的"角度"项可决定栅格与相应坐标轴之间的夹角；"X基点"和"Y基点"项可决定栅格与图形界限的相对位移。

 注意 如果栅格的间距设置得太小，当进行"打开栅格"操作时，AutoCAD将在文本窗口中显示"栅格太密，无法显示"的信息，而不在屏幕上显示栅格点。或者使用"缩放"命令时，将图形缩得很小，也会出现同样提示，不显示栅格。

捕捉可以使用户直接使用鼠标快速地定位目标点。捕捉有几种不同的模式：栅格捕捉、对象捕捉、极轴捕捉和自动捕捉（在下文中将详细讲解）。

另外，可以使用GRID命令通过命令行方式设置栅格，功能与"草图设置"对话框类似。

2. 捕捉

捕捉是指AutoCAD可以生成一个隐含分布于屏幕上的栅格，这种栅格能够捕捉光标，使得光标只能落到其中的一个栅格点上。捕捉可分为"矩形捕捉"和"等轴测捕捉"两种类型。默认设置为"矩形捕捉"，即捕捉点的阵列类似于栅格，如图4-20所示。用户可以指定捕捉模式在X轴方向和Y轴方向上的间距，也可改变捕捉模式与图形界限的相对位置。与栅格的不同之处在于：捕捉间距的值必须为正实数；另外捕捉模式不受图形界限的约束。"等轴测捕捉"表示捕捉模式为等轴测模式，此模式是绘制正等轴测图时的工作环境，如图4-21所示。在"等轴测捕捉"模式下，栅格和光标呈十字线绘制等轴测图时的特定角度。

图4-20　"矩形捕捉"实例

图4-21　"等轴测捕捉"实例

在绘制图4-20和图4-21中的图形时，输入参数点时光标只能落在栅格点上。两种模式切换方法：打开"草图设置"对话框，进入"捕捉和栅格"选项卡，在"捕捉类型"选项区中，通过单选框可以切换"矩阵捕捉"模式与"等轴测捕捉"模式。

3. 极轴捕捉

极轴捕捉是在创建或修改对象时，按事先给定的角度增量和距离增量来追踪特征点，即捕捉相对于初始点，且满足指定极轴距离和极轴角的目标点。

极轴追踪设置主要是设置追踪的距离增量和角度增量，以及与之相关联的捕捉模式。这些设置可以通过"草图设置"对话框的"捕捉和栅格"选项卡与"极轴追踪"选项卡来实现，如图4-22和图4-23所示。

图4-22　"捕捉和栅格"选项卡

图4-23　"极轴追踪"选项卡

（1）设置极轴距离：在"草图设置"对话框的"捕捉和栅格"选项卡中，可以设置极轴距离，单位为毫米，如图4-22所示。绘图时，光标将按指定的极轴距离增量进行移动。

（2）设置极轴角度：在"草图设置"对话框的"极轴追踪"选项卡中，可以设置极轴角增量，如图4-23所示。设置时，可以使用向下箭头所打开的下拉选择框中的90、45、30、22.5、18、15、10和5的极轴角增量，也可以直接输入指定其他任意角度。光标移动时，如果接近极轴角，将显示对齐路径和工具栏提示。图4-24所示为当极轴角增量设置为30，光标移动90时显示的对齐路径。

图 4-24　设置极轴角度

"附加角"用于设置极轴追踪时是否采用附加角度追踪。勾选"附加角"复选框，通过"新建"按钮或者"删除"按钮来增加、删除附加角度值。

（3）对象捕捉追踪设置：用于设置对象捕捉追踪的模式。如果选择"仅正交追踪"选项，则当采用追踪功能时，系统仅在水平和垂直方向上显示追踪数据；如果选择"用所有极轴角设置追踪"选项，则当采用追踪功能时，系统不仅可以在水平和垂直方向上显示追踪数据，还可以在设置的极轴追踪角度与附加角度所确定的一系列方向上显示追踪数据。

（4）极轴角测量：用于设置极轴角的角度测量采用的参考基准，"绝对"则是相对水平方向逆时针测量，"相对上一段"则是以上一段对象为基准进行测量。

4．对象捕捉

AutoCAD给所有的图形对象都定义了特征点，对象捕捉则是指在绘图过程中，通过捕捉这些特征点，迅速准确地将新的图形对象定位在现有对象的确切位置上，例如圆的圆心、线段的中点或两个对象的交点等。在AutoCAD 2019中，可以通过单击状态栏中"对象捕捉"选项，或是在"草图设置"对话框的"对象捕捉"选项卡中选择"启用对象捕捉"单选框，来完成启用对象捕捉功能。在绘图过程中，对象捕捉功能的调用可以通过以下方式完成。

"对象捕捉"工具栏：如图4-25所示，在绘图过程中，当系统提示需要指定点位置时，可以单击"对象捕捉"工具栏中相应的特征点按钮，再把光标移动到要捕捉的对象上的特征点附近，AutoCAD会自动提示并捕捉到这些特征点。例如，如果需要用直线连接一系列圆的圆心，可以将"圆心"设置为执行对象捕捉。如果有两个可能的捕捉点落在选择区域，AutoCAD将捕捉离光标中心最近的符合条件的点。还有可能指定点时需要检查哪一个对象捕捉有效，例如在指定位置有多个对象捕捉符合条

件，在指定点之前，按<Tab>键可以捕捉所有可能的点。

图 4-25　"对象捕捉"工具栏

对象捕捉快捷菜单：在需要指定点位置时，还可以按住<Ctrl>键或<Shift>键，单击鼠标右键，弹出对象捕捉快捷菜单，如图4-26所示。从该菜单中一样可以选择某一种特征点执行对象捕捉，把光标移动到要捕捉对象上的特征点附近，即可捕捉到这些特征点。

使用命令行：当需要指定点位置时，在命令行中输入相应特征点的关键词，把光标移动到要捕捉对象上的特征点附近，即可捕捉到这些特征点。对象捕捉特征点的关键字如表4-3所示。

图标	名称
⊷	临时追踪点(K)
⌐	自(F)
⊶	两点之间的中点(T)
	点过滤器(T) ▸
	三维对象捕捉(3) ▸
⌿	端点(E)
⟋	中点(M)
✕	交点(I)
⟋	外观交点(A)
⋯⋯	延长线(X)
⊙	圆心(C)
▣	几何中心
◇	象限点(Q)
○	切点(G)
⊥	垂直(P)
∥	平行线(L)
∘	节点(D)
⊡	插入点(S)
⋊	最近点(R)
⋒	无(N)
⋒	对象捕捉设置(O)...

图 4-26　"对象捕捉"快捷菜单

注意　（1）对象捕捉不可单独使用，必须配合别的绘图命令使用。仅当AutoCAD提示输入点时，对象捕捉才生效。如果试图在命令提示下使用对象捕捉，AutoCAD将显示错误信息。

（2）对象捕捉只影响屏幕上可见的对象，包括锁定图层、布局视口边界和多段线上的对象。不能捕捉不可见的对象，如未显示的对象、关闭或冻结图层上的对象或虚线的空白部分。

5. 自动对象捕捉

在绘制图形的过程中，使用对象捕捉的频率非常高，如果每次在捕捉时都要先选择捕捉模式，将使工作效率大大降低。出于此种考虑，AutoCAD 2019提供了自动对象捕捉模式。如果启用自动捕捉功能，当光标距指定的捕捉点较近时，系统会自动精确地捕捉这些特征点，并显示出相应的标记以及该捕捉的提示。设置"草图设置"对话框中的"对象捕捉"选项卡，勾选"启用对象捕捉追踪"复选框，可以调用自动捕捉，如图4-27所示。

图4-27 "对象捕捉"选项卡

表4-3 对象捕捉模式及其关键字

模式	关键字	模式	关键字	模式	关键字
临时追踪点	TT	捕捉自	FROM	端点	END
中点	MID	交点	INT	外观交点	APP
延长线	EXT	圆心	CEN	象限点	QUA
切点	TAN	垂足	PER	平行线	PAR
节点	NOD	最近点	NEA	无捕捉	NON

> **注意** 我们可以设置自己经常要用的捕捉方式。一旦设置了运行捕捉方式后，在每次运行时，所设定的目标捕捉方式就会被激活，而不是仅对一次选择有效。当同时使用多种方式时，系统将捕捉距光标最近、同时又是满足多种目标捕捉方式之一的点。当光标距要获取的点非常近时，按下 <Shift> 键将暂时不获取对象。

6. 正交绘图

正交绘图模式，即在命令的执行过程中，光标只能沿X轴或Y轴移动。所有绘制的线段和构造线都将平行于X轴或Y轴，因此它们相互垂直成90°相交，即正交。使用正交绘图，对于绘制水平和垂直线非常有用，特别是当绘制构造线时经常使用。而且当捕捉模式为等轴测捕捉时，它还迫使直线平行于3个等轴测中的一个。

设置正交绘图可以直接单击状态栏中的"正交"按钮或按F8键，相应地会在文本窗口中显示开/关提示信息。也可以在命令行中输入"ORTHO"命令，执行开启或关闭正交绘图。

> **注意** "正交"模式将光标限制在水平或垂直（正交）轴上。因为不能同时打开"正交"模式和极轴追踪，因此"正交"模式打开时，AutoCAD会关闭极轴追踪。如果再次打开极轴追踪，AutoCAD将关闭"正交"模式。

扫一扫

实例教学

下面以图4-28所示的方头平键为例，介绍一下极轴追踪命令的使用方法。

图4-28 方头平键

STEP 绘制步骤

❶ 单击"默认"选项卡"绘图"面板中的"矩形"按钮 ▢，绘制主视图外形。首先在屏幕上适当位置指定一个角点，然后指定第二个角点为（@100，11），结果如图4-29所示。

图4-29 绘制主视图外形

❷ 单击"默认"选项卡"绘图"面板中的"直线"按钮 ／，绘制主视图棱线。命令行提示与操作如下。

```
命令：LINE ✓
指定第一个点：FROM ✓
基点：（捕捉矩形左上角点，如图4-30所示）
<偏移>：@0，-2 ✓
指定下一点或 [放弃（U）]：（鼠标右移，捕捉矩形右边上的垂足，如图4-31所示）
```

图 4-30　捕捉角点

图 4-31　捕捉垂足

用相同的方法，以矩形左下角点为基点，向上偏移两个单位，利用基点捕捉绘制下边的另一条棱线，结果如图 4-32 所示。

图 4-32　绘制主视图棱线

❸ 同时单击状态栏上的"对象捕捉"和"对象追踪"按钮，启动对象捕捉追踪功能。打开如图 4-33 所示的"草图设置"对话框"极轴追踪"选项卡，将"增量角"设置为 90，将对象捕捉追踪设置为"仅正交追踪"。

图 4-33　追踪对象

❹ 单击"默认"选项卡"绘图"面板中的"矩形"按钮 ▭，绘制俯视图外形。捕捉上面绘制矩形左下角点，系统显示追踪线，沿追踪线向下在适当位置指定一点为矩形角点，另一角点坐标为（@100，18），结果如图 4-34 所示。

图 4-34　绘制俯视图外形

❺ 单击"默认"选项卡"绘图"面板中的"直线"按钮 ╱，结合基点捕捉功能绘制俯视图棱线，偏移距离为 2，结果如图 4-35 所示。

图 4-35　绘制俯视图棱线

❻ 单击"默认"选项卡"绘图"面板中的"构造线"按钮 ╱，绘制左视图构造线。首先指定适当一点绘制 -45° 构造线，继续绘制构造线，命令行提示与操作如下。

命令：XLINE✓
指定点或 [水平（H）/垂直（V）/角度（A）/二等分（B）/偏移（O）]：（捕捉俯视图右上角点，在水平追踪线上指定一点，如图 4-36 所示）
指定通过点：（打开状态栏上的"正交"开关，指定水平方向一点指定斜线与第四条水平线的交点）。

图 4-36　绘制左视图构造线

用同样的方法绘制另一条水平构造线。再捕捉水平构造线与斜构造线交点为指定点绘制两条竖直构造线，如图 4-37 所示。

图 4-37　完成左视图构造线

❼ 单击"默认"选项卡"绘图"面板中的"矩形"按钮 ▭，绘制左视图。命令行提示与操作如下。

命令：rectang✓
指定第一个角点或 [倒角（C）/标高（E）/圆角（F）/厚度（T）/宽度（W）]：C✓

指定矩形的第一个倒角距离 <21.0950>:2
指定矩形的第二个倒角距离 <2.0000>:
指定第一个角点或 [倒角（C）/标高（E）/圆角（F）/
厚度（T）/宽度（W）]:（捕捉主视图矩形上边延长
线与第一条竖直构造线交点，如图4-38所示）
指定另一个角点或 [面积（A）/尺寸（D）/旋转
（R）]:（捕捉主视图矩形下边延长线与第二条竖直构
造线交点）

绘制结果如图4-39所示。

❽ 单击"默认"选项卡"修改"面板中的"删除"
按钮 🗑，删除构造线，最终结果如图4-28
所示。

图4-38　捕捉交点

图4-39　绘制左视图

4.5　对象约束

约束能够精确地控制草图中的对象。草图约束有两种类型：几何约束和尺寸约束。

几何约束建立草图对象的几何特性（如要求某一直线具有固定长度），或是两个或更多草图对象的关系类型（如要求两条直线垂直或平行，或是几个圆弧具有相同的半径）。在绘图区用户可以使用"参数化"选项卡内的"全部显示""全部隐藏"或"显示"来显示有关信息，并显示代表这些约束的直观标记，如图4-40所示的水平标记 ⚏ 和共线标记 ✓。

图4-41　"尺寸约束"示意图

4.5.1　建立几何约束

利用几何约束工具，可以指定草图对象必须遵守的条件，或是草图对象之间必须维持的关系。"几何约束"面板及工具栏（其面板在"二维草图与注释"工作空间"参数化"选项卡的"几何"面板中）如图4-42所示，其主要几何约束选项功能如表4-4所示。

图4-40　"几何约束"示意图

尺寸约束建立草图对象的大小（如直线的长度、圆弧的半径等），或是两个对象之间的关系（如两点之间的距离）。图4-41所示为带有尺寸约束的图形示例。

图4-42　"几何约束"面板及工具栏

表4-4　几何约束选项功能

约束模式	功能
重合	约束两个点使其重合，或约束一个点使其位于曲线（或曲线的延长线）上。可以使对象上的约束点与某个对象重合，也可以使其与另一对象上的约束点重合
共线	使两条或多条直线段沿同一直线方向，并使它们共线
同心	将两个圆弧、圆或椭圆约束到同一个中心点，结果与将重合约束应用于曲线的中心点所产生的效果相同
固定	将几何约束应用于一对对象时，选择对象的顺序以及选择每个对象的点可能会影响对象彼此间的放置方式
平行	使选定的直线位于彼此平行的位置，平行约束在两个对象之间应用
垂直	使选定的直线位于彼此垂直的位置，垂直约束在两个对象之间应用
水平	使直线或点位于与当前坐标系X轴平行的位置，默认选择类型为对象
竖直	使直线或点位于与当前坐标系Y轴平行的位置
相切	将两条曲线约束为保持彼此相切或其延长线保持彼此相切，相切约束在两个对象之间应用
平滑	将样条曲线约束为连续，并与其他样条曲线、直线、圆弧或多段线保持连续性
对称	使选定对象受对称约束，相对于选定直线对称
相等	将选定圆弧和圆的尺寸重新调整为半径相同，或将选定直线的尺寸重新调整为长度相同

在绘图过程中可指定二维对象或对象上点之间的几何约束。在编辑受约束的几何图形时，将保留约束，因此通过使用几何约束，可以在图形中包括设计要求。

4.5.2 设置几何约束

在用AutoCAD绘图时，可以控制约束栏的显示，利用"约束设置"对话框（见图4-43）可控制约束栏上显示或隐藏的几何约束类型。单独或全局显示或隐藏几何约束和约束栏，可执行以下操作。

- 显示（或隐藏）所有的几何约束。
- 显示（或隐藏）指定类型的几何约束。
- 显示（或隐藏）所有与选定对象相关的几何约束。

图4-43　"约束设置"对话框

执行方式

命令行：CONSTRAINTSETTINGS（CSETTINGS）。

菜单栏："参数"→"约束设置"。

功能区：单击"参数化"选项卡中的"约束设置，几何"按钮 ⌐。

工具栏：单击"参数化"工具栏中的"约束设置"按钮 。

执行上述操作后，系统打开"约束设置"对话框，单击"几何"选项卡，如图4-43所示。利用此对话框可以控制约束栏上约束类型的显示。

选项说明

（1）"约束栏显示设置"选项组：此选项组控制图形编辑器中是否为对象显示约束栏或约束点标记。例如，可以为水平约束和竖直约束隐藏约束栏的显示。

（2）"全部选择"按钮：选择全部几何约束类型。

（3）"全部清除"按钮：清除所有选定的几何约束类型。

（4）"仅为处于当前平面中的对象显示约束栏"复选框：仅为当前平面上受几何约束的对象显示约束栏。

（5）"约束栏透明度"选项组：设置图形中约束栏的透明度。

（6）"将约束应用于选定对象后显示约束栏"复选框：手动应用约束或使用"AUTOCONSTRAIN"命令时，显示相关约束栏。

实例教学

　　下面以图4-44所示的同心相切圆为例，介绍一下几何约束命令的使用方法。

扫一扫

图 4-44　同心相切圆

STEP 绘制步骤

❶ 单击"默认"选项卡"绘图"面板中的"圆"按钮⊘，以适当半径绘制 4 个圆，绘制结果如图 4-45 所示。

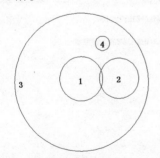

图 4-45　绘制圆

❷ 利用"相切"命令，使得圆 1 和圆 2 相切，命令行提示与操作如下。

```
命令：_GcTangent
选择第一个对象：选择圆 1
选择第二个对象：选择圆 2
```

❸ 系统自动将圆 2 向左移动与圆 1 相切，结果如图 4-46 所示。

图 4-46　建立圆 1 与圆 2 的相切关系

❹ 利用"同心"约束命令，使其中两圆同心，命令行提示与操作如下。

```
命令：_GcConcentric
选择第一个对象：选择圆 1
选择第二个对象：选择圆 3
```

系统自动建立同心的几何关系，结果如图 4-47 所示。

图 4-47　建立圆 1 与圆 3 的同心关系

❺ 采用同样的方法，使圆 3 与圆 2 建立相切几何约束，结果如图 4-48 所示。

图 4-48　建立圆 3 与圆 2 的相切关系

❻ 采用同样的方法，使圆 1 与圆 4 建立相切几何约束，结果如图 4-49 所示。

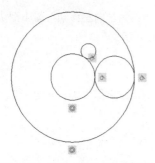

图 4-49 建立圆 1 与圆 4 的相切关系

❼ 采用同样的方法，使圆 4 与圆 2 建立相切几何约束，结果如图 4-50 所示。

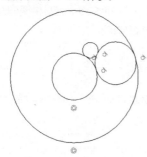

图 4-50 建立圆 4 与圆 2 的相切关系

❽ 采用同样的方法，使圆 3 与圆 4 建立相切几何约束，最终结果如图 4-44 所示。

4.5.3 建立尺寸约束

建立尺寸约束可以限制图形几何对象的大小，也就是与在草图上标注尺寸相似。同样设置尺寸标注线，与此同时也会建立相应的表达式，不同的是可以在后续的编辑工作中实现尺寸的参数化驱动。"标注约束"面板及工具栏（其面板在"二维草图与注释"工作空间"参数化"选项卡的"标注"面板中）如图 4-51 所示。

图 4-51 "标注约束"面板及工具栏

在生成尺寸约束时，用户可以选择草图曲线、边、基准平面或基准轴上的点，以生成水平、竖直、平行、垂直和角度尺寸。

生成尺寸约束时，系统会生成一个表达式，其名称和值显示在一个文本框中，如图 4-52 所示。用户可以在其中编辑该表达式的名和值。

图 4-52 编辑尺寸约束示意图

生成尺寸约束时，只要选中了几何体，其尺寸及延伸线和箭头就会全部显示出来。将尺寸拖曳到位，然后单击，就完成了尺寸约束的添加。完成尺寸约束后，用户还可以随时更改尺寸约束，只需在绘图区选中该值双击，就可以使用生成过程中所采用的方式，编辑其名称、值或位置。

4.5.4 设置尺寸约束

在用 AutoCAD 绘图时，使用"约束设置"对话框中的"标注"选项卡，可控制显示标注约束时的系统配置，标注约束控制设计的大小和比例，如图 4-53 所示。尺寸约束的具体内容如下。

图 4-53 "标注"选项卡

- 对象之间或对象上点之间的距离。
- 对象之间或对象上点之间的角度。

执行方式

命令行：CONSTRAINTSETTINGS（CSETTINGS）。

菜单栏："参数" → "约束设置"。

功能区：单击"参数化"选项卡中的"约束设置，标注"命令。

工具栏："参数化" → "约束设置"按钮。

执行上述操作后，系统打开"约束设置"对话框，单击"标注"选项卡，如图4-53所示。利用此对话框可以控制约束栏上约束类型的显示。

选项说明

（1）"标注约束格式"选项组：该选项组内可以设置标注名称格式和锁定图标的显示。

（2）"标注名称格式"下拉列表框：为应用标注约束时显示的文字指定格式。将名称格式设置为显示名称、值或名称和表达式。例如，宽度=长度/2。

（3）"为注释性约束显示锁定图标"复选框：针对已应用注释性约束的对象显示锁定图标。

（4）"为选定对象显示隐藏的动态约束"复选框：显示选定时已设置为隐藏的动态约束。

实例教学

下面以图4-54所示的方头平键为例，介绍一下尺寸约束命令的使用方法。

图 4-54 方头平键（键 B18×80）

STEP 绘制步骤

❶ 绘制方头平键轮廓（键 B18×100），如图4-55所示。

图 4-55 键 B18×100 轮廓

❷ 利用"共线"约束命令，使左端各竖直直线建立共线的几何约束。采用同样的方法使右端各竖直直线建立共线的几何约束。

❸ 利用"相等"约束命令，使最上端水平线与下面各条水平线建立相等的几何约束。

❹ 利用"水平"约束标注命令，更改水平尺寸，命令行提示与操作如下。

```
命令：_DcHorizontal
指定第一个约束点或 [对象（O）] <对象>：选择
最上端直线左端
指定第二个约束点：选择最上端直线右端
指定尺寸线位置：在合适位置单击
标注文字 = 100：80✓
```

❺ 系统自动将长度调整为80，最终结果如图4-54所示。

"约束设置"对话框中还有一个"自动约束"选项卡，如图4-56所示。可将设定公差范围内的对象自动设置为相关约束，读者可以自行练习体会。

图 4-56 "自动约束"选项卡

4.6 综合演练——轴

绘制如图4-57所示的轴。

图 4-57 轴

STEP 绘制步骤

❶ 在命令行中输入"LIMITS"命令设置绘图环境，命令行提示与操作如下。

> 命令：LIMITS ✓
> 重新设置模型空间界限：
> 指定左下角点或 [开（ON）/ 关（OFF）] <0.0000,
> 0.0000>：✓
> 指定右上角点 <420.0000，297.0000>：297，210 ✓

❷ 图层设置。

（1）单击"默认"选项卡"图层"面板中的"图层特性"按钮，打开"图层特性管理器"对话框。

（2）单击"新建图层"按钮，创建一个新图层，把该图层命名为"中心线"。

（3）单击"中心线"图层对应的"颜色"列，打开"选择颜色"对话框，如图4-58所示。选择红色为该图层颜色，单击"确定"按钮，返回"图层特性管理器"对话框。

（4）单击"中心线"图层对应的"线型"列，打开"选择线型"对话框，如图4-59所示。

（5）在"选择线型"对话框中，单击"加载"按钮，系统打开"加载或重载线型"对话框，选择"CENTER"线型，如图4-60所示，单击"确定"按钮退出。在"选择线型"对话框中选择"CENTER"（点画线）为该图层线型，单击"确定"按钮，返回"图层特性管理器"对话框。

（6）单击"中心线"图层对应的"线宽"列，打开"线宽"对话框，如图4-61所示。选择"0.09mm"线宽，单击"确定"按钮。

图 4-58 "选择颜色"对话框

图 4-59 "线型管理器"对话框

图 4-60 "加载或重载线型"对话框

（7）采用相同的方法再创建两个新图层，分别命名为"轮廓线"和"尺寸线"。"轮廓线"图层的颜色设置为白色，线型为Continuous（实线），线宽为0.30mm。"尺寸线"图层的颜色设置为蓝色，线型为Continuous，线宽为0.09mm。设置完成后，使3个图层均处于打开、解冻和解锁状态，各项设置如图 4-62 所示。

图 4-61 "线宽"对话框

图 4-62 新建图层的各项设置

❸ 单击"默认"选项卡"绘图"面板中的"直线"按钮／，绘制泵轴的中心线。当前图层设置为"中心线"图层，命令行提示与操作如下。

```
命令：_line 指定第一个点：65, 130 ↙
指定下一点或 [放弃（U）]：170, 130 ↙
指定下一点或 [放弃（U）]：↙
```

绘制结果如图 4-63 所示。

图 4-63 绘制直线

采用相同的方法，单击"默认"选项卡"绘图"面板中的"直线"按钮／，绘制 $\phi5$ 圆与 $\phi2$ 圆的竖直中心线，端点坐标分别为 {（110，135），（110，125）}和{（158，133），（158，127）}，如图 4-64 所示。

图 4-64 绘制中心线

❹ 绘制泵轴的外轮廓线，将当前图层设置为"轮廓线"图层。

❺ 单击"默认"选项卡"绘图"面板中的"矩形"按钮 ▭，以角点坐标为（70，123）（@66,

14）绘制左端 $\phi14$ 轴段。命令行提示与操作如下。

```
命令：LINE ↙（绘制 φ11 轴段）
指定第一个点：_from 基点：（单击"对象捕捉"
工具栏中的图标，打开"捕捉自"功能，按提示操作）
_int 于：（捕捉 φ14 轴段右端与水平中心线的交点）
<偏移>：@0, 5.5 ↙
指定下一点或 [放弃（U）]：@14, 0 ↙
指定下一点或 [放弃（U）]：@0, -11 ↙
指定下一点或 [闭合（C）/放弃（U）]：@-14, 0 ↙
指定下一点或 [闭合（C）/放弃（U）]：↙
命令：LINE ↙
指定第一个点：_from 基点：_int 于（捕捉
Φ11 轴段右端与水平中心线的交点）
<偏移>：@0, 3.75 ↙
指定下一点或 [放弃（U）]：@ 2, 0 ↙
指定下一点或 [放弃（U）]：↙
命令：LINE ↙
指定第一个点：_from 基点：_int 于（捕捉
Φ11 轴段右端与水平中心线的交点）
<偏移>：@0, -3.75 ↙
指定下一点或 [放弃（U）]：@2, 0 ↙
指定下一点或 [放弃（U）]：↙
命令：RECTANG ↙ （绘制右端 φ10 轴段）
指定第一个角点或 [倒角（C）/标高（E）/圆角（F）/
厚度（T）/宽度（W）]：152, 125 ↙ （输入矩形
的左下角点坐标）
指定另一个角点或 [面积（A）/尺寸（D）/旋转（R）]：
@12, 10 ↙ （输入矩形的右上角点相对坐标）
```

绘制结果如图 4-65 所示。

图 4-65 绘制外轮廓线

> **注意** "_int 于："是"对象捕捉"功能启动后系统在命令行提示选择捕捉点的一种提示语言，此时通常会在绘图屏幕上显示可供选择的对象点的标记。

❻ 单击"默认"选项卡"绘图"面板中的"圆"按钮 ⊙，在绘图区指定一点为圆心，直径为 5，绘制轴孔，如图 4-66 所示。

图 4-66 绘制轴孔

❼ 单击"默认"选项卡"绘图"面板中的"圆"按钮 ⊙，在绘图区指定一点为圆心，直径为 2，绘制轴的键槽，如图 4-67 所示。

图 4-67　绘制轴的键槽

❽ 单击"默认"选项卡"绘图"面板中的"多段线"按钮 ，绘制泵轴的键槽。命令行提示与操作如下。

```
命令：PLINE ↙
指定起点：140, 132 ↙
当前线宽为 0.0000
指定下一个点或 [圆弧 (A) / 半宽 (H) / 长度 (L) /
放弃 (U) / 宽度 (W)]：@6, 0 ↙
指定下一点或 [圆弧 (A) / 闭合 (C) / 半宽 (H) /
长度 (L) / 放弃 (U) / 宽度 (W)]：A ↙ （绘制圆弧）
指定圆弧的端点 (按住 Ctrl 键以切换方向) 或 [角
度 (A) / 圆心 (CE) / 闭合 (CL) / 方向 (D) / 半
宽 (H) / 直线 (L) / 半径 (R) / 第二个点 (S) /
放弃 (U) / 宽度 (W)]：@0, -4 ↙
指定圆弧的端点 (按住 Ctrl 键以切换方向) 或 [角
度 (A) / 圆心 (CE) / 闭合 (CL) / 方向 (D) / 半
宽 (H) / 直线 (L) / 半径 (R) / 第二个点 (S) /
放弃 (U) / 宽度 (W)]：L ↙
```

```
指定下一点或 [圆弧 (A) / 闭合 (C) / 半宽 (H) /
长度 (L) / 放弃 (U) / 宽度 (W)]：@-6, 0 ↙
指定下一点或 [圆弧 (A) / 闭合 (C) / 半宽 (H) /
长度 (L) / 放弃 (U) / 宽度 (W)]：A ↙
指定圆弧的端点 (按住 Ctrl 键以切换方向) 或 [角
度 (A) / 圆心 (CE) / 闭合 (CL) / 方向 (D) / 半
宽 (H) / 直线 (L) / 半径 (R) / 第二个点 (S) / 放
弃 (U) / 宽度 (W)]：_endp 于 (捕捉上部直线段
的左端点，绘制左端的圆弧)
指定圆弧的端点 (按住 Ctrl 键以切换方向) 或 [角
度 (A) / 圆心 (CE) / 闭合 (CL) / 方向 (D) / 半
宽 (H) / 直线 (L) / 半径 (R) / 第二个点 (S) / 放
弃 (U) / 宽度 (W)]：↙
```

最终绘制结果如图 4-57 所示。

❾ 保存图形。

在命令行输入命令 QSAVE，或单击下拉菜单"文件"→"另保存"，或者单击快速访问工具栏另存为图标 。在打开的"图形另存为"对话框中输入文件名保存即可。

4.7　上机实验

【实验 1】利用图层命令绘制螺母

1．目的要求

如图 4-68 所示，本例要绘制的图形虽然简单，但与前面所学知识有一个明显的不同，就是图中不止一种图线。通过本例，要求读者掌握设置图层的方法与步骤。

图 4-68　螺母

2．操作提示

（1）设置两个新图层。

（2）绘制中心线。

（3）绘制螺母轮廓线。

【实验 2】过四边形上、下边延长线交点作四边形右边的平行线

1．目的要求

如图 4-69 所示，本例要绘制的图形比较简单，但是要准确找到四边形上、下边延长线必须启用"对象捕捉"功能，捕捉延长线交点。通过本例，读者可以体会到对象捕捉功能的方便与快捷作用。

图 4-69　四边形

2．操作提示

（1）在界面上方的工具栏区右击，选择快捷菜单中的"AutoCAD"→"对象捕捉"命令，打开"对象捕捉"工具栏。

（2）利用"对象捕捉"工具栏中的"捕捉到交点"工具捕捉四边形上、下边的延长线交点作为线段起点。

（3）利用"对象捕捉"工具栏中的"捕捉到平行线"工具捕捉一点作为线段终点。

第 5 章

二维编辑命令

二维图形的编辑操作配合绘图命令的使用可以进一步完成复杂图形对象的绘制工作，并可使用户合理安排和组织图形，保证绘图准确，减少重复。因此，对编辑命令的熟练掌握和使用有助于提高设计和绘图的效率。本章主要内容包括：选择对象、复制类命令、改变位置类命令，删除及恢复类命令、改变几何特性命令和对象编辑等。

重点与难点

- ❍ 选择对象
- ❍ 复制类命令
- ❍ 删除及恢复类命令
- ❍ 改变位置类命令

5.1 选择对象

选择对象是进行编辑的前提。AutoCAD 提供了多种选择对象的方法，如点取方法、用选择窗口选择对象、用选择线选择对象、用对话框选择对象等。AutoCAD 可以把选择的多个对象组成整体，如选择集和对象组，进行整体编辑与修改。

AutoCAD 提供两种执行效果相同的途径编辑图形。

（1）先执行编辑命令，然后选择要编辑的对象。

（2）先选择要编辑的对象，然后执行编辑命令。

选择集可以仅由一个图形对象构成，也可以是一个复杂的对象组，如位于某一特定层上具有某种特定颜色的一组对象。选择集的构造可以在调用编辑命令之前或之后。

AutoCAD 提供以下几种方法构造选择集。

（1）先选择一个编辑命令，然后选择对象，按 <Enter> 键结束操作。

（2）使用 SELECT 命令。

（3）用点取设备选择对象，然后调用编辑命令。

（4）定义对象组。

无论使用哪种方法，AutoCAD 都将提示用户选择对象，并且光标的形状由十字变为拾取框。

下面结合 SELECT 命令说明选择对象的方法。

SELECT 命令可以单独使用，即在命令行输入 SELECT 后按 <Enter> 键，也可以在执行其他编辑命令时被自动调用。此时，屏幕出现提示：

选择对象：

等待用户以某种方式选择对象作为回答。AutoCAD 提供多种选择方式，可以输入"？"查看这些选择方式。选择该选项后，出现如下提示。

> 需要点或 窗口（W）/上一个（L）/窗交（C）/框（BOX）/全部（ALL）/栏选（F）/圈围（WP）/圈交（CP）/编 组（G）/添 加（A）/删 除（R）/多 个（M）/上一个（P）/放弃（U）/自动（AU）/单个（SI）

选择对象：

上面各选项含义如下。

1. 点

该选项表示直接通过点取的方式选择对象。这是较常用也是系统默认的一种对象选择方法。用鼠标或键盘移动拾取框，使其框住要选取的对象，然后单击鼠标左键，就会选中该对象并高亮显示。该点的选定也可以使用键盘输入一个点坐标值来实现。当选定点后，系统将立即扫描图形，搜索并且选择穿过该点的对象。

用户可以利用"工具"下拉菜单中的"选项"项打开的"选项"对话框设置拾取框的大小，在"选项"对话框中选择"选择"选项卡。

移动"拾取框大小"选项组的滑动标尺可以调整拾取框的大小。左侧的空白区中会显示相应的拾取框的尺寸大小。

2. 窗口（W）

用由两个对角顶点确定的矩形窗口选择位于其范围内部的所有图形，与边界相交的对象不会被选中。指定对角顶点时应该按照从左向右的顺序。

在"选择对象"提示下，输入 W，回车，选择该选项后，出现如下提示。

> 指定第一个角点：（输入矩形窗口的第一个对角点的位置）
> 指定对角点：（输入矩形窗口的另一个对角点的位置）

指定两个对角顶点后，位于矩形窗口内部的所有图形被选中，并高亮显示，如图 5-1 所示。

（a）图中下部方框为选择框　　（b）选择后的图形

图 5-1 "窗口"对象选择方式

3. 上一个（L）

在"选择对象"提示下，输入 L，回车，系统会自动选择最后绘出的一个对象。

4. 窗交（C）

该方式与上述"窗口"方式类似，区别在于：它不但选择矩形窗口内部的对象，也选中与矩形窗口边界相交的对象。

> 在"选择对象"提示下，输入 C，回车，系统提示如下。
> 指定第一个角点：（输入矩形窗口的第一个对角点的位置）

指定对角点：（输入矩形窗口的另一个对角点的位置）
选择的对象如图5-2所示。

（a）图中下部虚线框为选择框　　（b）选择后的图形

图5-2　"窗交"对象选择方式

5. 框（BOX）

该方式没有命令缩写字。使用时，系统根据
用户在屏幕上给出的两个对角点的位置而自动引用
"窗口"或"窗交"选择方式。若从左向右指定对角
点，为"窗口"方式；反之，为"窗交"方式。

6. 全部（ALL）

选择图面上所有对象。在"选择对象"提示下，
输入ALL，回车。此时，绘图区域内的所有对象均
被选中。

7. 栏选（F）

用户临时绘制一些直线，这些直线不必构成封
闭图形，凡是与这些直线相交的对象均被选中。这
种方式对选择相距较远的对象比较有效，交线可以
穿过本身。在"选择对象"提示下，输入"F"，回
车。选择该选项后，出现如下提示。

指定第一个栏选点：（指定交线的第一点）
指定下一个栏选点或［放弃（U）］：（指定交线的第
二点）
指定下一个栏选点或［放弃（U）］：（指定下一条交
线的端点）
……
指定下一个栏选点或［放弃（U）］：（回车结束操作）

执行结果如图5-3所示。

（a）图中虚线为选择栏　　（b）选择后的图形

图5-3　"栏选"对象选择方式

8. 圈围（WP）

使用一个不规则的多边形来选择对象。在"选
择对象："提示下，输入WP，系统提示：

第一圈围点：（输入不规则多边形的第一个顶点坐标）
指定直线的端点或［放弃（U）］：（输入第二个顶点
坐标）
指定直线的端点或［放弃（U）］：（回车结束操作）

根据提示，用户顺次输入构成多边形所有顶点
的坐标，直到最后用回车作出空回答结束操作，系
统将自动连接第一个顶点与最后一个顶点形成封闭
的多边形。多边形的边不能接触或穿过本身。若输
入"U"，取消刚才定义的坐标点并且重新指定。凡
是被多边形围住的对象均被选中（不包括边界）。执
行结果如图5-4所示。

（a）图中十字线所拉出多边形为选择框　　（b）选择后的图形

图5-4　"圈围"对象选择方式

9. 圈交（CP）

类似于"圈围"方式，在提示后输入"CP"，
后续操作与WP方式相同。区别在于：与多边形边
界相交的对象也被选中。执行结果如图5-5所示。

（a）图中十字线所拉出多边形为选择框　　（b）选择后的图形

图5-5　"圈交"对象选择方式

> **注意**　若矩形框从左向右定义，即第一个选择
> 的对角点为左侧的对角点，矩形框内部
> 的对象被选中，框外部及与矩形框边界相交的对
> 象不会被选中；若矩形框从右向左定义，矩形框
> 内部及与矩形框边界相交的对象都会被选中。

其他的选择方式与上面讲述的方式类似，这里
不再赘述。

5.2 复制类命令

本节详细介绍AutoCAD 2019的复制类命令，利用这些编辑功能，可以方便地编辑绘制的图形。

5.2.1 复制命令

执行方式

命令行：COPY（快捷命令：CO）。

菜单栏："修改"→"复制"（见图5-6）。

图5-6 "修改"菜单

工具栏：单击"修改"工具栏中的"复制"按钮 。

快捷菜单：选中要复制的对象右击，选择快捷菜单中的"复制选择"命令。

功能区：单击"默认"选项卡"修改"面板中的"复制"按钮 。

操作步骤

命令行提示如下。

命令：COPY ✓
选择对象：选择要复制的对象

用前面介绍的对象选择方法选择一个或多个对

象，按<Enter>键结束选择，命令行提示与操作如下。

指定基点或 [位移（D）/模式（O）] <位移>：
指定基点或位移

选项说明

（1）指定基点：指定一个坐标点后，AutoCAD系统把该点作为复制对象的基点，命令行提示"指定第二个点或 [阵列（A）] <使用第一个点作为位移>:"。在指定第二个点后，系统将根据这两点确定的位移矢量把选择的对象复制到第二点处。如果此时直接按<Enter>键，即选择默认的"用第一点作位移"，则第一个点被当作相对于X、Y、Z的位移。例如，如果指定基点为（2，3），并在下一个提示下按<Enter>键，则该对象从它当前的位置开始在X方向上移动2个单位，在Y方向上移动3个单位。复制完成后，命令行提示"指定第二个点或 [阵列（A）/退出（E）/放弃（U）] <退出>:"。这时，可以不断指定新的第二点，从而实现多重复制。

（2）位移（D）：直接输入位移值，表示以选择对象时的拾取点为基准，以拾取点坐标为移动方向，按纵横比移动指定位移后确定的点为基点。例如，选择对象时拾取点坐标为（2，3），输入位移为5，则表示以点（2，3）为基准，沿纵横比为3：2的方向移动5个单位所确定的点为基点。

（3）模式（O）：控制是否自动重复该命令，该设置由COPYMODE系统变量控制。

实例教学

扫一扫

下面以图5-7所示的办公桌为例，介绍一下复制命令的使用方法。

图5-7 办公桌

STEP 绘制步骤

❶ 单击"默认"选项卡"绘图"面板中的"矩形"按钮 ▭，绘制矩形，绘制结果如图 5-8（a）所示。

❷ 单击"默认"选项卡"绘图"面板中的"矩形"按钮 ▭，在合适的位置绘制一系列的矩形，绘制结果如图 5-8（b）所示。

❸ 单击"默认"选项卡"绘图"面板中的"矩形"按钮 ▭，在合适的位置绘制一系列的矩形，绘制结果如图 5-8（c）所示。

（a）　　　　（b）　　　　（c）

图 5-8　绘制矩形 1

❹ 单击"默认"选项卡"绘图"面板中的"矩形"按钮 ▭，在合适的位置绘制一矩形，绘制结果如图 5-9 所示。

图 5-9　绘制矩形 2

❺ 利用"复制"命令，将办公桌左边的一系列矩形复制到右边，完成办公桌的绘制。命令行提示与操作如下。

> 命令：_copy
> 选择对象：选择左边的一系列矩形
> 选择对象：✓
> 指定基点或［位移（D）］＜位移＞：选择最外面的矩形与桌面的交点
> 指定第二个点或［阵列（A）］＜使用第一个点作为位移＞：选择放置矩形的位置
> 指定第二个点或［阵列（A）/退出（E）/放弃（U）］＜退出＞：✓

最终绘制结果如图 5-7 所示。

5.2.2　镜像命令

镜像命令是指把选择的对象以一条镜像线为轴作对称复制。镜像操作完成后，可以保留原对象，也可以将其删除。

执行方式

命令行：MIRROR（快捷命令：MI）。

菜单栏："修改"→"镜像"。

工具栏：单击"修改"工具栏中的"镜像"按钮 ◭。

功能区：单击"默认"选项卡"修改"面板中的"镜像"按钮 ◭。

操作步骤

命令行提示如下。

> 命令：MIRROR ✓
> 选择对象：选择要镜像的对象
> 指定镜像线的第一点：指定镜像线的第一个点
> 指定镜像线的第二点：指定镜像线的第二个点
> 要删除源对象吗？［是（Y）/否（N）］＜否＞：确定是否删除源对象

选择的两点确定一条镜像线，被选择的对象以该直线为对称轴进行镜像。包含该线的镜像平面与用户坐标系统的 XY 平面垂直，即镜像操作在与用户坐标系统的 XY 平面平行的平面上。

图 5-10 所示为利用"镜像"命令绘制的办公桌。读者可以比较用"复制"命令（见图 5-7）和"镜像"命令绘制的办公桌有何异同。

图 5-10　利用"镜像"命令绘制的办公桌

实例教学

下面以图 5-11 所示的压盖为例，介绍一下镜像命令的使用方法。

扫一扫

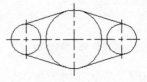

图 5-11　压盖

STEP 绘制步骤

❶ 选择菜单栏中的"格式"→"图层"命令，设置如下图层：第一图层命名为"轮廓线"，线宽

属性为 0.3mm，其余属性默认。第二图层名称设为"中心线"，颜色设为红色，线型加载为 CENTER，其余属性默认，如图 5-12 所示。

图 5-12 "图层特性管理器"对话框

❷ 设置"中心线"层为当前层，在屏幕上适当位置指定直线端点坐标，绘制一条水平中心线和两条竖直中心线，如图 5-13 所示。

图 5-13 绘制中心线

❸ 将轮廓线图层设置为当前图层，单击"默认"选项卡"绘图"面板中的"圆"按钮⊘，分别捕捉两中心线交点为圆心，指定适当的半径绘制两个圆，如图 5-14 所示。

图 5-14 绘制圆

❹ 单击"默认"选项卡"绘图"面板中的"直线"按钮✓，结合对象捕捉功能，绘制一条切线，如图 5-15 所示。

图 5-15 绘制切线

❺ 利用"镜像"命令，以水平中心线为对称线镜像刚绘制的切线。命令行提示与操作如下。

命令：mirror✓
选择对象：（选择切线）
选择对象：✓
指定镜像线的第一点：指定镜像线的第二点：（在中间的中心线上选择两点）

是否删除源对象？［是（Y）/否（N）］<否>：✓
结果如图 5-16 所示。

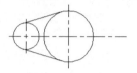

图 5-16 镜像切线

❻ 同样利用"镜像"命令，以中间竖直中心线为对称线，选择对称线左边的图形对象进行镜像。最终绘制结果如图 5-11 所示。

5.2.3 偏移命令

偏移命令是指保持选择对象的形状，在不同的位置以不同尺寸大小新建一个对象。

执行方式

命令行：OFFSET（快捷命令：O）。

菜单栏："修改"→"偏移"。

工具栏：单击"修改"工具栏中的"偏移"按钮⊂。

功能区：单击"默认"选项卡"修改"面板中的"偏移"按钮⊂。

操作步骤

命令行提示如下。

命令：OFFSET✓
当前设置：删除源＝否图层＝源 OFFSETGAPTYPE ＝0
指定偏移距离或［通过（T）/删除（E）/图层（L）］<通过>：指定偏移距离值
选择要偏移的对象，或［退出（E）/放弃（U）］<退出>：选择要偏移的对象，按 <Enter> 键结束操作
指定偏移的那一侧上的点，或［退出（E）/多个（M）/放弃（U）］<退出>：指定偏移方向
选择要偏移的对象，或［退出（E）/放弃（U）］<退出>：

选项说明

（1）指定偏移距离：输入一个距离值，或按 <Enter> 键使用当前的距离值，系统把该距离值作为偏移的距离，如图 5-17（a）所示。

（2）通过（T）：指定偏移的通过点，选择该选项后，命令行提示如下。

选择要偏移的对象或 <退出>：选择要偏移的对象，按 <Enter> 键结束操作
指定通过点：指定偏移对象的一个通过点

执行上述操作后，系统会根据指定的通过点绘制出偏移对象，如图5-17（b）所示。

（a）指定偏移距离

（b）通过点

图5-17　偏移选项说明1

（3）删除（E）：偏移源对象后将其删除，如图5-18（a）所示。选择该项后，命令行提示如下。

要在偏移后删除源对象吗？[是（Y）/否（N）] <当前 >：

（4）图层（L）：确定将偏移对象创建在当前图层上还是源对象所在的图层上，这样就可以在不同图层上偏移对象。选择该项后，命令行提示如下。

输入偏移对象的图层选项 [当前（C）/源（S）] <当前 >：

如果偏移对象的图层选择为当前图层，则偏移对象的图层特性与当前图层相同，如图5-18（b）所示。

（a）删除源对象　　　（b）偏移对象的图层为当前图层

图5-18　偏移选项说明2

（5）多个（M）：使用当前偏移距离重复进行偏移操作，并接受附加的通过点，执行结果如图5-19所示。

图5-19　偏移选项说明3

 在AutoCAD 2019中，可以使用"偏移"命令，对指定的直线、圆弧、圆等对象

作定距离偏移复制操作。在实际应用中，常利用"偏移"命令的特性创建平行线或等距离分布图形，效果与"阵列"相同。默认情况下，需要先指定偏移距离，再选择要偏移复制的对象，然后指定偏移方向，以复制出需要的对象。

实例教学　

扫一扫

下面以图5-20所示的门为例，介绍一下偏移命令的使用方法。

图5-20　门

STEP 绘制步骤

❶ 单击"默认"选项卡"绘图"面板中的"矩形"按钮 ▢，绘制一个矩形，两个角点的坐标分别为（0,0）和（@900,2400）。结果如图5-21所示。

❷ 利用"偏移"命令，将矩形向内偏移60。命令行提示与操作如下：

命令：_offset
当前设置：删除源 = 否图层 = 源 OFFSETGAPTYPE =0
指定偏移距离或 [通过（T）/删除（E）/图层（L）] <1.0000>：60
选择要偏移的对象，或 [退出（E）/放弃（U）] <退出 >：（选择上步绘制的矩形）
指定要偏移的那一侧上的点，或 [退出（E）/多个（M）/放弃（U）] <退出 >：（在矩形内部单击）
选择要偏移的对象，或 [退出（E）/放弃（U）] <退出 >：
结果如图5-22所示。

图5-21　绘制矩形　　　图5-22　偏移操作1

❸ 单击"默认"选项卡"绘图"面板中的"直线"

按钮 ╱，以端点的坐标分别为（60，2000）和（@780，0）绘制一条直线。结果如图5-23所示。

❹ 再次执行"偏移"命令，将第❸步骤中绘制的直线向下偏移60。结果如图5-24所示。

❺ 单击"默认"选项卡"绘图"面板中的"矩形"按钮 ▭，绘制一个矩形，两个角点的坐标分别为（200，1500）和（700，1800）。最终绘制结果如图5-20所示。

图5-23 绘制直线　　图5-24 偏移操作2

5.2.4 阵列命令

阵列命令是指多重复制选择的对象，并把这些副本按矩形或环形排列。把副本按矩形排列称为创建矩形阵列，把副本按环形排列称为创建环形阵列。

AutoCAD 2019提供"ARRAY"命令创建阵列，用该命令可以创建矩形阵列、环形阵列和旋转的矩形阵列。

执行方式

命令行：ARRAY（快捷命令：AR）。

菜单栏："修改"→"阵列"。

工具栏：单击"修改"工具栏中的"矩形阵列"按钮 ▦，或单击"修改"工具栏中的"路径阵列"按钮 ◦◦◦，或单击"修改"工具栏中的"环形阵列"按钮 ◦◦◦。

功能区：单击"默认"选项卡"修改"面板中的"矩形阵列"按钮 ▦、"环形阵列"按钮 ◦◦◦ 以及"路径阵列"按钮 ◦◦◦。

选项说明

（1）"矩形阵列"按钮 ▦：用于创建矩形阵列。

（2）"环形阵列"按钮 ◦◦◦：用于创建环形阵列。

（3）"路径阵列"按钮 ◦◦◦：用于创建路径阵列。

 注意　阵列在平面作图时有两种方式，可以在矩形或环形（圆形）阵列中创建对象的

副本。对于矩形阵列，可以控制行和列的数目以及它们之间的距离。对于环形阵列，可以控制对象副本的数目并决定是否旋转副本。

 实例教学　 扫一扫

下面以图5-25所示的连接盘为例，介绍一下阵列命令的使用方法。

图5-25 连接盘

STEP 绘制步骤

❶ 选择菜单栏中的"格式"→"图层"命令，或者单击"默认"选项卡"图层"面板中的"图层特性"按钮 ▤，新建三个图层：粗实线层，线宽：0.50mm，其余属性默认。细实线层，线宽：0.30mm，所有属性默认。中心线层，线宽：0.30mm，颜色：红色，线型：CENTER，其余属性默认，如图5-26所示。

图5-26 新建图层

❷ 将线宽显示功能打开。将当前图层设置为中心线图层。利用"直线"和"圆"命令并结合"正交""对象捕捉"和"对象追踪"等工具选择适当尺寸绘制如图5-27所示的中心线。

❸ 将当前图层设置为粗实线图层。单击"默认"选项卡"绘图"面板中的"圆"按钮 ⊙，并结合"对象捕捉"工具选择适当尺寸绘制如图5-28所示的同心圆。

❹ 继续单击"默认"选项卡"绘图"面板中的"圆"按钮 ⊙，以竖直中心线与圆形中心线交点为圆心绘制适当尺寸的同心圆，如图5-29所示。

图5-27 中心线

图5-28 绘制同心圆

图5-29 绘制内部圆

❺ 利用"环形阵列"命令，将两个同心的小圆以中心线圆的圆心为阵列中心进行环形阵列。命令行提示与操作如下：

```
命令：_arraypolar
选择对象：选择两个同心的小圆
选择对象：
```

```
类型 = 极轴  关联 = 否
指定阵列的中心点或 [基点（B）/旋转轴（A）]：
捕捉中心线圆的圆心
选择夹点以编辑阵列或 [关联（AS）/基点（B）/
项目（I）/项目间角度（A）/填充角度（F）/行
（ROW）/层（L）/旋转项目（ROT）/退出（X）] <
退出>：I
输入阵列中的项目数或 [表达式（E）] <6>：3
选择夹点以编辑阵列或 [关联（AS）/基点（B）/
项目（I）/项目间角度（A）/填充角度（F）/行
（ROW）/层（L）/旋转项目（ROT）/退出（X）] <
退出>：F
指定填充角度（+=逆时针、-=顺时针）或 [表达式
（EX）] <360>：
选择夹点以编辑阵列或 [关联（AS）/基点（B）/
项目（I）/项目间角度（A）/填充角度（F）/行
（ROW）/层（L）/旋转项目（ROT）/退出（X）] <
退出>：
```

最终阵列结果如图5-25所示。

5.3 删除及恢复类命令

删除及恢复类命令主要用于删除图形某部分或对已被删除的部分进行恢复，包括删除、恢复、重做、清除等命令。

5.3.1 删除命令

如果所绘制的图形不符合要求或为不小心错绘，可以使用删除命令"ERASE"把其删除。

执行方式

命令行：ERASE（快捷命令：E）。

菜单栏："修改"→"删除"。

工具栏：单击"修改"工具栏中的"删除"按钮 。

快捷菜单：选择要删除的对象，在绘图区右击，选择快捷菜单中的"删除"命令。

功能区：单击"默认"选项卡"修改"面板中的"删除"按钮 。

可以先选择对象后再调用删除命令，也可以先调用删除命令后再选择对象。选择对象时可以使用前面介绍的对象选择的各种方法。

当选择多个对象时，多个对象都被删除；若选择的对象属于某个对象组，则该对象组中的所有对象都被删除。

注意 在绘图过程中，如果出现了绘制错误或绘制了不满意的图形，需要删除时，可以单击"标准"工具栏中的"放弃"按钮 ，也可以按<Delete>键，命令行提示"_.erase"。删除命令可以一次删除一个或多个图形，如果删除错误，可以利用"放弃"按钮 来补救。

5.3.2 恢复命令

若不小心误删了图形，可以使用恢复命令"OOPS"恢复误删的对象。

执行方式

命令行：OOPS或U。

工具栏：单击"快速访问"工具栏中的"放弃"按钮 。

快捷键：按住<Ctrl>+<Z>组合键。

5.3.3 清除命令

此命令与删除命令功能完全相同。

执行方式

菜单栏："修改"→"清除"

快捷键：按<Delete>键

执行上述操作后，命令行提示如下。

选择对象：选择要清除的对象，按<Enter>键执行清除命令。

5.4 改变位置类命令

改变位置类命令是指按照指定要求改变当前图形或图形中某部分的位置，主要包括移动、旋转和缩放命令。

5.4.1 移动命令

执行方式

命令行：MOVE（快捷命令：M）。

菜单栏："修改"→"移动"。

工具栏：单击"修改"工具栏中的"移动"按钮 ✛。

快捷菜单：选择要复制的对象，在绘图区右击，选择快捷菜单中的"移动"命令。

功能区：单击"默认"选项卡"修改"面板中的"移动"按钮 ✛。

操作步骤

命令行提示与操作如下。

命令：MOVE ✓
选择对象：用前面介绍的对象选择方法选择要移动的对象，按<Enter>键结束选择
指定基点或位移：指定基点或位移
指定基点或 [位移（D）] <位移>：指定基点或位移
指定第二个点或 <使用第一个点作为位移>：
移动命令选项功能与复制命令类似。

实例教学

下面以图5-30所示的餐厅桌椅为例，介绍一下移动命令的使用方法。

扫一扫

图5-30 餐厅桌椅

STEP 绘制步骤

❶ 单击"默认"选项卡"绘图"面板中的"直线"按钮 ╱，绘制3条线段，过程从略，如图5-31所示。

图5-31 初步轮廓

❷ 单击"默认"选项卡"修改"面板中的"复制"按钮 ⸾，复制直线。命令行提示与操作如下。

命令：COPY ✓
选择对象：（选择左边短竖线）
找到 1 个
选择对象：✓
当前设置： 复制模式 = 多个
指定基点或位移，或者 [重复（M）]：（捕捉横线段左端点）
指定第二个点或 [阵列（A）] <用第一点作位移>：
（捕捉横线段右端点）

结果如图5-32所示。以同样方法依次按图5-33～图5-35的顺序复制椅子轮廓线。

图5-32 复制步骤一　　　　图5-33 复制步骤二

图5-34 复制步骤三　　　　图5-35 复制步骤四

❸ 利用"圆弧"命令和"直线"命令，完成椅子轮廓绘制。命令行提示与操作如下。

```
命令：ARC ✓
指定圆弧的起点或 ［圆心（C）］：（用鼠标指定左上方竖线段端点）
指定圆弧的第二个点或 ［圆心（C）/端点（E）］：（拖曳鼠标在上方两竖线段正中间指定一点）
指定圆弧的端点：（用鼠标指定右上方竖线段端点）
命令：LINE ✓
指定第一个点：（用鼠标在刚才绘制圆弧上指定一点）
指定下一点或 ［放弃（U）］：（在垂直方向上用鼠标在中间水平线段上指定一点）
指定下一点或 ［放弃（U）］：✓
```

复制另一条竖线段，如图5-36所示。

图 5-36 绘制连接板

```
命令：ARC ✓
指定圆弧的起点或 ［圆心（C）］：（用鼠标指定左下方第一条竖线段上端点）
指定圆弧的第二个点或 ［圆心（C）/端点（E）］：（拖曳鼠标指定竖线段上端点）✓
指定圆弧的端点：（拖曳鼠标指定左下方第二条竖线段上端点）
指定圆弧的圆心或 ［角度（A）/方向（D）/半径（R）］：R ✓
指定圆弧半径：2.5 ✓
```

以同样方法或者采用复制的方法绘制另外三段圆弧，如图5-37所示。命令行提示与操作如下。

```
命令：LINE ✓
指定第一个点：（拖曳鼠标在刚才绘制圆弧正中间指定一点）
指定下一点或 ［放弃（U）］：（在垂直方向上用鼠标指定一点）
指定下一点或 ［放弃（U）］：✓
```

采用复制的方法绘制下面两条短竖线段。命令行提示与操作如下。

```
命令：ARC ✓
指定圆弧的起点或 ［圆心（C）］：（拖曳鼠标指定刚才绘制线段的下端点）
指定圆弧的第二个点或 ［圆心（C）/端点（E）］：E ✓
指定圆弧的端点：（拖曳鼠标指定刚才绘制另一线段的下端点）
指定圆弧的圆心或 ［角度（A）/方向（D）/半径（R）］：D ✓
指定圆弧的起点切向：（拖曳鼠标指定圆弧起点切向）
```

绘制椅子完成图形如图5-38所示。

图 5-37 绘制扶手圆弧   图 5-38 绘制椅子

 注意　复制命令的应用是不是简捷快速而且准确？是否可以用偏移命令取代复制命令？对两个问题的回答是肯定的！

❹ 单击"默认"选项卡"绘图"面板中的"圆"按钮 ⊙，在绘图区以任意指定点为圆心、任意长度为半径绘制圆，如图5-39所示。

❺ 单击"默认"选项卡"修改"面板中的"偏移"按钮 ⊂，向外偏移第❹步绘制的圆。绘制桌子完成图形如图5-40所示。

图 5-39 绘制圆   图 5-40 绘制桌子

❻ 利用"移动"命令，选中椅子捕捉椅背中心点水平移动到适当位置。命令行提示与操作如下：

```
命令：_move
选择对象：选择椅子
选择对象：
指定基点或 ［位移（D）］ ＜位移＞：捕捉椅子椅背中心点
指定第二个点或 ＜使用第一个点作为位移＞：指定适当位置
```

绘制结果如图5-41所示。

图 5-41 移动椅子

❼ 单击"默认"选项卡"修改"面板中的"环形阵列"按钮 ⊙⊙⊙，按下状态栏上的"捕捉对象"按钮，指定桌面圆心为阵列中心点，单击"选择对象"按钮，框选椅子图形，确认退出。绘制的最终图形如图5-30所示。

5.4.2 旋转命令

执行方式

命令行：ROTATE（快捷命令：RO）。

菜单栏："修改"→"旋转"。

工具栏：单击"修改"工具栏中的"旋转"按钮 C。

快捷菜单：选择要旋转的对象，在绘图区右击，选择快捷菜单中的"旋转"命令。

功能区：单击"默认"选项卡"修改"面板中的"旋转"按钮 C。

操作步骤

命令行提示如下。

命令：ROTATE ✓
UCS 当前的正角方向：ANGDIR= 逆时针 ANGBASE=0
选择对象：选择要旋转的对象
指定基点： 指定旋转基点，在对象内部指定一个坐标点
指定旋转角度，或 ［复制（C）/参照（R）］＜0＞：指定旋转角度或其他选项

选项说明

（1）复制（C）：选择该选项，则在旋转对象的同时，保留源对象，如图5-42所示。

（a）旋转前　　　　　　（b）旋转后

图 5-42　复制旋转

（2）参照（R）：采用参照方式旋转对象时，命令行提示与操作如下。

指定参照角 ＜0＞：指定要参照的角度，默认值为 0
指定新角度或 ［点（P）］＜0＞：输入旋转后的角度值

操作完毕后，对象被旋转至指定的角度位置。

 可以用拖曳鼠标的方法旋转对象。选择对象并指定基点后，从基点到当前光标位置会出现一条连线，拖曳鼠标，选择的对象会动态地随着该连线与水平方向夹角的变化而旋转，按<Enter>键确认旋转操作，如图5-43所示。

图 5-43　拖曳鼠标旋转对象

实例教学

下面以图5-44所示的曲柄为例，介绍一下旋转命令的使用方法。

扫一扫

图 5-44　曲柄

STEP 绘制步骤

❶ 单击"默认"选项卡"图层"面板中的"图层特性"按钮 ，设置图层，如图 5-45 所示。

（1）中心线层：线型为 CENTER，其余属性默认。

（2）粗实线层：线宽为 0.30mm，其余属性默认。

图 5-45　设置图层

❷ 将中心线层设置为当前图层，单击"默认"选项卡"绘图"面板中的"直线"按钮 ／，坐标分别为{（100，100）、（180，100）}和{（120，120）、（120，80）}，结果如图 5-46 所示。

图 5-46　绘制中心线

❸ 单击"默认"选项卡"修改"面板中的"偏移"按钮 ⊂，绘制另一条中心线，偏移距离为 48，结果如图 5-47 所示。

图 5-47 偏移中心线

❹ 转换到粗实线层，单击"默认"选项卡"绘图"面板中的"圆"按钮 ⊙，绘制图形轴孔部分。其中绘制圆时，以水平中心线与左边竖直中心线交点为圆心，以 32 和 20 为直径绘制同心圆，以水平中心线与右边竖直中心线交点为圆心，以 20 和 10 为直径绘制同心圆，结果如图 5-48 所示。

图 5-48 绘制同心圆

❺ 单击"默认"选项卡"绘图"面板中的"直线"按钮 ／，绘制连接板。分别捕捉左右外圆的切点为端点，绘制上下两条连接线，结果如图 5-49 所示。

图 5-49 绘制连接线

❻ 单击"默认"选项卡"修改"面板中的"旋转"按钮 ⟲，对所绘制的图形进行复制旋转。命令行提示与操作如下。

```
命令：ROTATE ✓
UCS 当前的正角方向 :ANGDIR= 逆时针 ANGBASE=0
选择对象：(如图 5-49 所示，选择图形中要旋转的
部分)
找到 1 个，总计 6 个
选择对象：✓
指定基点：_int 于 (捕捉左边中心线的交点)
指定旋转角度，或 [复制（C）/参照（R）] <0>:C ✓
旋转一组选定对象。
指定旋转角度，或 [复制（C）/参照（R）] <0>: 150 ✓
```

最终结果如图 5-50 所示。

图 5-50 复制旋转

5.4.3 缩放命令

命令行：SCALE（快捷命令：SC）。

菜单栏："修改"→"缩放"。

工具栏：单击"修改"工具栏中的"缩放"按钮 ⧈。

快捷菜单：选择要缩放的对象，在绘图区右击，选择快捷菜单中的"缩放"命令。

功能区：单击"默认"选项卡"修改"面板中的"缩放"按钮 ⧈ 。

操作步骤

命令行提示如下。

```
命令：SCALE ✓
选择对象：选择要缩放的对象
指定基点：指定缩放基点
指定比例因子或 [复制（C）/参照（R）]:
```

选项说明

（1）采用参照方向缩放对象时，命令行提示如下。

```
指定参照长度 <1>：指定参照长度值
指定新的长度或 [点（P）] <1.0000>：指定新长
度值
```

若新长度值大于参照长度值，则放大对象；否则，缩小对象。操作完毕后，系统以指定的基点按指定的比例因子缩放对象。如果选择"点（P）"选项，则选择两点来定义新的长度。

（2）可以用拖曳鼠标的方法缩放对象。选择对象并指定基点后，从基点到当前光标位置会出现一条连线，线段的长度即为比例大小。拖曳鼠标，选择的对象会动态地随着该连线长度的变化而缩放，按<Enter>键确认缩放操作。

（3）选择"复制（C）"选项时，可以复制缩放对象，即缩放对象时，保留源对象，此功能是 AutoCAD 2019 新增的功能，如图 5-51 所示。

（a）缩放前　　　　　（b）缩放后

图 5-51 复制缩放

实例教学

扫一扫

下面以图5-52所示的紫荆花为例，介绍一下缩放命令的使用方法。

图 5-52　紫荆花

STEP 绘制步骤

❶ 单击"默认"选项卡"绘图"面板中的"圆弧"按钮 ⌒，绘制花瓣外框，如图5-53所示。

图 5-53　花瓣外框

❷ 单击"默认"选项卡"绘图"面板中的"多边形"按钮 ⬠，绘制花瓣。命令行提示与操作如下。

```
命令：POLYGON ✓
输入边的数目 <4>：5 ✓
指定正多边形的中心点或 [边（E）]：（指定中心点）
输入选项 [内接于圆（I）/外切于圆（C）] <I>：✓
指定圆的半径：（指定半径）
```

结果如图5-54所示。

图 5-54　绘制多边形

❸ 单击"默认"选项卡"绘图"面板中的"直线"按钮 ╱，绘制连接正五边形的各条线段，结果如图5-55所示。

❹ 单击"默认"选项卡"修改"面板中的"删除"按钮 ✎，选择正五边形并删除，结果如图5-56所示。

图 5-55　绘制五角星

图 5-56　删除正五边形

❺ 单击"默认"选项卡"修改"面板中的"修剪"按钮 ✂，对五角星内部线段进行修剪，结果如图5-57所示。

图 5-57　修剪五角星

❻ 利用"缩放"命令，选择五角星斜下方凹点，按比例0.5进行缩放。命令行提示与操作如下：

```
命令：_scale
选择对象：选择五角星
选择对象：
指定基点：选择五角星斜下方凹点
```

指定比例因子或[复制（C）/参照（R）]：0.5

结果如图5-58所示。

图 5-58　缩放五角星

❼ 单击"默认"选项卡"修改"面板中的"环形阵列"按钮 ⬡，项目总数为5，填充角度为360，选择花瓣下端点外一点为中心，选择绘制的花瓣为对象，最终绘制出的紫荆花图案如图5-52所示。

5.5 改变几何特性类命令

改变几何特性类命令在对指定对象进行编辑后，使编辑对象的几何特性发生改变，包括修剪、延伸、拉伸、拉长、圆角、倒角、打断等命令。

5.5.1 修剪命令

执行方式

命令行：TRIM（快捷命令：TR）。
菜单栏："修改"→"修剪"。
工具栏：单击"修改"工具栏中的"修剪"按钮 ⊀。
功能区：单击"默认"选项卡"修改"面板中的"修剪"按钮 ⊀。

操作步骤

命令行提示如下。

```
命令：TRIM✓
当前设置：投影=UCS，边=无
选择剪切边 ...
选择对象或 <全部选择>：选择用作修剪边界的对象，按<Enter>键结束对象选择
选择要修剪的对象，或按住 Shift 键选择要延伸的对象，或[栏选（F）/窗交（C）/投影（P）/边（E）/删除（R）/放弃（U）]：
```

选项说明

（1）在选择对象时，如果按住<Shift>键，系统就会自动将"修剪"命令转换成"延伸"命令，"延伸"命令将在下节介绍。

（2）选择"栏选（F）"选项时，系统以栏选的方式选择被修剪的对象，如图5-59所示。

（a）选定剪切边　（b）使用栏选　（c）结果
选定的修剪对象
图5-59 "栏选"修剪对象

（3）选择"窗交（C）"选项时，系统以窗交的方式选择被修剪的对象。此功能是AutoCAD 2019新增的功能，如图5-60所示。

（a）使用窗交选定　（b）选定要修剪　（c）结果
剪切边　　　的对象
图5-60 "窗交"修剪对象

（4）选择"边（E）"选项时，可以选择对象的修剪方式。

1）延伸（E）。延伸边界进行修剪。在此方式下，如果剪切边没有与要修剪的对象相交，系统会延伸剪切边直至与对象相交，然后修剪，如图5-61所示。

（a）选择剪切边　（b）选定要修剪的对象　（c）结果
图5-61 "延伸"修剪对象

2）不延伸（N）。不延伸边界修剪对象，只修剪与剪切边相交的对象。

（5）被选择的对象可以互为边界和被修剪对象，此时系统会在选择的对象中自动判断边界。

> **注意**　在使用修剪命令选择修剪对象时，我们通常是逐个单击选择的，有时显得效率低。要比较快地实现修剪过程，可以先输入修剪命令"TR"或"TRIM"，然后按<Space>或<Enter>键，命令行中就会提示选择修剪的对象。这时可以不选择对象，继续按<Space>或<Enter>键，系统默认选择全部，这样做就可以很快地完成修剪过程。

 实例教学

扫一扫

下面以图5-62所示的间歇轮为例，介绍一下修剪命令的使用方法。

图 5-62　间歇轮

绘制步骤

❶ 选择菜单栏中的"格式"→"图层"命令，新建两个图层，如图 5-63 所示。

图 5-63　新建图层

（1）第一图层命名为"轮廓线"，线宽属性为 0.3mm，其余属性默认。

（2）第二图层命名为"中心线"，颜色设为红色，线型加载为 CENTER，其余属性默认。

❷ 将当前图层设置为"中心线"层。单击"默认"选项卡"绘图"面板中的"直线"按钮／，指定坐标为（165，200）、（235，200）绘制直线，重复 LINE 命令绘制从点（200，165）到（200，235）的直线，结果如图 5-64 所示。

图 5-64　绘制直线

❸ 将当前图层设置为"轮廓线"层，单击"默认"选项卡"绘图"面板中的"圆"按钮⊘，以圆心（200，200）、半径 32 绘制圆，如图 5-65 所示。

图 5-65　绘制外轮廓

❹ 单击空格键重复"圆"命令，绘制以点（200，200）为圆心，分别以 26.5 和 14 为半径的同心圆，如图 5-66 所示。

图 5-66　绘制同心圆

❺ 单击"默认"选项卡"绘图"面板中的"直线"按钮／，在竖直中心线左右两边各 3mm 处绘制两条与之平行的线段，如图 5-67 所示。

图 5-67　绘制平行直线

❻ 单击"默认"选项卡"绘图"面板中的"圆弧"按钮╭，绘制圆弧。命令行提示与操作如下。

```
命令：arc↙
指定圆弧的起点或 [圆心（C）]：（选择 1 点）
指定圆弧的第二个点或 [圆心（C）/端点（E）]：e↙
指定圆弧的端点：（选择 2 点）
指定圆弧的圆心或 [角度（A）/方向（D）/半径（R）]：R↙
指定圆弧的半径：3 ↙
```
结果如图 5-68 所示。

图 5-68　绘制圆弧

❼ 利用"修剪"命令，对第❻步绘制的两条竖直线段进行修剪处理。命令行提示与操作如下：

```
命令：_trim
当前设置：投影 =UCS，边 = 无
选择剪切边 ...
选择对象或 <全部选择>：
选择要修剪的对象，或按住 Shift 键选择要延伸的对象，或 [栏选（F）/窗交（C）/投影（P）/边（E）/删除（R）/放弃（U）]：修剪竖直线的上端
```

选择要修剪的对象，或按住 Shift 键选择要延伸的对象，或[栏选（F）/窗交（C）/投影（P）/边（E）/删除（R）/放弃（U）]：

结果如图5-69所示。

图5-69 修剪处理1

⑧ 单击"默认"选项卡"绘图"面板中的"圆"按钮⊘，绘制以大圆与水平直线的交点为圆心，半径为9的圆，如图5-70所示。

图5-70 绘制圆

⑨ 利用"修剪"命令进行修剪，结果如图5-71所示。

图5-71 修剪处理2

⑩ 单击"默认"选项卡"修改"面板中的"环形阵列"按钮⌗，在绘图屏幕选择圆中心线交点为中心点，在绘图屏幕选择刚修剪的圆弧与第❻步修剪的两竖线及其相连的圆弧为对象。"项目数"输入"6"，在"填充角度"中输入"360"，进行环形阵列，结果如图5-72所示。

图5-72 环形阵列结果

⑪ 利用"修剪"命令，对阵列后图形进行修剪，结果如图5 62所示。

5.5.2 延伸命令

延伸命令是指延伸对象直到另一个对象的边界线，如图5-73所示。

（a）选择边界　　（b）选定要延伸的对象　　（c）结果

图5-73 延伸对象1

执行方式

命令行：EXTEND（快捷命令：EX）。

菜单栏："修改"→"延伸"。

工具栏：单击"修改"工具栏中的"延伸"按钮━┤。

功能区：单击"默认"选项卡"修改"面板中的"延伸"按钮━┤。

操作步骤

命令行提示如下。

命令：EXTEND ↙
当前设置：投影=UCS，边=无
选择边界的边 …
选择对象或 <全部选择>：选择边界对象

此时可以选择对象来定义边界，若直接按<Enter>键，则选择所有对象作为可能的边界对象。

系统规定可以用作边界对象的对象有：直线段、射线、双向无限长线、圆弧、圆、椭圆、二维/三维多义线、样条曲线、文本、浮动的视口、区域。如果选择二维多义线作为边界对象，系统会忽略其宽度而把对象延伸至多义线的中心线。

选择边界对象后，命令行提示如下。

选择要延伸的对象，或按住 Shift 键选择要修剪的对象，或[栏选（F）/窗交（C）/投影（P）/边（E）/放弃（U）]：

选项说明

（1）如果要延伸的对象是适配样条多义线，则延伸后会在多义线的控制框上增加新节点；如果要延伸的对象是锥形的多义线，系统会修正延伸端的宽度，使多义线从起始端平滑地延伸至新终止端；如果延伸操作导致终止端宽度可能为负值，则取宽度值为0，操作提示如图5-74所示。

（a）选择边界对象（b）选定要延伸的多义线 （c）结果

图5-74 延伸对象2

（2）选择对象时，如果按住<Shift>键，系统就会自动将"延伸"命令转换成"修剪"命令。

实例教学

扫一扫

下面以图5-75所示的沙发为例，介绍一下延伸命令的使用方法。

图5-75 沙发

STEP 绘制步骤

❶ 单击"默认"选项卡"绘图"面板中的"矩形"按钮 ⬚，绘制圆角为10、第一角点坐标为（20，20）、长度和宽度分别为140和100的矩形作为沙发的外框，如图5-76所示。

图5-76 绘制矩形

❷ 单击"默认"选项卡"绘图"面板中的"直线"按钮 ╱，绘制连续线段，坐标分别为（40，20）、（@0，80）、（@100，0）、（@0，-80），绘制结果如图5-77所示。

图5-77 绘制初步轮廓

❸ 单击"默认"选项卡"修改"面板中的"分解"按钮 ⬚、"圆角"按钮 ⌐（此命令将在5.5.5

节中详细介绍），修改沙发轮廓。命令行提示与操作如下。

```
命令：_explode
选择对象：选择外面倒圆矩形
选择对象：✓
命令：_fillet
当前设置：模式 = 修剪，半径 = 6.0000
选择第一个对象或（放弃（U）/多段线（P）/半径（R）/
修剪（T）/多个（M））：选择内部四边形左边
选择第二个对象，或按住 Shift 键选择要应用角点
的对象：选择内部四边形上边
选择第一个对象或 [放弃（U）/多段线（P）/半径
（R）/修剪（T）/多个（M）]：选择内部四边形右边
选择第二个对象，或按住 Shift 键选择要应用角点
的对象：选择内部四边形上边
选择第一个对象或 [放弃（U）/多段线（P）/半径
（R）/修剪（T）/多个（M）]：✓
```

采用相同的方法，单击"默认"选项卡"修改"面板中的"圆角"按钮 ⌐，选择内部四边形左边和外部矩形下边左端为对象，进行圆角处理，结果如图5-78所示。

图5-78 绘制倒圆

❹ 利用"延伸"命令，命令行提示与操作如下。

```
命令：_extend
当前设置：投影=UCS，边= 无
选择边界的边 ...
选择对象或 <全部选择>：选择如图5-78所示的
右下角圆弧
选择对象：✓
选择要延伸的对象，或按住 Shift 键选择要修剪的对
象，或[栏选（F）/窗交（C）/投影（P）/边（E）/
放弃（U）]：选择如图5-48所示的左端短水平线
选择要延伸的对象，或按住 Shift 键选择要修剪的对
象，或[栏选（F）/窗交（C）/投影（P）/边（E）/
放弃（U）]：✓
```

结果如图5-79所示。

图5-79 完成倒圆角

❺ 单击"默认"选项卡"修改"面板中的"圆角"
按钮⌒，选择内部四边形右边和外部矩形下边
为倒圆角对象，进行圆角处理，如图5-80所示。

图 5-80 倒圆角处理

❻ 单击"默认"选项卡"修改"面板中的"修剪"
按钮ℵ，以刚倒出的圆角圆弧为边界，对内部
四边形右边下端进行修剪，结果如图5-81所示。

图 5-81 完成倒圆角

❼ 单击"默认"选项卡"绘图"面板中的"圆弧"
按钮⌒，在沙发拐角位置绘制六条圆弧，作为
沙发皱纹。最终绘制结果如图5-75所示。

5.5.3 | 拉伸命令

拉伸命令是指拖拉选择的对象，且使对象的形
状发生改变。拉伸对象时应指定拉伸的基点和移置
点。利用一些辅助工具如捕捉、钳夹功能及相对坐标
等，可以提高拉伸的精度。拉伸图例如图5-82所示。

（a）选择对象　　　　（b）拉伸后

图 5-82 拉伸

执行方式

命令行：STRETCH（快捷命令：S）。
菜单栏："修改"→"拉伸"。
工具栏：单击"修改"工具栏中的"拉伸"按
钮⎩。
功能区：单击"默认"选项卡"修改"面板中
的"拉伸"按钮⎩。

操作步骤

命令行提示如下。

命令：STRETCH ✓
以交叉窗口或交叉多边形选择要拉伸的对象 …
选择对象：C ✓
指定第一个角点：指定对角点：找到 2 个：采用交
叉窗口的方式选择要拉伸的对象
指定基点或 [位移（D）] <位移>：指定拉伸的
基点
指定第二个点或 <使用第一个点作为位移>：指定
拉伸的移至点

此时，若指定第二个点，系统将根据这两点决
定矢量拉伸的对象；若直接按<Enter>键，系统会
把第一个点作为X和Y轴的分量值。

拉伸命令将使完全包含在交叉窗口内的对象不
被拉伸，部分包含在交叉窗口内的对象被拉伸，如
图5-82所示。

　在执行**STRETCH**的过程中，必须采用
"交叉窗口"的方式选择对象。用交叉
窗口选择拉伸对象后，落在交叉窗口内的端点被
拉伸，落在外部的端点保持不动。

5.5.4 | 拉长命令

执行方式

命令行：LENGTHEN（快捷命令：LEN）。
菜单栏："修改"→"拉长"。
功能区：单击"默认"选项卡"修改"面板中
的"拉长"按钮╱。

操作步骤

命令行提示如下。

命令：LENGTHEN ✓
选择对象或 [增量（DE）/百分数（P）/全部（T）/
动态（DY）]：选择要拉长的对象
当前长度：30.5001（给出选定对象的长度，如果
选择圆弧，还将给出圆弧的包含角）
选择对象或 [增量（DE）/百分数（P）/全部（T）/
动态（DY）]：DE ✓（选择拉长或缩短的方式为增量
方式）
输入长度增量或 [角度（A）] <0.0000>：10 ✓
（在此输入长度增量数值。如果选择圆弧段，则可输
入选项"A"，给定角度增量）
选择要修改的对象或 [放弃（U）]：选定要修改的
对象，进行拉长操作

选择要修改的对象或 ［放弃（U）］：继续选择，或按 <Enter> 键结束命令

选项说明

（1）增量（DE）：用指定增加量的方法改变对象的长度或角度。

（2）百分比（P）：用指定占总长度百分比的方法改变圆弧或直线段的长度。

（3）总计（T）：用指定新总长度或总角度值的方法改变对象的长度或角度。

（4）动态（DY）：在此模式下，可以使用拖曳鼠标的方法来动态地改变对象的长度或角度。

 实例教学

扫一扫

下面以图5-83所示的手柄为例，介绍一下拉长命令的使用方法。

图5-83　手柄

STEP 绘制步骤

❶ 选择菜单栏中的"格式"→"图层"命令，或单击"默认"选项卡"图层"面板中的"图层特性"按钮，新建两个图层：轮廓线层，线宽属性为0.3mm，其余属性默认。中心线层，颜色设为红色，线型加载为CENTER，其余属性默认，如图5-84所示。

图5-84　新建图层

❷ 将"中心线"层设置为当前图层。单击"默认"选项卡"绘图"面板中的"直线"按钮，绘制直线，直线的两个端点坐标是（150，150）和（@100，0）。结果如图5-85所示。

--- --- --- --- ---

图5-85　绘制直线1

❸ 将"轮廓线"层设置为当前图层。单击"默认"选项卡"绘图"面板中的"圆"按钮，以（160，150）为圆心，半径为10绘制圆；以（235，150）为圆心，半径为15绘制圆。再绘制半径为50的圆与前两个圆相切。结果如图5-86所示。

图5-86　绘制圆1

❹ 单击"默认"选项卡"绘图"面板中的"直线"按钮，以端点坐标为｛（250，150）（@10，<90）（@15<180）｝绘制直线，单击空格键重复"直线"命令，绘制从点（235，165）到点（235，150）的直线。结果如图5-87所示。

图5-87　绘制直线2

❺ 单击"默认"选项卡"修改"面板中的"修剪"按钮，将图5-87修剪成如图5-88所示。

图5-88　修剪处理1

❻ 单击"默认"选项卡"绘图"面板中的"圆"按钮，绘制与圆弧1和圆弧2相切的圆，半径为12。结果如图5-89所示。

图5-89　绘制圆2

❼ 单击"默认"选项卡"修改"面板中的"修剪"按钮，对多余的圆弧进行修剪。结果如图5-90所示。

图 5-90　修剪处理 2

❽ 单击"默认"选项卡"修改"面板中的"镜像"按钮 ⚮，以中心线为对称轴，不删除源对象，将绘制的中心线以上对象镜像。结果如图 5-91 所示。

图 5-91　镜像处理

❾ 单击"默认"选项卡"修改"面板中的"修剪"按钮 ，进行修剪处理。结果如图 5-92 所示。

图 5-92　修剪处理 3

❿ 单击"默认"选项卡"修改"面板中的"拉伸"按钮 ，拉长接头部分。命令行提示与操作如下。

> 命令：STRETCH ✓
> 以交叉窗口或交叉多边形选择要拉伸的对象 ...
> 选择对象：C ✓
> 指定第一个角点：（框选手柄接头部分，如图 5-93 所示）
> 指定对角点：找到 6 个
> 选择对象：✓
> 指定基点或 [位移（D）] < 位移 >:100, 100 ✓
> 指定位移的第二个点或 < 用第一个点作位移 >:105, 100 ✓

结果如图 5-94 所示。

图 5-93　选择对象

图 5-94　拉伸结果

⓫ 利用"拉长"命令，拉长中心线。命令行提示与操作如下。

> 命令：_lengthen
> 选择对象或 [增量（DE）/ 百分比（P）/ 总计（T）/ 动态（DY）]：DE ✓
> 输入长度增量或 [角度（A）] <0.0000>:4 ✓
> 选择要修改的对象或 [放弃（U）]：（选择中心线右端）
> 选择要修改的对象或 [放弃（U）]：（选择中心线左端）
> 选择要修改的对象或 [放弃（U）]：✓

最终结果如图 5-83 所示。

5.5.5　圆角命令

圆角命令是指用一条指定半径的圆弧平滑连接两个对象。可以平滑连接一对直线段、非圆弧的多义线段、样条曲线、双向无限长线、射线、圆、圆弧和椭圆，并且可以在任何时候平滑连接多义线的每个节点。

执行方式

命令行：FILLET（快捷命令：F）。

菜单栏："修改"→"圆角"。

工具栏：单击"修改"工具栏中的"圆角"按钮 。

功能区：单击"默认"选项卡"修改"面板中的"圆角"按钮 。

操作步骤

命令行提示如下。

> 命令：FILLET ✓
> 当前设置：模式 = 修剪，半径 = 0.0000
> 选择第一个对象或 [放弃（U）/多段线（P）/半径（R）/修剪（T）/多个（M）]：选择第一个对象或别的选项
> 选择第二个对象，或按住 Shift 键选择要应用角点的对象：选择第二个对象

选项说明

（1）多段线（P）：在一条二维多段线两段直线段的节点处插入圆弧。选择多段线后，系统会根据指定的圆弧半径把多段线各顶点用圆弧平滑连接起来。

（2）修剪（T）：决定在平滑连接两条边时，是否修剪这两条边，如图 5-95 所示。

（a）修剪方式　　　　（b）不修剪方式

图 5-95　圆角连接

（3）多个（M）。同时对多个对象进行圆角编辑，而不必重新启用命令。

（4）按住<Shift>键并选择两条直线，可以快速创建零距离倒角或零半径圆角。

 实例教学

下面以图5-96所示的挂轮架为例，介绍一下圆角命令的使用方法。

扫一扫

图5-96　挂轮架

STEP　**绘制步骤**

❶ 设置绘图环境。

（1）利用LIMITS命令设置图幅：297×210。

（2）选择菜单栏中的"格式"→"图层"命令，创建图层"CSX"及"XDHX"。其中"CSX"线型为实线，线宽为0.30mm，其他默认；"XDHX"线型为CENTER，线宽为0.09mm，其他默认，如图5-97所示。

图5-97　设置图层

❷ 将"XDHX"图层设置为当前图层，单击"默认"选项卡"绘图"面板中的"直线"按钮／，绘制对称中心线。

命令：LINE ↙　（绘制最下面的水平对称中心线）
指定第一个点：80，70 ↙

指定下一点或［放弃（U）］：210，70 ↙
指定下一点或［放弃（U）］：↙
结果如图5-98所示。

图5-98　绘制水平中心线

（1）同样，利用LINE命令绘制另两条线段，端点分别为{（140，210），（140，12）}、{（中心线的交点），（@70<45）}，如图5-99所示。

图5-99　绘制中心线

（2）单击"默认"选项卡"修改"面板中的"偏移"按钮 ⊏，将水平中心线向上偏移40、35、50、4，依次以偏移形成的水平对称中心线为偏移对象，如图5-100所示。

图5-100　偏移水平中心线

（3）单击"默认"选项卡"绘图"面板中的"圆"按钮⊙，以下部中心线的交点为圆心绘制半径为50的中心线圆，如图5-101所示。

图5-101　绘制圆

（4）单击"默认"选项卡"修改"面板中的"修

剪"按钮，修剪中心线圆。结果如图 5-102
所示。

图 5-102　修剪圆

❸ 将"CSX"图层设置为当前图层，绘制挂轮架
中部。

（1）单击"默认"选项卡"绘图"面板中的"圆"
按钮，以下部中心线的交点为圆心，绘制半
径为 20 和 34 的同心圆，如图 5-103 所示。

图 5-103　绘制同心圆

（2）单击"默认"选项卡"修改"面板中的"偏
移"按钮，将竖直中心线分别向两侧偏移 9、
18，如图 5-104 所示。

图 5-104　偏移竖直中心线

（3）单击"默认"选项卡"绘图"面板中的"直
线"按钮，分别捕捉竖直中心线与水平中心
线的交点绘制四条竖直线，如图 5-105 所示。

图 5-105　绘制竖直线

（4）单击"默认"选项卡"修改"面板中的"删
除"按钮，删除偏移的竖直对称中心线。结
果如图 5-106 所示。

图 5-106　删除偏移的竖直线

（5）单击"默认"选项卡"绘图"面板中的"圆
弧"按钮，在偏移的中心线上方绘制圆弧。
命令行提示与操作如下。

```
命令：ARC ↙　（绘制 R18 圆弧）
指定圆弧的起点或 [圆心（C）]：C↙
指定圆弧的圆心：（捕捉中心线的交点）
指定圆弧的起点：（捕捉左侧中心线的交点）
指定圆弧的端点（按住 Ctrl 键以切换方向）或 [角
度（A）/弦长（L）]：A↙
指定夹角（按住 Ctrl 键以切换方向）：-180 ↙
命令：ARC（圆弧命令，绘制上部 R9 圆弧）
指定圆弧的起点或 [圆心（C）]：c
指定圆弧的圆心：
指定圆弧的起点：
指定圆弧的端点（按住 Ctrl 键以切换方向）或 [角
度（A）/弦长（L）]：a
指定夹角（按住 Ctrl 键以切换方向）：-180
```

结果如图 5-107 所示。

图 5-107 绘制圆弧

同理，绘制下部 R9 圆弧和左端 R10 圆角。命令行提示与操作如下。

命令：_arc（单击空格键继续执行圆弧角命令，绘制下部 R9 圆弧）
指定圆弧的起点或 [圆心（C）]：c
指定圆弧的圆心：
指定圆弧的起点：
指定圆弧的端点（按住 Ctrl 键以切换方向）或 [角度（A）/弦长（L）]：a
指定夹角（按住 Ctrl 键以切换方向）：180
命令：_fillet✓（圆角命令，绘制左端 R10 圆角）
当前设置：模式 = 修剪，半径 = 0.0000
选择第一个对象或 [放弃（U）/多段线（P）/半径（R）/修剪（T）/多个（M）]：R
指定圆角半径 <0.0000>：10
选择第一个对象或 [放弃（U）/多段线（P）/半径（R）/修剪（T）/多个（M）]：T
输入修剪模式选项 [修剪（T）/不修剪（N）] <修剪>：T
选择第一个对象或 [放弃（U）/多段线（P）/半径（R）/修剪（T）/多个（M）]：（选择中间最左侧的竖直线的下部）
选择第二个对象，或按住 Shift 键选择对象以应用角点或 [半径（R）]：（选择下部 R34 圆）
选择第二个对象，或按住 Shift 键选择对象以应用角点或 [半径（R）]：

结果如图 5-108 所示。

图 5-108 绘制圆弧及圆角

（6）单击"默认"选项卡"修改"面板中的"修剪"按钮，修剪 R34 圆。结果如图 5-109 所示。

图 5-109 绘制完成挂轮架中部图形

❹ 绘制挂轮架右部。

（1）同样，分别捕捉圆弧 R50 与倾斜中心线、水平中心线的交点为圆心，以 7 为半径绘制圆。捕捉 R34 圆的圆心分别绘制半径为 43、57 的圆弧。命令行提示与操作如下。

命令：CIRCLE✓ （绘制 R7 圆弧）
指定圆的圆心或 [三点（3P）/两点（2P）/切点、切点、半径（T）]：_int 于（捕捉圆弧 R50 与倾斜中心线的交点）
指定圆的半径或 [直径（D）]：7✓
命令：_circle
指定圆的圆心或 [三点（3P）/两点（2P）/切点、切点、半径（T）]：捕捉圆弧 R50 与水平中心线的交点）
指定圆的半径或 [直径（D）] <7.0000>：✓
命令：ARC✓（绘制 R43 圆弧）
指定圆弧的起点或 [圆心（C）]：C✓
指定圆弧的圆心：（捕捉 R34 圆弧的圆心）
指定圆弧的起点：（捕捉下部 R7 圆与水平对称中心线的左交点）
指定圆弧的端点（按住 Ctrl 键以切换方向）或 [角度（A）/弦长（L）]：_int 于（捕捉上部 R7 圆与倾斜对称中心线的左交点）
命令：ARC✓ （绘制 R57 圆弧）
指定圆弧的起点或 [圆心（C）]：C✓
指定圆弧的圆心：（捕捉 R34 圆弧的圆心）
指定圆弧的起点：（捕捉下部 R7 圆与水平对称中心线的右交点）
指定圆弧的端点（按住 Ctrl 键以切换方向）或 [角度（A）/弦长（L）]：（捕捉上部 R7 圆与倾斜对称中心线的右交点）

结果如图 5-110 所示。

图 5-110　绘制圆和圆弧

（2）单击"默认"选项卡"修改"面板中的"修剪"按钮，修剪 R7 圆，如图 5-111 所示。

图 5-111　修剪图形 1

（3）单击"默认"选项卡"绘图"面板中的"圆"按钮，以 R34 圆弧的圆心为圆心，绘制半径为 64 的圆，如图 5-112 所示。

图 5-112　绘制圆

（4）利用"圆角"命令，绘制上部 R10 圆角，如图 5-113 所示。

图 5-113　绘制圆角

（5）单击"默认"选项卡"修改"面板中的"修剪"按钮，修剪 R64 圆，如图 5-114 所示。

图 5-114　修剪图形 2

（6）单击"默认"选项卡"绘图"面板中的"圆弧"按钮，绘制 R14 圆弧。

```
命令 :ARC ✓（绘制下部 R14 圆弧）
指定圆弧的起点或 [圆心（C）]: C ✓
指定圆弧的圆心 : _cen 于 （捕捉下部 R7 圆的圆心）
指定圆弧的起点 : _int 于 （捕捉 R64 圆与水平对称中心线的交点）
指定圆弧的端点（按住 Ctrl 键以切换方向）或 [角度（A）/ 弦长（L）]: A ✓
指定夹角（按住 Ctrl 键以切换方向）: -180
```
结果如图 5-115 所示。

图 5-115　绘制圆弧

（7）利用"圆角"命令，绘制下部 R8 圆角。结果如图 5-116 所示。命令行提示与操作如下。

```
命令 : FILLET
当前设置 : 模式 = 修剪，半径 = 10.0000
选择第一个对象或 [放弃（U）/ 多段线（P）/ 半径（R）/ 修剪（T）/ 多个（M）]: r
指定圆角半径 <10.0000>: 8
选择第一个对象或 [放弃（U）/ 多段线（P）/ 半径（R）/ 修剪（T）/ 多个（M）]: t
输入修剪模式选项 [修剪（T）/ 不修剪（N）] <修剪 >: t
选择第一个对象或 [放弃（U）/ 多段线（P）/ 半径
```

（R）/修剪（T）/多个（M）]：
选择第二个对象，或按住 Shift 键选择对象以应用
角点或 [半径（R）]：

图 5-116　绘制完成挂轮架右部图形

❺ 绘制挂轮架上部。

（1）单击"默认"选项卡"修改"面板中的"偏移"
按钮 ⊂，将竖直对称中心线向右偏移 22，如
图 5-117 所示。

图 5-117　偏移竖直中心线

（2）将"0"层设置为当前图层，单击"默认"
选项卡"绘图"面板中的"圆"按钮 ⊙，第二
条水平中心线与竖直中心线的交点为圆心，绘
制 $R26$ 辅助圆，如图 5-118 所示。

图 5-118　绘制辅助圆

（3）将"CSX"层设置为当前图层，单击"默

认"选项卡"绘图"面板中的"圆"按钮 ⊙，
以 $R26$ 圆与偏移的竖直中心线的交点为圆心，
绘制 $R30$ 圆，如图 5-119 所示。

图 5-119　绘制圆

（4）单击"默认"选项卡"修改"面板中的"删
除"按钮 ✎，分别选择偏移形成的竖直中心线
及 $R26$ 圆，如图 5-120 所示。

图 5-120　删除辅助图形

（5）单击"默认"选项卡"修改"面板中的"修
剪"按钮 ⅴ，修剪 $R30$ 圆，如图 5-121 所示。

图 5-121　修剪圆

（6）单击"默认"选项卡"修改"面板中的"镜
像"按钮 ⚠，以竖直中心线为镜像轴，镜像
所绘制的 $R30$ 圆弧，如图 5-122 所示。

图 5-122 镜像圆弧

（7）利用"圆角"命令，绘制 R4 圆角。

命令：FILLET✓　（绘制最上部 R4 圆弧）
当前设置：模式 = 修剪，半径 = 8.0000
选择第一个对象或［放弃（U）/多段线（P）/半径（R）/
修剪（T）/多个（M）］：R✓
指定圆角半径 <8.0000>：4✓
选择第一个对象或［放弃（U）/多段线（P）/半径（R）
（R）/修剪（T）/多个（M）］：t
输入修剪模式选项［修剪（T）/不修剪（N）］<
修剪 >：t
选择第一个对象或［放弃（U）/多段线（P）/半径（R）/
修剪（T）/多个（M）］：（选择左侧 R30 圆弧的上部）
选择第二个对象，或按住 Shift 键选择对象以应用
角点或［半径（R）］：（选择右侧 R30 圆弧的上部）
命令：FILLET✓（绘制左边 R4 圆角）
当前设置：模式 = 修剪，半径 = 4.0000
选择第一个对象或［放弃（U）/多段线（P）/半径（R）/
修剪（T）/多个（M）］：T✓　（更改修剪模式）
输入修剪模式选项［修剪（T）/不修剪（N）］<
修剪 >：N✓　（选择修剪模式为不修剪）
选择第一个对象或［放弃（U）/多段线（P）/半径（R）/
修剪（T）/多个（M）］：（选择左侧 R30 圆弧的下端）
选择第二个对象，或按住 Shift 键选择对象以应用
角点或［半径（R）］：（选择 R18 圆弧的左侧）
命令：FILLET✓（绘制右边 R4 圆角）
当前设置：模式 = 不修剪，半径 = 4.0000
选择第一个对象或［放弃（U）/多段线（P）/半径（R）/
修剪（T）/多个（M）］：（选择右侧 R30 圆弧的下端）
选择第二个对象，或按住 Shift 键选择对象以应用
角点或［半径（R）］：（选择 R18 圆弧的右侧）

（8）单击"默认"选项卡"修改"面板中的"修剪"按钮，修剪 R30 圆，如图 5-123 所示。

图 5-123 绘制完成挂轮架上部图形

❻ 选择菜单栏中的"修改"→"拉长（G）"命令，调整中心线长度；单击"快速访问"工具栏中的"保存"按钮，保存文件。命令行提示与操作如下。

命令：LENGTHEN✓　（拉长命令。对图中的中心线进行调整）
选择对象或［增量（DE）/百分比（P）/总计（T）/动态（DY）］：DY✓　（选择动态调整）
选择要修改的对象或［放弃（U）］：（分别选择欲调整的中心线）
指定新端点：（将选择的中心线调整到新的长度）
命令：EARSE✓（删除多余的中心线）
选择对象：（选择最上边的两条水平中心线）
……　找到 1 个，总计 2 个
命令：SAVEAS✓　（将绘制完成的图形以"挂轮架 .dwg"为文件名保存在指定的路径中）

5.5.6 | 倒角命令

倒角命令即斜角命令，是用斜线连接两个不平行的线型对象。它可以用斜线连接直线段、双向无限长线、射线和多义线。

系统采用两种方法确定连接两个对象的斜线：指定两个斜线距离，指定斜线角度和一个斜线距离。下面分别介绍这两种方法的使用。

1. 指定两个斜线距离

斜线距离是指从被连接对象与斜线的交点到被连接的两对象交点之间的距离，如图 5-124 所示。

图 5-124 斜线距离

2. 指定斜线角度和一个斜线距离连接选择的对象

采用这种方法连接对象时，需要输入两个参数：斜线与一个对象的斜线距离和斜线与该对象的夹角，如图 5-125 所示。

图 5-125　斜线距离与夹角

执行方式

命令行：CHAMFER（快捷命令：CHA）。

菜单栏："修改"→"倒角"。

工具栏：单击"修改"工具栏中的"倒角"按钮 。

功能区：单击"默认"选项卡"修改"面板中的"倒角"按钮 。

操作步骤

命令行提示如下。

命令：CHAMFER ✓
（"不修剪"模式）当前倒角距离 1 = 0.0000，距离 2 = 0.0000
选择第一条直线或 [放弃（U）/多段线（P）/距离（D）/角度（A）/修剪（T）/方式（E）/多个（M）]：选择第一条直线或别的选项
选择第二条直线，或按住 Shift 键选择要应用角点的直线：选择第二条直线

选项说明

（1）多段线（P）：对多段线的各个交叉点倒斜角。为了得到最好的连接效果，一般设置斜线是相等的值，系统根据指定的斜线距离把多段线的每个交叉点都作斜线连接，连接的斜线成为多段线新的构成部分，如图5-126所示。

（a）选择多段线　　（b）倒斜角结果

图 5-126　斜线连接多段线

（2）距离（D）：选择倒角的两个斜线距离。这两个斜线距离可以相同也可以不相同，若二者均为0，则系统不绘制连接的斜线，而是把两个对象延伸至相交并修剪超出的部分。

（3）角度（A）：选择第一条直线的斜线距离和第一条直线的倒角角度。

（4）修剪（T）：与圆角连接命令"FILLET"相同，该选项决定连接对象后是否剪切源对象。

（5）方式（E）：决定采用"距离"方式还是"角度"方式来倒斜角。

（6）多个（M）：同时对多个对象进行倒斜角编辑。

实例教学

下面以图5-127所示的洗菜盆为例，介绍一下倒角命令的使用方法。

扫一扫

图 5-127　洗菜盆

STEP 绘制步骤

❶ 单击"默认"选项卡"绘图"面板中的"直线"按钮 ，绘制出初步轮廓，大约尺寸如图5-128所示。这里从略。

图 5-128　初步轮廓图

❷ 单击"默认"选项卡"绘图"面板中的"圆"按钮 ，指定任意圆心，任意半径，绘制一个圆，再绘制旋钮与出水口，如图5-129所示。

图 5-129　绘制圆

❸ 单击"默认"选项卡"修改"面板中的"复制"按钮品，对第❷步绘制的圆进行复制，如图5-130所示。

图 5-130　复制圆

❹ 单击"默认"选项卡"绘图"面板中的"圆"按钮⊘，指定任意圆心，任意半径。绘制出水口，如图 5-131 所示。

图 5-131　绘制出水口

❺ 单击"默认"选项卡"修改"面板中的"修剪"按钮▼，对水龙头进行修剪。命令行提示与操作如下。

```
命令 :TRIM ✓
当前设置：投影 =UCS，边 = 无
选择剪切边 ...
选择对象或 < 全部选择 >:（选择水笼头的两条竖线）
找到 1 个
选择对象：
找到 1 个，总计 2 个
选择对象：✓
选择要修剪的对象，或按住 Shift 键选择要延伸的对
象，或 [ 栏选（F）/ 窗交（C）/ 投影（P）/ 边（E）/
删除（R）/ 放弃（U）]:（选择两竖线之间的圆弧）
选择要修剪的对象，或按住 Shift 键选择要延伸的对
象，或 [ 栏选（F）/ 窗交（C）/ 投影（P）/ 边（E）/
删除（R）/ 放弃（U）]:（选择两竖线之间的另一圆弧）
```

```
选择要修剪的对象，或按住 Shift 键选择要延伸的对
象，或 [ 栏选（F）/ 窗交（C）/ 投影（P）/ 边（E）/
删除（R）/ 放弃（U）]: ✓
```

绘制结果如图5-132所示。

图 5-132　绘制水龙头和出水口

❻ 利用"倒角"命令，对水盆四角进行倒角。命令行提示与操作如下。

```
命令 :CHAMFER ✓
（"修剪"模式）当前倒角距离 1 = 0.0000，距离
2 = 0.0000
选择第一条直线或 [ 放弃（U）/ 多段线（P）/ 距离（D）/
角度（A）/ 修剪（T）/ 方式（E）/ 多个（M）]: D✓
指定第一个倒角距离 <0.0000>: 50 ✓
指定第二个倒角距离 <50.0000>: 30 ✓
选择第一条直线或 [ 放弃（U）/ 多段线（P）/ 距离
（D）/ 角度（A）/ 修剪（T）/ 方式（E）/ 多个（M）]:M✓
选择第一条直线或 [ 放弃（U）/ 多段线（P）/ 距离
（D）/ 角度（A）/ 修剪（T）/ 方式（E）/ 多个（M）]:
（选择左上角横线段）
选择第二条直线：（选择左上角竖线段）
选择第一条直线或 [ 放弃（U）/ 多段线（P）/ 距离
（D）/ 角度（A）/ 修剪（T）/ 方式（E）/ 多个（M）]:
（选择左上角横线段）
选择第二条直线：（选择右上角竖线段）
命令 : CHAMFER ✓
（"修剪"模式）当前倒角距离 1 = 50.0000，距
离 2 = 30.0000
选择第一条直线或 [ 放弃（U）/ 多段线（P）/ 距离（D）/
角度（A）/ 修剪（T）/ 方式（E）/ 多个（M）]: A✓
指定第一条直线的倒角长度 <20.0000>: ✓
指定第一条直线的倒角角度 <0>: 45 ✓
选择第一条直线或 [ 放弃（U）/ 多段线（P）/ 距离
（D）/ 角度（A）/ 修剪（T）/ 方式（E）/ 多个（M）]:
M✓
选择第一条直线或 [ 放弃（U）/ 多段线（P）/ 距离
（D）/ 角度（A）/ 修剪（T）/ 方式（E）/ 多个（M）]:
（选择左下角横线段）
选择第二条直线：（选择左下角竖线段）
选择第一条直线或 [ 放弃（U）/ 多段线（P）/ 距离
（D）/ 角度（A）/ 修剪（T）/ 方式（E）/ 多个（M）]:
（选择右下角横线段）
选择第二条直线：（选择右下角竖线段）
```

最终绘制结果如图5-127所示。

5.5.7 打断命令

执行方式

命令行：BREAK（快捷命令：BR）。

菜单栏："修改"→"打断"。

工具栏：单击"修改"工具栏中的"打断"按钮。

功能区：单击"默认"选项卡"修改"面板中的"打断"按钮。

操作步骤

命令行提示如下。

命令：BREAK ✓
选择对象：选择要打断的对象
指定第二个打断点或 ［第一点（F）］：指定第二个断开点或输入"F" ✓

选项说明

如果选择"第一点（F）"选项，系统将放弃前面选择的第一个点，重新提示用户指定两个断开点。

 实例教学

下面以图5-133所示的法兰盘为例，介绍一下打断命令的使用方法。

扫一扫

图5-133 法兰盘

STEP 绘制步骤

❶ 利用"打断"命令，按命令行提示选择过长的中心线需要打断的位置，如图5-134（a）所示。这时被选中的中心线变为虚线，如图5-134（b）所示。

❷ 在中心线的延长线上选择第二点，多余的中心线被删除，如图5-134（c）所示。

 注意 《机械制图》国家标准中规定，中心线应超过轮廓线范围2~5mm。

（a） （b） （c）

图5-134 打断对象

5.5.8 打断于点命令

打断于点命令是指在对象上指定一点，从而把对象在此点拆分成两部分，此命令与打断命令类似。

执行方式

工具栏：单击"修改"工具栏中的"打断于点"按钮。

功能区：单击"默认"选项卡"修改"面板中的"打断于点"按钮。

操作步骤

单击"修改"工具栏中的"打断于点"按钮，命令行提示如下。

_break 选择对象：选择要打断的对象
指定第二个打断点或 ［第一点（F）］：_f（系统自动执行"第一点"选项）
指定第一个打断点：选择打断点
指定第二个打断点：@：系统自动忽略此提示

5.5.9 分解命令

执行方式

命令行：EXPLODE（快捷命令：X）。

菜单栏："修改"→"分解"。

工具栏：单击"修改"工具栏中的"分解"按钮。

功能区：单击"默认"选项卡"修改"面板中的"分解"按钮。

操作步骤

命令行提示与操作如下。

命令：EXPLODE ✓
选择对象：选择要分解的对象

选择一个对象后，该对象会被分解，系统继续提示该行信息，允许分解多个对象。

注意 分解命令是将一个合成图形分解为其部件的工具。例如，一个矩形被分解后就会变成4条直线，且一个有宽度的直线分解后就会失去其宽度属性。

 实例教学

下面以图5-135所示的圆头平键为例，介绍一下分解命令的使用方法。

扫一扫

图 5-135　圆头平键

STEP 绘制步骤

❶ 选择菜单栏中的"格式"→"图层"命令，新建三个图层，如图5-136所示。

（1）第一层名称"粗实线"，线宽0.3mm，其余属性默认。

（2）第二层名称"中心线"，颜色为红色，线型为"CENTER"，其余属性默认。

图 5-136　新建图层

（3）第三层名称"标注"，颜色为绿色，其余属性默认。

（4）单击线宽显示打开。

❷ 选择菜单栏中的"视图"→"缩放"→"圆心"命令，命令行提示与操作如下。

命令：ZOOM↙
指定窗口角点，输入比例因子（nX 或 nXP），或
[全部（A）/中心（C）/动态（D）/范围（E）/上一个（P）/比例（S）/窗口（W）/对象（O）] <实时>：_c↙

指定中心点：50，-10 ↙
输入比例或高度 <967.9370>：70 ↙

❸ 将当前图层设置为中心线图层。单击"默认"选项卡"绘图"面板中的"直线"按钮 ╱。指定坐标为（-5，-21）、（@110，0）绘制线段，如图5-137所示。

图 5-137　绘制中心线

❹ 将当前图层设为粗实线图层。单击"默认"选项卡"绘图"面板中的"矩形"按钮 ▢，以角点坐标为（0，0）、（@100，11）绘制平键主视图，如图5-138所示。

图 5-138　绘制矩形

❺ 单击"默认"选项卡"绘图"面板中的"直线"按钮 ╱，指定坐标为{（0，2）（@100，0）}、{（0，9）（@100，0）}绘制线段。绘制结果如图5-139所示。

图 5-139　绘制主视图

❻ 单击"默认"选项卡"绘图"面板中的"矩形"按钮 ▢，两个角点的坐标分别为（0，-30）和（@100，18）绘制矩形。

❼ 单击"默认"选项卡"修改"面板中的"偏移"按钮 ⊏，选择第❻步绘制的矩形，向内侧偏移2。绘制结果如图5-140所示。

图 5-140　偏移矩形

❽ 利用"分解"命令，框选主视图图形分解矩形，主视图矩形被分解成四条直线。

⑨ 单击"默认"选项卡"修改"面板中的"倒角"按钮 ╱ ，倒角距离为2。对图5-141所示的直线进行倒角处理，结果如图5-142所示。

图5-141 倒角所选择的两条直线

倒角所
选择直线

图5-142 倒角之后的图形

⑩ 对其他边倒角，仍然运用倒角命令，绘制成为如图5-143所示的图形。

图5-143 倒角处理

⑪ 单击"默认"选项卡"修改"面板中的"圆角"按钮 ╱ ，对图形进行圆角处理，如图5-144所示。命令行提示如下。

```
命令：FILLET ✓
当前设置：模式 = 修剪，半径 = 0.0000
选择第一个对象或[放弃（U）/多段线（P）/半径（R）/
修剪（T）/多个（M）]:R ✓
指定圆角半径 <0.0000>: 9 ✓
选择第一个对象或[放弃（U）/多段线（P）/半径（R）/
修剪（T）/多个（M）]: P ✓
选择二维多段线：(选择图5-143俯视图中的外矩形)
```
操作圆角命令完毕之后，如图5-145所示。

圆角的操作对象

图5-144 操作圆角的对象

图5-145 圆角之后的图形

⑫ 按第⑪步操作对第二个矩形进行圆角操作，结果如图5-146所示。

图5-146 圆角处理

结果是包含圆角（作为弧线段）的单个多段线。这条新多段线的所有特性（例如图层、颜色和线型）将继承所选的第一个多段线的特性。

5.5.10 合并命令

合并命令可以将直线、圆、椭圆弧和样条曲线等独立的图线合并为一个对象，如图5-147所示。

初始椭圆　　　　初始椭圆

共享圆心　　　　共享圆心

（a）第二个椭圆　　（b）第二个椭圆

图5-147 合并对象

命令行：JOIN。

菜单栏："修改"→"合并"。

工具栏：单击"修改"工具栏中的"合并"按钮 ⁺⁺ 。

功能区：单击"默认"选项卡"修改"面板中的"合并"按钮 ⁺⁺ 。

命令行提示如下。

命令：JOIN↙
选择源对象：选择一个对象
选择要合并到源的直线：选择另一个对象
找到 1 个
选择要合并到源的直线：↙
已将 1 条直线合并到源

5.6 综合演练——螺母

本实例绘制的螺母，如图5-148所示。

扫一扫

图 5-148　螺母

STEP 绘制步骤

❶ 由于图形中出现了两种不同的线型，所以需要设置图层来管理。选择菜单栏中的"格式"→"图层"命令，或者单击"默认"选项卡"图层"面板中的"图层特性"按钮 ❖，新建两个图层，如图 5-149 所示。

（1）"粗实线"图层，线宽为 0.5mm，其余属性默认。

（2）"中心线"图层，线宽为 0.3mm，线型为 CENTER，颜色设为红色，其余属性默认。

（3）单击打开线宽显示。

图 5-149　新建图层

❷ 单击"视图"选项卡"导航"面板"范围"下拉

列表下的"缩放"按钮 🔍，缩放至合适比例。命令行提示与操作如下。

命令：ZOOM↙
指定窗口角点，输入比例因子（nX 或 nXP），或 [全部（A）/中心（C）/动态（D）/范围（E）/上一个（P）/比例（S）/窗口（W）/对象（O）] <实时>：_c↙
指定中心点：15，10↙
输入比例或高度 <39.8334>：40↙

❸ 将当前图层设为中心线图层。单击"默认"选项卡"绘图"面板中的"直线"按钮 ╱，指定坐标为{（-13，0）（@26，0）}、{（0，-11）（@0，22）}绘制中心线，如图 5-150 所示。

图 5-150　绘制中心线 1

❹ 将当前图层设为粗实线图层。单击"默认"选项卡"绘图"面板中的"正多边形"按钮 ⬠，绘制中心点（0，0）内接与圆半径为 10 的正六边形，结果如图 5-151 所示。

图 5-151　绘制正多边形

注意　正多边形的绘制有三种方式。

（1）指定中心点和外接圆半径，正多边形的所有顶点都在此圆周上。

（2）指定中心点和内切圆半径，及指定正多边形中心点到各边中点的距离。

（3）指定边，通过指定第一条边的端点来定义正多边形。

❺ 单击"默认"选项卡"绘图"面板中的"圆"按钮⊘，绘制圆心（0，0）半径分别为"8.6603"和"5"的圆，结果如图 5-152 所示。

❻ 单击"默认"选项卡"绘图"面板中的"矩形"按钮▭，两个角点的坐标分别为（-10，15）和(@20,7)绘制主视图矩形,结果如图 5-153 所示。

图 5-152　绘制圆 1

图 5-153　绘制矩形

❼ 单击"默认"选项卡"绘图"面板中的"构造线"按钮⟋，指定点 A 和点 B 通过点（@0，10）绘制构造线，如图 5-154 所示。

图 5-154　绘制构造线 1

❽ 单击"默认"选项卡"绘图"面板中的"圆"按

钮⊘，绘制圆心为（0，7）半径为 15 的圆，如图 5-155 所示。

图 5-155　绘制圆 2

❾ 单击"默认"选项卡"修改"面板中的"修剪"按钮✂，将绘制的圆修剪，结果如图 5-156 所示。

图 5-156　修剪图形 1

❿ 单击"默认"选项卡"绘图"面板中的"构造线"按钮⟋，指定点 A 通过点为（@10，0）绘制构造线，结果如图 5-157 所示。

图 5-157　绘制构造线 2

⓫ 单击"默认"选项卡"绘图"面板中的"圆弧"按钮⌒，绘制圆弧。命令行提示与操作如下。

```
命令：ARC ↙
指定圆弧的起点或 [圆心（C）]：（捕捉图 5-157
中的 A 点）
指定圆弧的第二个点或 [圆心（C）/端点（E）]：
-7.5, 22 ↙
指定圆弧的端点：（捕捉 5-157 中的 B 点）
```

⓬ 单击"默认"选项卡"修改"面板中的"删除"按钮✐，删除构造线，结果如图 5-158 所示。

图 5-158　删除构造线

⑬ 单击"默认"选项卡"修改"面板中的"镜像"
按钮 △ ,选择第**⑫**步绘制的圆弧指定镜像点(0,
0)、(0, 10)进行镜像,结果如图 5-159 所示。

图 5-159　镜像处理

⑭ 同样以(-10, 18.5)、(10, 18.5)为镜像
线上的两点,对上面的三条圆弧进行镜像处理,
结果如图 5-160 所示。

图 5-160　再次镜像处理

⑮ 单击"默认"选项卡"修改"面板中的"修剪"
按钮 ✂ ,修剪图形,结果如图 5-161 所示。

图 5-161　修剪图形 2

⑯ 单击"默认"选项卡"绘图"面板中的"直线"
按钮 ╱ ,指定坐标为(0, 13)、(@0, 11)

绘制中心线,结果如图 5-162 所示。

图 5-162　绘制中心线 2

⑰ 单击"默认"选项卡"绘图"面板中的"多边形"
按钮 ⬠ ,绘制边端点为(33.6603, 13.5)、(@0,
10)的正六边形,如图 5-163 所示。

图 5-163　绘制正六边形

⑱ 单击"默认"选项卡"绘图"面板中的"构造线"
按钮 ⟋ ,通过点(0, 15)、(@10, 0)绘
制构造线。

⑲ 按上述操作,通过点(0, 22)和(@10, 0),
以及图 5-158 中的 A 点和(@0, 10)绘制两
条构造线,结果如图 5-164 所示。

图 5-164　绘制构造线 3

⑳ 单击"默认"选项卡"绘图"面板中的"修剪"
按钮 ✂ ,将图形修剪如图 5-165 所示。

图 5-165　修剪图形 3

㉑ 单击"默认"选项卡"绘图"面板中的"构造线"按钮 ✎，指定图 5-166 中的 A 点通过点（@10，0）绘制构造线，结果如图 5-166 所示。

㉒ 选择菜单命令"绘图"→"圆弧"→"三点"，或者单击"默认"选项卡"绘图"面板中的"三点"按钮 ⌒。捕捉图 5-167 中的 A、B、C 三点，其中 B 点为该直线的 1/4 点，如果捕捉不到，可以采用"默认"选项卡"修改"面板中的"打断于点"命令来打断其中点，再捕捉其中点的方式来操作。

图 5-167 镜像操作

图 5-166 绘制构造线 4

㉓ 绘制好圆弧之后单击"默认"选项卡"修改"面板中的"镜像"按钮 ⚠，镜像线分别为（25，0）、（25，25）以及 C 点和 C 的相对坐标点（@0，10）做两次镜像操作，如图 5-167 所示。

㉔ 单击"默认"选项卡"修改"面板中的"修剪"按钮 ✂，结果如图 5-168 所示。

图 5-168 修剪操作

㉕ 将当前图层设置为中心线图层。单击"默认"选项卡"绘图"面板中的"直线"按钮 ✎，指定坐标为（25，13）、（@0，11）绘制中心线。最终绘制结果如图 5-148 所示。

5.7 上机实验

【实验 1】绘制轴

1. 目的要求

如图 5-169 所示，本实验设计的图形除了要用到基本的绘图命令外，还要用到"偏移""修剪"和"倒角"等编辑命令。通过本实验，要求读者灵活掌握绘图的基本技巧，巧妙利用一些编辑命令来快速灵活地完成绘图工作。

图 5-169 轴

2. 操作提示

（1）设置新图层。

（2）利用"直线""圆"和"偏移"命令绘制初步轮廓。

（3）利用"修剪"命令剪掉多余的图线。

（4）利用"倒角"命令对轴端进行倒角处理。

【实验 2】绘制吊钩

1. 目的要求

如图 5-170 所示，本实验设计的图形除了要用到很多基本的绘图命令外，还要用到"偏移""修剪""圆角"等编辑命令。通过本实验，要求读者灵活掌握绘图的基本技巧。

图 5-170 吊钩

2. 操作提示

（1）设置新图层。

（2）利用"直线"命令绘制定位轴线。

（3）利用"偏移"和"圆"命令绘制圆心定位线并绘制圆。

（4）利用"偏移"和"修剪"命令绘制钩上端图线。

（5）利用"圆角"和"修剪"命令绘制钩圆弧图线。

【实验3】绘制均布结构图形

1. 目的要求

如图5-171所示，本实验设计的图形是一个常见的机械零件。在绘制的过程中，除了要用到"直线""圆"等基本绘图命令外，还要用到"剪切"和"阵列"编辑命令。通过本实验，要求读者熟练掌握"剪切"和"阵列"编辑命令的用法。

图5-171　均布结构图形

2. 操作提示

（1）设置新图层。

（2）绘制中心线和基本轮廓。

（3）进行阵列编辑。

（4）进行剪切编辑。

【实验4】绘制轴承座

1. 目的要求

如图5-172所示，本实验要绘制的是一个轴承座。除了要用到一些基本的绘图命令外，还要用到"镜像"命令以及"圆角""剪切"等编辑命令。通过对本实验图形的绘制，使读者进一步熟悉常见编辑命令的使用。

2. 操作提示

（1）利用"图层"命令设置三个图层。

（2）利用"直线"命令绘制中心线。

（3）利用"直线"命令和"圆"命令绘制部分轮廓线。

（4）利用"圆角"命令进行圆角处理。

（5）利用"直线"命令绘制螺孔线。

（6）利用"镜像"命令对左端局部结构进行镜像。

图5-172　轴承座

第6章

复杂二维绘图与编辑命令

在本章中，我们开始循序渐进地学习有关 AutoCAD 2019 常用绘图命令和编辑命令。熟练掌握 AutoCAD 2019 绘制一维几何元素，包括多段线、样条曲线及多线等，同时利用编辑命令修正图形，包括面域、图案填充等。

重点与难点

- ➡ 多段线
- ➡ 样条曲线
- ➡ 多线
- ➡ 图案填充
- ➡ 对象编辑命令

6.1　多段线

多段线是一种由线段和圆弧组合而成的，可以有不同线宽的多线。由于多段线组合形式多样，线宽可以变化，弥补了直线或圆弧功能的不足，适合绘制各种复杂的图形轮廓，因而得到了广泛的应用。

执行方式

命令行：PLINE（快捷命令：PL）。

菜单栏："绘图"→"多段线"。

工具栏：单击"绘图"工具栏中的"多段线"按钮 。

功能区：单击"默认"选项卡"绘图"面板中的"多段线"按钮 。

操作步骤

命令行提示与操作如下。

```
命令：PLINE ✓
指定起点：指定多段线的起点
当前线宽为 0.0000
指定下一个点或 [圆弧（A）/半宽（H）/长度（L）/
放弃（U）/宽度（W）]：指定多段线的下一个点
```

选项说明

多段线主要由连续且不同宽度的线段或圆弧组成，如果在上述提示中选择"圆弧（A）"选项，则命令行提示与操作如下。

```
指定圆弧的端点（按住 Ctrl 键以切换方向）或[角
度（A）/圆心（CE）/闭合（CL）/方向（D）/半
宽（H）/直线（L）/半径（R）/第二个点（S）/放
弃（U）/宽度（W）]：
```

绘制圆弧的方法与"圆弧"命令相似。

实例教学

扫一扫

下面以图6-1所示的交通标志为例，介绍一下多段线命令的使用方法。

图6-1　交通标志

STEP　绘制步骤

❶ 绘制标志。

（1）单击"默认"选项卡"绘图"面板中的"圆环"按钮 ⊚，绘制圆心坐标为（100，100），内径为 110、外径为 140 的圆环。结果如图6-2所示。

图6-2　绘制圆环

（2）单击"默认"选项卡"绘图"面板中的"多段线"按钮，绘制斜线。命令行提示与操作如下。

```
命令：_pline
指定起点：（在圆环左上方适当捕捉一点）
当前线宽为 0.0000
指定下一个点或 [圆弧（A）/半宽（H）/长度（L）/
放弃（U）/宽度（W）]：W ✓
指定起点宽度 <0.0000>：20 ✓
指定端点宽度 <20.0000>：✓
指定下一个点或 [圆弧（A）/半宽（H）/长度（L）/
放弃（U）/宽度（W）]：（斜向向下在圆环上捕捉一点）
指定下一点或 [圆弧（A）/闭合（C）/半宽（H）/
长度（L）/放弃（U）/宽度（W）]：✓
```

结果如图6-3所示。

图6-3　绘制斜杠

❷ 绘制载货汽车。

（1）设置当前图层颜色为黑色。单击"默认"选项卡"绘图"面板中的"圆环"按钮 ⊚，绘制圆心坐标为（128，83）和（83，83），内径为 9、外径为 14 的两个圆环。结果如图6-4所示。

图6-4 绘制轮胎

 注意 这里巧妙地运用了绘制实心圆环的命令来绘制汽车轮胎。

（2）单击"默认"选项卡"绘图"面板中的"多段线"按钮，，绘制车身。命令行提示与操作如下。

```
命令：_pline
指定起点：140, 83
当前线宽为 0.0000
指定下一个点或 [圆弧（A）/半宽（H）/长度（L）/放弃（U）/宽度（W）]：136.775, 83
指定下一点或 [圆弧（A）/闭合（C）/半宽（H）/长度（L）/放弃（U）/宽度（W）]：a
指定圆弧的端点（按住 Ctrl 键以切换方向）或 [角度（A）/圆心（CE）/闭合（CL）/方向（D）/半宽（H）/直线（L）/半径（R）/第二个点（S）/放弃（U）/宽度（W）]：ce
指定圆弧的圆心：128, 83,
指定圆弧的端点（按住 Ctrl 键以切换方向）或 [角度（A）/长度（L）]：指定一点（在极限追踪的条件下拖曳鼠标向左在屏幕上单击）
指定圆弧的端点（按住 Ctrl 键以切换方向）或 [角度（A）/圆心（CE）/闭合（CL）/方向（D）/半宽（H）/直线（L）/半径（R）/第二个点（S）/放弃（U）/宽度（W）]：l  //输入L选项。
指定下一点或 [圆弧（A）/闭合（C）/半宽（H）/长度（L）/放弃（U）/宽度（W）]：@-27.22, 0
指定下一点或 [圆弧（A）/闭合（C）/半宽（H）/长度（L）/放弃（U）/宽度（W）]：a
指定圆弧的端点（按住 Ctrl 键以切换方向）或 [角度（A）/圆心（CE）/闭合（CL）/方向（D）/半宽（H）/直线（L）/半径（R）/第二个点（S）/放弃（U）/宽度（W）]：ce
```

```
指定圆弧的圆心：83, 83
指定圆弧的端点或 [角度（A）/长度（L）]：a
指定夹角：180
指定圆弧的端点（按住 Ctrl 键以切换方向）或 [角度（A）/圆心（CE）/闭合（CL）/方向（D）/半宽（H）/直线（L）/半径（R）/第二个点（S）/放弃（U）/宽度（W）]：l  //输入L选项。
指定下一点或 [圆弧（A）/闭合（C）/半宽（H）/长度（L）/放弃（U）/宽度（W）]：58, 83
指定下一点或 [圆弧（A）/闭合（C）/半宽（H）/长度（L）/放弃（U）/宽度（W）]：58, 104.5
指定下一点或 [圆弧（A）/闭合（C）/半宽（H）/长度（L）/放弃（U）/宽度（W）]：71, 127
指定下一点或 [圆弧（A）/闭合（C）/半宽（H）/长度（L）/放弃（U）/宽度（W）]：82, 127
指定下一点或 [圆弧（A）/闭合（C）/半宽（H）/长度（L）/放弃（U）/宽度（W）]：82, 106
指定下一点或 [圆弧（A）/闭合（C）/半宽（H）/长度（L）/放弃（U）/宽度（W）]：140, 106
指定下一点或 [圆弧（A）/闭合（C）/半宽（H）/长度（L）/放弃（U）/宽度（W）]：c
```

结果如图6-5所示。

图6-5 绘制车身

 注意 这里绘制载货汽车时，调用了绘制多段线的命令。该命令的执行过程比较繁杂，反复使用了绘制圆弧和绘制直线的选项，注意灵活调用绘制圆弧的各个选项，尽量使绘制过程简单明了。

（3）单击"默认"选项卡"绘图"面板中的"矩形"按钮，在车身后部合适的位置绘制几个矩形作为货箱。最终绘制结果如图6-1所示。

6.2 样条曲线

在AutoCAD中使用的样条曲线为非一致有理B样条（NURBS）曲线，使用NURBS曲线能够在控制点之间产生一条光滑的曲线，如图6-6所示。样条曲线可用于绘制形状不规则的图形，如为地理信息系统（GIS）或汽车设计绘制轮廓线。

图6-6 样条曲线

执行方式

命令行：SPLINE（快捷命令：SPL）。

菜单栏："绘图"→"样条曲线"。

工具栏：单击"绘图"工具栏中的"样条曲线"按钮 ∿。

功能区：单击"默认"选项卡"绘图"面板中的"样条曲线拟合"按钮 ∿ 或"样条曲线控制点"按钮 ∿。

操作步骤

命令行提示与操作如下。

```
命令：SPLINE ✓
当前设置：方式=拟合 节点=弦
指定第一个点或 [方式(M)/节点(K)/对象(O)]：
指定一点或选择"对象(O)"选项
输入下一个点或 [起点切向(T)/公差(L)]：(指
定第二点)
输入下一个点或 [端点相切(T)/公差(L)/放弃
(U)]：(指定第三点)
输入下一个点或 [端点相切(T)/公差(L)/放弃
(U)/闭合(C)]：c
```

选项说明

（1）对象（O）：将二维或三维的二次或三次样条曲线拟合多段线转换为等价的样条曲线，然后（根据DELOBJ系统变量的设置）删除该多段线。

（2）闭合（C）：将最后一点定义与第一点一致，并使其在连接处相切，以闭合样条曲线。选择该项，命令行提示与操作如下。

指定切向：指定点或按 <Enter> 键

用户可以指定一点来定义切向矢量，或按下状态栏中的"对象捕捉"按钮 □，使用"切点"和"垂足"对象捕捉模式使样条曲线与现有对象相切或垂直。

（3）拟合公差（F）：修改当前样条曲线的拟合公差，根据新公差以现有点重新定义样条曲线。拟合公差表示样条曲线拟合所指定拟合点集时的拟合精度，公差越小，样条曲线与拟合点越接近。公差

为0，样条曲线将通过该点；输入大于0的公差，将使样条曲线在指定的公差范围内通过拟合点。在绘制样条曲线时，可以改变样条曲线拟合公差以查看拟合效果。

（4）起点切向：定义样条曲线的第一点和最后一点的切向。如果在样条曲线的两端都指定切向，可以输入一个点或使用"切点"和"垂足"对象捕捉模式使样条曲线与已有的对象相切或垂直。如果按 <Enter> 键，系统将计算默认切向。

实例教学

扫一扫

下面以图6-7所示的凸轮为例，介绍一下样条曲线命令的使用方法。

图6-7 凸轮

STEP 绘制步骤

❶ 选择菜单命令"格式"→"图层"，或者单击"默认"选项卡"图层"面板中的"图层特性"按钮 ⛭，新建三个图层，如图6-8所示。

（1）第一层命名为"粗实线"，线宽设为0.3mm，其余属性默认。

（2）第二层命名为"细实线"，所有属性默认。

（3）第三层命名为"中心线"，颜色为红色，线型为CENTER，其余属性默认。

图6-8 新建图层

❷ 将中心线图层设为当前图层，单击"默认"选项

卡"绘图"面板中的"直线"按钮╱，指定坐标
为{（-40，0）（40，0）}、{（0，40）（0，
-40）}绘制中心线，如图 6-9 所示。

图 6-9 绘制中心线

❸ 将细实线图层设为当前图层，单击"默认"选项
卡"绘图"面板中的"直线"按钮╱，指定坐标
为{（0，0）（@40<30）}、{（0，40）（@40<
100）}、{（0，0）（@40<120）}绘制辅助直线，
如图 6-10 所示。

图 6-10 绘制辅助线

❹ 单击"默认"选项卡"绘图"面板中的"圆弧"
按钮╭，圆心坐标为（0，0），圆弧起点坐标
为（30<120）、（@30<30），夹角为 60 和
70。绘制辅助线圆弧，如图 6-11 所示。

图 6-11 绘制辅助圆弧

❺ 在命令行输入命令 DDPTYPE，或者选择菜单
命令"格式"→"点样式"，系统弹出"点样式"
对话框，如图 6-12 所示。将点格式设为⊞，
选择左边弧线进行 3 等分，另一圆弧 7 等分，
绘制结果如图 6-13 所示。将中心点与第二段弧
线的等分点连上直线，如图 6-14 所示。

❻ 单击"默认"选项卡"绘图"面板中的"圆弧"
按钮╭，圆心坐标为（0，0），圆弧起点坐标

为（24，0），夹角为 -180。绘制凸轮下半部
分圆弧，结果如图 6-15 所示。

图 6-12 "点样式"对话框

图 6-13 绘制辅助线并等分

图 6-14 连接等分点与中心点

图 6-15 绘制凸轮下半部分圆弧

❼ 绘制凸轮上半部分样条曲线。

（1）选择菜单栏中的"绘图"→"点"→"多
点"命令，标记样条曲线的端点，命令行提示
与操作如下。

```
命令：POINT ✓
当前点模式：PDMODE=2  PDSIZE=-2.0000
指定点：24.5<160 ✓
```

以相同的方法，依次标记点（26.5<140）、（30<120）、（34<100）、（37.5<90）、（40<80）、（42<70）、（41<60）、（38<50）、（33.5<40）、（26<30）。

 这些点刚好在等分点与圆心连线延长线上，可以通过"对象捕捉"功能中的"捕捉到延长线"功能选项确定这些点的位置。"对象捕捉"工具栏中的"捕捉到延长线"按钮如图6-16所示。

图6-16 "对象捕捉"工具栏

（2）利用"样条曲线"命令绘制样条曲线，命令行提示与操作如下。

```
命令：SPLINE ✓
当前设置：方式＝拟合 节点＝弦
指定第一个点或 [方式(M)/节点(K)/对象(O)]:
（选择左边圆弧的左端点）
输入下一个点或 [起点切向(T)/公差(L)]:（选择26<30点）
输入下一个点或 [端点相切(T)/公差(L)/放弃(U)/闭合(C)]:（选择33.5<40点）
输入下一个点或 [端点相切(T)/公差(L)/放弃(U)/闭合(C)]:（选择38<50点）
……（依次选择上面绘制的各点）
输入下一个点或 [端点相切(T)/公差(L)/放弃(U)/闭合(C)]: t ✓
指定端点切向：✓
指定起点切向：（指定竖直向下方向，如图6-17所示）
```

图6-17 指定样条曲线的起始切线方向

绘制结果如图6-18所示。

 样条曲线除了指定各个点之外，还需要指定初始与末位置的点的切线方向，读者可以自己试着绘制具有两条相同点但是初始与末位置的切线方向不同的样条曲线。

图6-18 绘制样条曲线

❽ 单击"默认"选项卡"修改"面板中的"删除"按钮，选择绘制的辅助线和点删除图形。

❾ 单击"默认"选项卡"修改"面板中的"修剪"按钮，将凸轮轴孔剪切成如图6-19所示。

图6-19 修剪凸轮轮廓

❿ 单击"默认"选项卡"绘图"面板中的"圆"按钮，以（0，0）为圆心，以6为半径绘制凸轮轴孔。

⓫ 单击"默认"选项卡"绘图"面板中的"直线"按钮，指定坐标为(-3,0)、(@0,-6)、(@6,0)、(@0,6)。命令行提示与操作如下。

```
命令：LINE ✓
指定第一个点：-3, 0 ✓
指定下一点或 [放弃(U)]: @0, -6 ✓
指定下一点或 [放弃(U)]: @6, 0 ✓
指定下一点或 [闭合(C)/放弃(U)]: @0, 6 ✓
指定下一点或 [闭合(C)/放弃(U)]: ✓
```

绘制结果如图6-20所示。

图 6-20　绘制凸轮轴孔

⑫ 单击"默认"选项卡"修改"面板中的"修剪"按钮，对键槽位置的圆弧进行修剪，单击状态栏上的"线宽"按钮，打开线宽属性。最终绘制结果如图 6-7 所示。

6.3　多线

多线是一种复合线，由连续的直线段复合组成。多线的突出优点就是能够大大提高绘图效率，保证图线之间的统一性。

6.3.1　绘制多线

执行方式

命令行：MLINE（快捷命令：ML）。

菜单栏："绘图"→"多线"。

操作步骤

命令行提示与操作如下。

命令：MLINE↙
当前设置：对正 = 上，比例 = 20.00，样式 = STANDARD
指定起点或 [对正（J）/ 比例（S）/ 样式（ST）]：指定起点
指定下一点：指定下一点
指定下一点或 [放弃（U）]：继续指定下一点绘制线段；输入"U"，则放弃前一段多线的绘制；右击或按<Enter>键，结束命令
指定下一点或 [闭合（C）/ 放弃（U）]：继续给定下一点绘制线段；输入"C"，则闭合线段，结束命令

选项说明

（1）对正（J）：该项用于指定绘制多线的基准。共有3种对正类型："上""无"和"下"。其中，"上"表示以多线上侧的线为基准，其他两项依此类推。

（2）比例（S）：选择该项，要求用户设置平行线的间距。输入值为0时，平行线重合；输入值小于0时，多线的排列倒置。

（3）样式（ST）：用于设置当前使用的多线样式。

6.3.2　定义多线样式

执行方式

命令行：MLSTYLE。

执行上述命令后，系统打开如图6-21所示的"多线样式"对话框。在该对话框中，用户可以对多线样式进行定义、保存和加载等操作。下面通过定义一个新的多线样式来介绍该对话框的使用方法。欲定义的多线样式由3条平行线组成，中心轴线和两条平行的实线相对于中心轴线上、下各偏移0.5，其操作步骤如下。

图 6-21　"多线样式"对话框

（1）在"多线样式"对话框中单击"新建"按钮，系统打开"创建新的多线样式"对话框，如图6-22所示。

图 6-22　"创建新的多线样式"对话框

（2）在"创建新的多线样式"对话框的"新样式名"文本框中输入"THREE"，单击"继续"按钮。

（3）系统打开"新建多线样式"对话框，如图6-23所示。

图6-23 "新建多线样式"对话框

（4）在"封口"选项组中可以设置多线起点和端点的特性，包括直线、外弧还是内弧封口以及封口线段或圆弧的角度。

（5）在"填充颜色"下拉列表框中可以选择多线填充的颜色。

（6）在"图元"选项组中可以设置组成多线元素的特性。单击"添加"按钮，可以为多线添加元素；单击"删除"按钮，可以为多线删除元素。在"偏移"文本框中可以设置选中元素的位置偏移值；在"颜色"下拉列表框中可以为选中的元素选择颜色。单击"线型"按钮，系统打开"选择线型"对话框，可以为选中的元素设置线型。

（7）设置完毕后，单击"确定"按钮，返回到如图6-21所示的"多线样式"对话框。在"样式"列表中会显示刚设置的多线样式名，选择该样式，单击"置为当前"按钮，则将刚设置的多线样式设置为当前样式，下面的预览框中会显示所选的多线样式。

（8）单击"确定"按钮，完成多线样式设置。

图6-24所示为按设置后的多线样式绘制的多线。

图6-24 绘制的多线

6.3.3 | 编辑多线

执行方式

命令行：MLEDIT。

菜单栏："修改"→"对象"→"多线"。

执行上述操作后，打开"多线编辑工具"对话框，如图6-25所示。

图6-25 "多线编辑工具"对话框

利用该对话框，可以创建或修改多线的模式。对话框中分4列显示示例图形。其中，第一列管理十字交叉形多线，第二列管理T形多线，第三列管理拐角接合点和节点，第四列管理多线被剪切或连接的形式。

单击选择某个示例图形，就可以调用该项编辑功能。

下面以"十字打开"为例，介绍多线编辑的方法，对选择的两条多线进行打开交叉。命令行提示与操作如下。

> 选择第一条多线：选择第一条多线
> 选择第二条多线：选择第二条多线

选择完毕后，第二条多线被第一条多线横断交叉。命令行提示与操作如下。

> 选择第一条多线：

可以继续选择多线进行操作，选择"放弃"选项会撤销前次操作。执行结果如图6-26所示。

（a）选择第一条多线 （b）选择第二条多线 （c）执行结果

图6-26 十字打开

实例教学

扫一扫

下面以图6-27所示的墙体为例，介绍一下多线命令的使用方法。

图6-27 墙体

STEP 绘制步骤

❶ 单击"默认"选项卡"绘图"面板中的"构造线"按钮✏，绘制一条水平构造线和一条竖直构造线，组成"十"字辅助线，如图6-28所示。继续绘制辅助线，命令行提示与操作如下。

图6-28 "十"字辅助线

命令：_xline 指定点或 [水平（H）/垂直（V）/角度（A）/二等分（B）/偏移（O）]：O✔
指定偏移距离或 [通过（T）]<通过>：4200✔
选择直线对象：选择水平构造线
指定向哪侧偏移：指定上边一点
选择直线对象：继续选择水平构造线

采用相同的方法将偏移得到的水平构造线依次向上偏移5100、1800和3000，绘制的水平构造线如图6-29所示。采用同样的方法绘制竖直构造线，依次向右偏移3900、1800、2100和4500，绘制完成的居室辅助线网格如图6-30所示。

图6-29 水平构造线

图6-30 居室辅助线网格

❷ 选择菜单栏中的"格式"→"多线样式"命令，系统打开"多线样式"对话框，如图6-31所示。单击"新建"按钮，系统打开"创建新的多线样式"对话框，在该对话框的"新样式名"文本框中输入"墙体线"，单击"继续"按钮，如图6-32所示。

❸ 系统打开"新建多线样式"对话框，进行如图6-33所示的多线样式设置。

图6-31 "多线样式"对话框

图6-32 "创建新的多线样式"对话框

❹ 选择菜单栏中的"绘图"→"多线"命令，绘制多线墙体。命令行提示与操作如下。

图 6-33 设置多线样式

```
命令：_mline
当前设置：对正 = 上，比例 = 20.00，样式 =
STANDARD
指定起点或 [对正 (J) / 比例 (S) / 样式 (ST)]：S✓
输入多线比例 <20.00>：1✓
当前设置：对正 = 上，比例 = 1.00，样式 =
STANDARD
指定起点或 [对正 (J) / 比例 (S) / 样式 (ST)]：J✓
输入对正类型 [上 (T) / 无 (Z) / 下 (B)] <上>：Z✓
当前设置：对正 = 无，比例 = 1.00，样式 =
STANDARD
指定起点或 [对正 (J) / 比例 (S) / 样式 (ST)]：
在绘制的辅助线交点上指定一点
指定下一点：在绘制的辅助线交点上指定下一点
指定下一点或 [放弃 (U)]：在绘制的辅助线交点
上指定下一点
指定下一点或 [闭合 (C) / 放弃 (U)]：在绘制的
辅助线交点上指定下一点
......
指定下一点或 [闭合 (C) / 放弃 (U)]：C✓
```

采用相同的方法根据辅助线网格绘制多线，绘制结果如图6-34所示。

图 6-34 绘制多线结果

❺ 选择菜单栏中的"修改"→"对象"→"多线"命令，系统打开"多线编辑工具"对话框，如图 6-35 所示。选择"T 形合并"选项，命令行提示与操作如下。

```
命令：_mledit
选择第一条多线：选择多线
选择第二条多线：选择多线
选择第一条多线或 [放弃 (U)]：选择多线
......
选择第一条多线或 [放弃 (U)]：✓
```

图 6-35 "多线编辑工具"对话框

采用同样的方法继续进行多线编辑，编辑的最终结果如图6-27所示。

6.4 图案填充

当用户需要用一个重复的图案（pattern）填充一个区域时，可以使用"BHATCH"命令，创建一个相关联的填充阴影对象，即所谓的图案填充。

6.4.1 | 基本概念

1. 图案边界

当进行图案填充时，首先要确定填充图案的边界。定义边界的对象只能是直线、双向射线、单向射线、多义线、样条曲线、圆弧、圆、椭圆、椭圆弧、面域等对象或用这些对象定义的块，而且作为边界的对象在当前图层上必须全部可见。

2. 孤岛

在进行图案填充时，我们把位于总填充区域内的封闭区称为孤岛，如图6-36所示。在使用"BHATCH"命令填充时，AutoCAD系统允许用户以拾取点的方式确定填充边界，即在希望填充的区域内任意拾取一点，系统会自动确定出填充边界，同时也确定该边界内的岛。如果用户以选择对象的方式确定填充边界，则必须确切地选择这些岛，有关知识将在下一节中介绍。

（a） （b）

图6-36 孤岛

3. 填充方式

在进行图案填充时，需要控制填充的范围，AutoCAD系统为用户设置了以下3种填充方式以实现对填充范围的控制。

（1）普通方式。如图6-37（a）所示，该方式从边界开始，从每条填充线或每个填充符号的两端向里填充，遇到内部对象与之相交时，填充线或符号断开，直到遇到下一次相交时再继续填充。采用这种填充方式时，要避免剖面线或符号与内部对象的相交次数为奇数，该方式为系统内部的默认方式。

（2）最外层方式。如图6-37（b）所示，该方式从边界向里填充，只要在边界内部与对象相交，剖面符号就会断开，而不再继续填充。

（3）忽略方式。如图6-37（c）所示，该方式忽略边界内的对象，所有内部结构都被剖面符号覆盖。

（a） （b） （c）

图6-37 填充方式

6.4.2 | 图案填充的操作

执行方式

命令行：BHATCH（快捷命令：H）。

菜单栏："绘图"→"图案填充"或"渐变色"。

工具栏：单击"绘图"工具栏中的"图案填充"按钮▨或"渐变色"按钮▨。

功能区：单击"默认"选项卡"绘图"面板中的"图案填充"按钮▨。

执行上述命令后，系统打开如图6-38所示的"图案填充创建"选项卡。各选项和按钮含义介绍如下。

1. "边界"面板

（1）拾取点：通过选择由一个或多个对象形成的封闭区域内的点，确定图案填充边界，如图6-39所示。指定内部点时，可以随时在绘图区域中单击鼠标右键以显示包含多个选项的快捷菜单。

图6-38 "图案填充创建"选项卡1

（a）选择一点　　　（b）填充区域　　　（c）填充结果

图6-39　边界确定

（2）选择边界对象：指定基于选定对象的图案填充边界。使用该选项时，不会自动检测内部对象，必须选择选定边界内的对象，以按照当前孤岛检测样式填充这些对象，如图6-40所示。

（a）原始图形　　（b）选择边界对象　　（c）填充结果

图6-40　选择边界对象

（3）删除边界对象：从边界定义中删除之前添加的任何对象，如图6-41所示。

（a）选择边界对象　　（b）删除边界　　（c）填充结果

图6-41　删除边界对象

（4）重新创建边界：围绕选定的图案填充或填充对象创建多段线或面域，并使其与图案填充对象相关联（可选）。

（5）显示边界对象：选择构成选定关联图案填充对象的边界的对象，使用显示的夹点可修改图案填充边界。

（6）保留边界对象：指定如何处理图案填充边界对象。

选项包括如下。

1）不保留边界：不创建独立的图案填充边界对象（仅在图案填充创建期间可用）。

2）保留边界—多段线：创建封闭图案填充对象的多段线（仅在图案填充创建期间可用）。

3）保留边界—面域：创建封闭图案填充对象的面域对象（仅在图案填充创建期间可用）。

4）选择新边界集：指定对象的有限集（称为边界集），以便通过创建图案填充时的拾取点进行计算。

2."图案"面板

显示所有预定义和自定义图案的预览图像。

3."特性"面板

（1）图案填充类型：指定是使用纯色、渐变色、图案还是用户自定义的填充。

（2）图案填充颜色：替代实体填充和填充图案的当前颜色。

（3）背景色：指定填充图案背景的颜色。

（4）图案填充透明度：设定新图案填充或填充的透明度，替代当前对象的透明度。

（5）图案填充角度：指定图案填充或填充的角度。

（6）填充图案比例：放大或缩小预定义或自定义填充图案。

（7）相对图纸空间：（仅在布局中可用）相对于图纸空间单位缩放填充图案。使用此选项，可很容易地做到以适用于布局的比例显示填充图案。

（8）双向：（仅当"图案填充类型"设定为"用户定义"时可用）将绘制第二组直线，与原始直线成90°角，从而构成交叉线。

（9）ISO笔宽：（仅对于预定义的 ISO 图案可用）基于选定的笔宽缩放 ISO 图案。

4."原点"面板

（1）设定原点：直接指定新的图案填充原点。

（2）左下：将图案填充原点设定在图案填充边界矩形范围的左下角。

（3）右下：将图案填充原点设定在图案填充边界矩形范围的右下角。

（4）左上：将图案填充原点设定在图案填充边界矩形范围的左上角。

（5）右上：将图案填充原点设定在图案填充边界矩形范围的右上角。

（6）中心：将图案填充原点设定在图案填充边界矩形范围的中心。

（7）使用当前原点：将图案填充原点设定在 HPORIGIN 系统变量中存储的默认位置。

（8）存储为默认原点：将新图案填充原点的值存储在 HPORIGIN 系统变量中。

5."选项"面板

（1）关联：指定图案填充或填充为关联图案填充。关联的图案填充或填充在用户修改其边界对象时将会更新。

（2）注释性：指定图案填充为注释性。此特性会自动完成缩放注释过程，从而使注释能够以正确的大小在图纸上打印或显示。

（3）特性匹配。

1）使用当前原点：使用选定图案填充对象（除图案填充原点外），设定图案填充的特性。

2）使用源图案填充的原点：使用选定图案填充对象（包括图案填充原点），设定图案填充的特性。

（4）允许的间隙：设定将对象用作图案填充边界时可以忽略的最大间隙。默认值为 0，此值指定对象必须封闭区域而没有间隙。

（5）创建独立的图案填充：控制当指定了几个单独的闭合边界时，是创建单个图案填充对象，还是创建多个图案填充对象。

（6）孤岛检测。

1）普通孤岛检测：从外部边界向内填充。如果遇到内部孤岛，填充将关闭，直到遇到孤岛中的另一个孤岛。

2）外部孤岛检测：从外部边界向内填充。此选项仅填充指定的区域，不会影响内部孤岛。

3）忽略孤岛检测：忽略所有内部的对象，填充图案时将整个图案全部填充。

（7）绘图次序：为图案填充或填充指定绘图次序。选项包括不更改、后置、前置、置于边界之后和置于边界之前。

6.“关闭”面板

关闭“图案填充创建”：退出 HATCH 并关闭上下文选项卡。也可以按<Enter>键或<Esc>键退出 HATCH。

6.4.3 | 渐变色的操作

执行方式

命令行：GRADIENT。

菜单栏：选择菜单栏中的“绘图”→“渐变色”。

工具栏：单击“绘图”工具栏中的“渐变色”按钮 ▦ 。

功能区：单击“默认”选项卡“绘图”面板中的“渐变色”按钮 ▦ 。

操作步骤

执行上述命令后，系统打开如图6-42所示的“图案填充创建”选项卡。各面板中的按钮含义与图案填充的类似，这里不再赘述。

图6-42　“图案填充创建”选项卡2

6.4.4 | 边界的操作

执行方式

命令行：BOUNDARY。

功能区：单击“默认”选项卡“绘图”面板中的“边界”按钮 ⊔ 。

操作步骤

执行上述命令后，系统打开如图6-43所示的“边界创建”对话框。各面板中的按钮含义如下。

选项说明

拾取点：根据围绕指定点构成封闭区域的现有对象来确定边界。

孤岛检测：控制BOUNDARY命令是否检测内

部闭合边界，该边界称为孤岛。

图6-43　“边界创建”对话框

对象类型：控制新边界对象的类型。BOUNDARY将边界作为面域或多段线对象创建。

边界集：定义通过指定点定义边界时，BOUNDARY 要分析的对象集。

6.4.5 编辑填充的图案

利用 HATCHEDIT 命令，编辑已经填充的图案。

执行方式

命令行：HATCHEDIT。

菜单栏：选择菜单栏中的"修改"→"对象"→"图案填充"命令。

工具栏：单击"修改 II"工具栏中的"编辑图案填充"按钮 。

功能区：单击"默认"选项卡"修改"面板中的"编辑图案填充"按钮 。

快捷菜单：选中填充的图案单击鼠标右键，在打开的快捷菜单中选择"图案填充编辑"命令（见图 6-44）。

快捷方法：直接选择填充的图案，打开"图案填充编辑器"选项卡（见图 6-45）。

图 6-44 快捷菜单

图 6-45 "图案填充编辑器"选项卡

实例教学

扫一扫

下面以图 6-46 所示的足球为例，介绍一下图案填充命令的使用方法。

图 6-46 足球

STEP 绘制步骤

❶ 单击"默认"选项卡"绘图"面板中的"多边形"按钮 ，绘制中心点为（240，120）内接于圆半径为 20 的正六边形，如图 6-47 所示。

图 6-47 正六边形

❷ 单击"默认"选项卡"修改"面板中的"镜像"按钮 ，对正六边形进行镜像操作，结果如图 6-48 所示。

图 6-48 正六边形镜像后的图形

❸ 单击"默认"选项卡"修改"面板中的"环形阵列"按钮 ，生成如图 6-49 所示的图形。

图 6-49 环形阵列后的图形

命令行提示与操作如下。

```
命令：_arraypolar
选择对象：找到 1 个（选择图 6-48 下方的正六边
形为源对象）
选择对象：
类型 = 极轴 关联 = 是
指定阵列的中心点或 ［基点（B）/旋转轴（A）］:
240, 120
输入项目数或 ［项目间角度（A）/表达式（E）]
<4>: 6
指定填充角度（+= 逆时针、-= 顺时针）或 ［表达式
（EX）] <360>:
按 Enter 键接受或 ［关联（AS）/基点（B）/项
目（I）/项目间角度（A）/填充角度（F）/行（ROW）/
层（L）/旋转项目（ROT）/退出（X）] <退出>:
```

❹ 单击"默认"选项卡"绘图"面板中的"圆"按钮 ⊙，指定圆心坐标为（250，115），半径为35 绘制圆。绘制完此步后的图形，如图 6-50 所示。

❺ 单击"默认"选项卡"修改"面板中的"修剪"按钮，结果如图 6-51 所示。

图 6-50　绘制圆后的图形

图 6-51　修剪后的图形

❻ 利用"图案填充"命令，系统打开如图 6-52 所示的"图案填充创建"选项卡，设置"图案填充图案"为"SOLID"。用鼠标拾取填充区域内一点，按 <Enter> 键，完成图案的填充。最终绘制结果如图 6-46 所示。

图 6-52　"图案填充创建"选项卡 3

6.5　对象编辑命令

在对图形进行编辑时，还可以对图形对象本身的某些特性进行编辑，从而方便地进行图形绘制。

6.5.1　钳夹功能

利用钳夹功能可以快速方便地编辑对象。AutoCAD 在图形对象上定义了一些特殊点，称为夹持点。利用夹持点可以灵活地控制对象，如图6-53所示。

图 6-53　夹持点

要使用钳夹功能编辑对象，必须先打开钳夹

功能，打开方法是：选择菜单命令"工具"→"选项"，系统打开"选项"对话框。单击"选择集"选项卡，勾选"夹点"选项组中的"显示夹点"复选框。在该选项卡中还可以设置代表夹点的小方格尺寸和颜色。也可以通过GRIPS系统变量控制是否打开钳夹功能，1代表打开，0代表关闭。

打开钳夹功能后，应该在编辑对象之前先选择对象。夹点表示对象的控制位置。

使用夹点编辑对象，要选择一个夹点作为基点，称为基准夹点。然后，选择一种编辑操作：镜像、移动、旋转、拉伸和缩放。可以按<Space>键或<Enter>键循环选择这些功能。

下面就以其中的拉伸对象操作为例进行讲解，其他操作类似。

在图形上选择一个夹点，该夹点改变颜色，此点为夹点编辑的基准点。此时命令行提示与操作如下。

```
** 拉伸 **
指定拉伸点或 [ 基点（B）/复制（C）/放弃（U）/
退出（X）]：
```

在上述拉伸编辑提示下输入镜像命令或单击鼠标右键，选择快捷菜单中的"镜像"命令，系统就会转换为"镜像"操作，其他操作类似。

6.5.2 | 修改对象属性

执行方式

命令行：DDMODIFY或PROPERTIES。

菜单栏："修改"→"特性"。

工具栏：单击"标准"工具栏中的"特性"按钮▨。

功能区：单击"视图"选项卡"选项板"面板中的"特性"按钮▨（见图6-54）或单击"默认"选项卡"特性"面板中的"对话框启动器"按钮 ⌄。

图6-54 "选项板"面板

执行上述操作后，系统打开"特性"选项板，如图6-55所示。利用它可以方便地设置或修改对象的各种属性。不同的对象属性种类和值不同，修改属性值，对象改变为新的属性。

图6-55 "特性"选项板

实例教学

扫一扫

下面以图6-56所示的花朵为例，介绍一下钳夹功能的使用方法。

图6-56 花朵

STEP 绘制步骤

❶ 单击"默认"选项卡"绘图"面板中的"圆"按钮⊘，绘制花蕊，如图 6-57 所示。

图 6-57　绘制花蕊

❷ 单击"默认"选项卡"绘图"面板中的"多边形"按钮⬠，以图 6-58 所示的圆心为正多边形的中心点，绘制正五边形，结果如图 6-59 所示。

图 6-58　捕捉圆心

图 6-59　绘制正五边形

> **注意**　一定要先绘制中心的圆，因为正五边形的外接圆与此圆同心，必须通过捕捉获得正五边形的外接圆圆心位置。如果反过来，先画正五边形，再画圆，会发现无法捕捉正五边形外接圆圆心。

❸ 单击"默认"选项卡"绘图"面板中的"圆弧"按钮⌒，以最上斜边的中点为圆弧起点，左上斜边的中点为圆弧端点，绘制花朵。

绘制结果如图 6-60 所示。以同样方法绘制另外 4 段圆弧，结果如图 6-61 所示。

图 6-60　绘制一段圆弧

图 6-61　绘制所有圆弧

最后删除正五边形，结果如图 6-62 所示。

图 6-62　删除正五边形

❹ 单击"默认"选项卡"绘图"面板中的"多段线"按钮⎯⌐，绘制枝叶。在命令行提示下捕捉圆弧右下角的交点为起点，依次输入：W、4、回车、A、S、适当一点、适当一点，回车完成花枝绘制。再次执行"多段线"命令。在命令行提示下捕捉花枝上一点为起点，依次输入：H、12、3、A、S、适当一点、适当一点，回车完成叶子绘制。以同样方法绘制另两片叶子，结果如图 6-63 所示。

图 6-63　绘制叶子

❺ 选择枝叶，枝叶上显示夹点标志，在一个夹点上单击鼠标右键，打开右键快捷菜单，选择其中的"特性"命令，如图 6-64 所示。系统打开"特性"选项板，在"颜色"下拉列表框中选择"绿"色，如图 6-65 所示。

图 6-64　打开右键快捷菜单

以同样方法修改花朵颜色为红色，花蕊颜色为洋红色。最终绘制结果如图 6-56 所示。

图 6-65　修改枝叶颜色

6.6　综合演练——深沟球轴承

绘制如图 6-66 所示的深沟球轴承。

扫一扫

图 6-66　深沟球轴承

STEP　绘制步骤

❶ 单击"格式"→"图层"或者单击"默认"选项卡"图层"面板中的"图层特性"按钮，新建 3 个图层，如图 6-67 所示。

（1）第一图层命名为"轮廓线"，线宽属性为 0.3mm，其余属性默认。

图 6-67　新建图层

（2）第二图层命名为"中心线"，颜色设为红色，线型加载为 CENTER，其余属性默认。

（3）第三图层命名为"细实线"，颜色设为蓝色，其余属性默认。

❷ 将"中心线"层设置为当前图层，单击"默认"选项卡"绘图"面板中的"直线"按钮，在水平方向上取两点绘制直线。将"轮廓线"层设置为当前图层，重复上述命令绘制竖直直线。

结果如图 6-68 所示。

图 6-68　绘制直线

❸ 单击"默认"选项卡"修改"面板中的"偏移"
按钮⬰，将水平直线向上偏移 20、25、27、29
和 34，将竖直直线分别向右偏移 7.5 和 15。

❹ 选择偏移后的直线，将其所在层修改为"轮廓线"
层（偏移距离为 27 的水平点画线除外）。结果
如图 6-69 所示。

图 6-69　偏移处理

❺ 单击"默认"选项卡"绘图"面板中的"圆"按
钮⊙，指定圆心坐标为线段 1 和线段 2 的交点，
半径为 3 绘制圆。结果如图 6-70 所示。

图 6-70　绘制圆

❻ 单击"默认"选项卡"修改"面板中的"圆角"
按钮⌒，选择线段 3、4、5、6 进行倒圆角处理，
圆角半径为 1.5。结果如图 6-71 所示。

❼ 单击"默认"选项卡"修改"面板中的"倒角"
按钮⌒，选择线段 5 和线段 6 进行倒角处理。

结果如图 6-72 所示。

图 6-71　倒圆角处理

图 6-72　倒角处理

❽ 单击"默认"选项卡"绘图"面板中的"直线"
按钮╱，单击"修改"工具栏中的"修剪"按钮
✂，修剪相关图线。结果如图 6-73 所示。

图 6-73　修剪处理

❾ 单击"默认"选项卡"绘图"面板中的"直线"
按钮╱，绘制倒角线。结果如图 6-74 所示。

图 6-74　绘制倒角线

⑩ 单击"默认"选项卡"修改"面板中的"镜像"按钮⚠，选择全部图形，在最下端的直线上选择两点作为镜像点，对图形进行镜像处理。结果如图 6-75 所示。

图 6-75 镜像处理

⑪ 将"中心线"层设置为当前图层，单击"默认"选项卡"绘图"面板中的"直线"按钮╱，绘制左视图的中心线。结果如图 6-76 所示。

图 6-76 绘制中心线

⑫ 转换图层，单击"默认"选项卡"绘图"面板中的"圆"按钮⊙，以中心线的交点为圆心，分别绘制半径为 34、29、27、25、21 和 20 的圆，再以半径为 27 的圆和竖直中心线的交点为圆心，绘制半径为 3 的圆。其中半径为 27 的圆为点画线，其他为粗实线。结果如图 6-77 所示。

⑬ 单击"默认"选项卡"修改"面板中的"修剪"按钮，对半径为 3 的圆进行修剪。结果如图 6-78 所示。

图 6-77 绘制圆

图 6-78 修剪处理

⑭ 单击"默认"选项卡"修改"面板中的"环形阵列"按钮，对第⑬步修剪的圆弧进行环形阵列。结果如图 6-79 所示。

图 6-79 阵列处理

⑮ 将"细实线"层设置为当前图层，单击"默认"选项卡"绘图"面板中的"图案填充"按钮，系统打开"图案填充创建"选项卡，选择"用户定义"类型，选择角度为 45°、比例为 3，并选择相应的填充区域。最终绘制结果如图 6-66 所示。

6.7 上机实验

【实验 1】绘制浴缸

1. 目的要求

如图 6-80 所示，本例绘制的是一个浴缸，对尺寸要求不太严格，涉及的命令有"多段线"和"椭圆"。通过本例，要求读者掌握多段线相关命令的使用方法，同时体会利用多段线绘制浴缸的优点。

图 6-80 浴缸

2．操作提示

（1）利用"多段线"命令绘制浴缸外沿。

（2）利用"椭圆"命令绘制缸底。

【实验2】绘制墙体

1．目的要求

如图6-81所示，本例绘制的是一个建筑图形，对尺寸要求不太严格，涉及的命令有"多线样式""多线"和"多线编辑工具"。通过本例，要求读者掌握多线相关命令的使用方法，同时体会利用多线绘制建筑图形的优点。

图6-81　墙体

2．操作提示

（1）设置多线格式。

（2）利用"多线"命令绘制多线。

（3）打开"多线编辑工具"对话框。

（4）编辑多线。

【实验3】绘制灯具

1．目的要求

如图6-82所示，本例绘制的是一个日常用品图形，涉及的命令有"多段线""圆弧"和"样条曲线"。本例对尺寸要求不是很严格，在绘图时可以适当指定位置。通过本例，要求读者掌握样条曲线的绘制方法，同时复习多段线的绘制方法。

图6-82　灯具

2．操作提示

（1）利用"直线"和"圆弧"等命令绘制左半边图形。

（2）利用"镜像"命令绘制对称结构。

（3）利用"样条曲线"命令绘制灯罩上的皱褶。

【实验4】绘制油杯

1．目的要求

如图6-83所示，本例绘制的是一个油杯的半剖视图，其中有两处图案填充。通过本例，要求读者掌握不同图案填充的设置和绘制方法。

图6-83　油杯

2．操作提示

（1）利用"直线""矩形""偏移"和"修剪"等命令绘制油杯左边部分图形。

（2）利用"镜像"命令生成右边部分图形，并进行适当图线补充。

（3）利用"图案填充"命令填充相应区域。

第 7 章

尺寸标注

尺寸标注是绘图设计过程中相当重要的一个环节。由于图形的主要作用是表达物体的形状，而物体各部分的真实大小和各部分之间的确切位置只能通过尺寸标注来表达。因此，没有正确的尺寸标注，绘制出的图纸对于加工制造就没什么意义。AutoCAD 2019 提供了方便、准确的尺寸标注功能。

重点与难点

- 尺寸样式
- 标注尺寸
- 引线标注
- 形位公差

7.1 尺寸样式

组成尺寸标注的尺寸线、尺寸界线、尺寸文本、圆心标记和尺寸箭头可以采用多种形式，尺寸标注以什么形态出现取决于当前所采用的尺寸标注样式。标注样式决定尺寸标注的形式，包括尺寸线、尺寸界线、尺寸箭头和圆心标记的形式、尺寸文本的位置、特性等。在AutoCAD 2019中，用户可以利用"标注样式管理器"对话框方便地设置自己需要的尺寸标注样式。

7.1.1 新建或修改尺寸样式

在进行尺寸标注前，先要创建尺寸标注的样式。如果用户不创建尺寸样式而直接进行标注，系统会使用默认名称为Standard的样式。如果用户认为使用的标注样式某些设置不合适，也可以修改标注样式。

执行方式

命令行：DIMSTYLE（快捷命令：D）。

菜单栏："格式"→"标注样式"或"标注"→"标注样式"。

工具栏：单击"标注"工具栏中的"标注样式"按钮 ⊢⊣。

功能区：单击"默认"选项卡"注释"面板中的"标注样式"按钮 ⊢⊣（见图7-1）或单击"注释"选项卡"标注"面板上的"标注样式"下拉菜单中的"管理标注样式"按钮（见图7-2）或单击"注释"选项卡"标注"面板中的"对话框启动器"按钮 ⊿。

图 7-1 "注释"面板

图 7-2 "标注"面板

执行上述操作后，系统打开"标注样式管理器"对话框，如图7-3所示。利用此对话框可方便直观

地定制和浏览尺寸标注样式，包括创建新的标注样式、修改已存在的标注样式、设置当前尺寸标注样式、重命名样式以及删除已有标注样式等。

图 7-3 "标注样式管理器"对话框

选项说明

（1）"置为当前"按钮：单击此按钮，把在"样式"列表框中选择的样式设置为当前标注样式。

（2）"新建"按钮：创建新的尺寸标注样式。单击此按钮，系统打开"创建新标注样式"对话框，如图7-4所示。利用此对话框可创建一个新的尺寸标注样式，其中各项的功能说明如下。

图 7-4 "创建新标注样式"对话框

1）"新样式名"文本框：为新的尺寸标注样式命名。

2）"基础样式"下拉列表框：选择创建新样式所基于的标注样式。单击"基础样式"下拉列表框，

打开当前已有的样式列表，从中选择一个作为定义新样式的基础，新的样式是在所选样式的基础上修改一些特性得到的。

3）"用于"下拉列表框：指定新样式应用的尺寸类型。单击此下拉列表框，打开尺寸类型列表，如果新建样式应用于所有尺寸，则选择"所有标注"选项；如果新建样式只应用于特定的尺寸标注（如只在标注直径时使用此样式），则选择相应的尺寸类型。

4）"继续"按钮：各选项设置好以后，单击"继续"按钮，系统打开"新建标注样式"对话框，如图7-5所示。利用此对话框可对新标注样式的各项特性进行设置，其中各项的含义和功能将在后面介绍。

图7-5 "新建标注样式"对话框

（3）"修改"按钮：修改一个已存在的尺寸标注样式。单击此按钮，系统打开"修改标注样式"对话框，该对话框中的各选项与"新建标注样式"对话框中完全相同，可以对已有标注样式进行修改。

（4）"替代"按钮：设置临时覆盖尺寸标注样式。单击此按钮，系统打开"替代当前样式"对话框，该对话框中各选项与"新建标注样式"对话框中完全相同，用户可改变选项的设置，以覆盖原来的设置。但这种修改只对指定的尺寸标注起作用，而不影响当前其他尺寸变量的设置。

（5）"比较"按钮：比较两个尺寸标注样式在参数上的区别，或浏览一个尺寸标注样式的参数设置。单击此按钮，系统打开"比较标注样式"对话

框，如图7-6所示。可以把比较结果复制到剪贴板上，然后粘贴到其他的Windows应用软件上。

图7-6 "比较标注样式"对话框

7.1.2 | 线

在"新建标注样式"对话框中，第一个选项卡就是"线"选项卡，如图7-5所示。该选项卡用于设置尺寸线、尺寸界线的形式和特性。现对选项卡中的各选项分别说明如下。

（1）"尺寸线"选项组：用于设置尺寸线的特性，其中各选项的含义如下。

1）"颜色"下拉列表框：用于设置尺寸线的颜色。可直接输入颜色名字，也可从下拉列表框中选择。如果选择"选择颜色"选项，系统打开"选择颜色"对话框供用户选择其他颜色。

2）"线型"下拉列表框：用于设置尺寸线的线型。

3）"线宽"下拉列表框：用于设置尺寸线的线宽，下拉列表框中列出了各种线宽的名称和宽度。

4）"超出标记"微调框：当尺寸箭头设置为短斜线、短波浪线等，或尺寸线上无箭头时，可利用此微调框设置尺寸线超出尺寸界线的距离。

5）"基线间距"微调框：设置以基线方式标注尺寸时，相邻两尺寸线之间的距离。

6）"隐藏"复选框组：确定是否隐藏尺寸线及相应的箭头。勾选"尺寸线1"复选框，表示隐藏第一段尺寸线；勾选"尺寸线2"复选框，表示隐藏第二段尺寸线。

（2）"尺寸界线"选项组：用于确定尺寸界线的形式，其中各选项的含义如下。

1）"颜色"下拉列表框：用于设置尺寸界线的

颜色。

2）"尺寸界线1的线型"下拉列表框：用于设置第一条界线的线型（DIMLTEX1系统变量）。

3）"尺寸界线2的线型"下拉列表框：用于设置第二条界线的线型（DIMLTEX2系统变量）。

4）"线宽"下拉列表框：用于设置尺寸界线的线宽。

5）"超出尺寸线"微调框：用于确定尺寸界线超出尺寸线的距离。

6）"起点偏移量"微调框：用于确定尺寸界线的实际起始点相对于指定尺寸界线起始点的偏移量。

7）"隐藏"复选框组：确定是否隐藏尺寸界线。勾选"尺寸界线1"复选框，表示隐藏第一段尺寸界线；勾选"尺寸界线2"复选框，表示隐藏第二段尺寸界线。

8）"固定长度的尺寸界线"复选框：勾选该复选框，系统以固定长度的尺寸界线标注尺寸，可以在其下面的"长度"文本框中输入长度值。

"标注样式"对话框中的其他选项设置与"线"选项卡类似，这里不再赘述。

7.2 标注尺寸

正确地进行尺寸标注是设计绘图工作中非常重要的一个环节，AutoCAD 2019提供了方便快捷的尺寸标注方法，可通过执行命令实现，也可利用菜单或工具按钮实现。本节重点介绍如何对各种类型的尺寸进行标注。

7.2.1 长度型尺寸标注

执行方式

命令行：DIMLINEAR（缩写名：DIMLIN，快捷命令：DLI）。

菜单栏："标注"→"线性"。

工具栏：单击"标注"工具栏中的"线性"按钮 ├─┤。

功能区：单击"默认"选项卡"注释"面板中的"线性"按钮 ├─┤（见图7-7）或单击"注释"选项卡"标注"面板中的"线性"按钮 ├─┤（见图7-8）。

图7-8 "标注"面板

操作步骤

命令行提示如下。

命令：_dimlinear
指定第一个尺寸界线原点或 <选择对象>：

（1）直接按<Enter>键：光标变为拾取框，并在命令行提示如下。

选择标注对象：（用拾取框选择要标注尺寸的线段）
指定尺寸线位置或 [多行文字（M）/文字（T）/角度（A）/水平（H）/垂直（V）/旋转（R）]：

（2）选择对象：指定第一条与第二条尺寸界线的起始点。

图7-7 "注释"面板

选项说明

（1）指定尺寸线位置：用于确定尺寸线的位置。用户可移动鼠标选择合适的尺寸线位置，然后按<Enter>键或单击鼠标左键，AutoCAD则自动测量要标注线段的长度并标注出相应的尺寸。

（2）多行文字（M）：用多行文本编辑器确定尺寸文本。

（3）文字（T）：用于在命令行提示下输入或编辑尺寸文本。选择此选项后，命令行提示如下。

输入标注文字 <默认值>：

其中的默认值是AutoCAD自动测量得到的被标注线段的长度，直接按<Enter>键即可采用此长度值，也可输入其他数值代替默认值。当尺寸文本中包含默认值时，可使用尖括号"< >"表示默认值。

（4）角度（A）：用于确定尺寸文本的倾斜角度。

（5）水平（H）：水平标注尺寸，不论标注什么方向的线段，尺寸线总保持水平放置。

（6）垂直（V）：垂直标注尺寸，不论标注什么方向的线段，尺寸线总保持垂直放置。

（7）旋转（R）：输入尺寸线旋转的角度值，旋转标注尺寸。

> **注意** 线性标注有水平、垂直或对齐放置。使用对齐标注时，尺寸线将平行于两尺寸延伸线原点之间的直线（想象或实际）。基线（或平行）和连续（或链）标注是一系列基于线性标注的连续标注，连续标注是首尾相连的多个标注。在创建基线或连续标注之前，必须创建线性、对齐或角度标注。可从当前任务最近创建的标注中以增量方式创建基线标注。

 实例教学

下面以标注图7-9所示的螺栓尺寸为例，介绍一下长度型尺寸标注命令的使用方法。

扫一扫

图 7-9　螺栓

STEP 绘制步骤

❶ 在命令行输入"DIMSTYLE"，按<Enter>键，系统打开"标注样式管理器"对话框，如图7-10所示。

图 7-10　"标注样式管理器"对话框

由于系统的标注样式有些不符合要求，因此根据图7-8中的标注样式，对角度、直径、半径标注样式进行设置。单击"新建"按钮，打开"创建新标注样式"对话框，如图7-11所示。在"用于"下拉列表框中选择"线性标注"选项，然后单击"继续"按钮，打开"新建标注样式"对话框，单击"文字"选项卡，设置文字高度为5，其他选项保持默认设置，单击"确定"按钮，返回"标注样式管理器"对话框。单击"置为当前"按钮，将设置的标注样式置为当前标注样式，再单击"关闭"按钮。

图 7-11　"创建新标注样式"对话框

❷ 打开状态栏中的"对象捕捉"按钮，再单击"默认"选项卡"注释"面板中的"线性"按钮┣┫，标注主视图高度。命令行提示与操作如下。

命令：_dimlinear
指定第一个尺寸界线原点或 <选择对象>：捕捉标注为"11"的边的一个端点，作为第一条尺寸界线的原点
指定第二条尺寸界线原点：捕捉标注为"11"的边的另一个端点，作为第二条尺寸界线的原点

指定尺寸线位置或[多行文字（M）/文字（T）/角度（A）/水平（H）/垂直（V）/旋转（R）]:T↙（系统在命令行显示尺寸的自动测量值，可以对尺寸值进行修改）
输入标注文字<11>：↙（采用尺寸的自动测量值"11"）
指定尺寸线位置或[多行文字（M）/文字（T）/角度（A）/水平（H）/垂直（V）/旋转（R）]：指定尺寸线的位置。拖曳鼠标，将出现动态的尺寸标注，在合适的位置单击，确定尺寸线的位置
标注文字 =11

❸ 单击"默认"选项卡"绘图"面板中的"线性"按钮┝┐，标注其他水平与竖直方向的尺寸，方法与上面相同，如图 7-8 所示。

7.2.2 | 对齐标注

执行方式

命令行：DIMALIGNED（快捷命令：DAL）。
菜单栏："标注"→"对齐"。
工具栏：单击"标注"工具栏中的"对齐"按钮╲。
功能区：单击"默认"选项卡"注释"面板中的"对齐"按钮╲或单击"注释"选项卡"标注"面板中的"已对齐"按钮╲。

操作步骤

命令行提示如下。

命令：DIMALIGNED ↙
指定第一个尺寸界线原点或 <选择对象>：

这种命令标注的尺寸线与所标注的轮廓线平行，标注起始点到终点之间的距离尺寸。

7.2.3 | 角度型尺寸标注

执行方式

命令行：DIMANGULAR（快捷命令：DAN）。
菜单栏："标注"→"角度"。
工具栏：单击"标注"工具栏中的"角度"按钮△。
功能区：单击"默认"选项卡"注释"面板中的"角度"按钮△或单击"注释"选项卡"标注"面板中的"角度"按钮△。

操作步骤

命令行提示与操作如下。

命令：DIMANGULAR ↙
选择圆弧、圆、直线或 <指定顶点>：

选项说明

（1）选择圆弧：标注圆弧的中心角。当用户选择一段圆弧后，命令行提示如下。

指定标注弧线位置或 ［多行文字（M）/文字（T）/角度（A）/象限点（Q）］：

在此提示下确定尺寸线的位置，AutoCAD 系统按自动测量得到的值标注出相应的角度。在此之前用户可以选择"多行文字""文字"或"角度"选项，通过多行文本编辑器或命令行来输入或定制尺寸文本，以及指定尺寸文本的倾斜角度。

（2）选择圆：标注圆上某段圆弧的中心角。当用户选择圆上的一点后，命令行提示如下。

指定角的第二个端点： 选择另一点，该点可在圆上，也可不在圆上
指定标注弧线位置或 ［多行文字（M）/文字（T）/角度（A）/象限点（Q）］：

在此提示下确定尺寸线的位置，AutoCAD 系统标注出一个角度值，该角度以圆心为顶点，两条尺寸界线通过所选择的两点，第二点可以不必在圆周上。用户还可以选择"多行文字""文字"或"角度"选项，编辑其尺寸文本或指定尺寸文本的倾斜角度，如图 7-12 所示。

图 7-12 标注角度

（3）选择直线：标注两条直线间的夹角。当用户选择一条直线后，命令行提示如下。

选择第二条直线：选择另一条直线
指定标注弧线位置或 ［多行文字（M）/文字（T）/角度（A）/象限点（Q）］：

在此提示下确定尺寸线的位置，系统自动标注出两条直线之间的夹角。该角以两条直线的交点为顶点，以两条直线为尺寸界线，所标注角度取决于尺寸线的位置，如图 7-13 所示。用户还可以选择"多行文字""文字"或"角度"选项，编辑其尺寸文本或指定尺寸文本的倾斜角度。

图7-13 标注两直线的夹角

（4）指定顶点：直接按<Enter>键。命令行提示如下。

> 指定角的顶点：指定顶点
> 指定角的第一个端点：输入角的第一个端点
> 指定角的第二个端点：输入角的第二个端点，创建无关联的标注
> 指定标注弧线位置或 ［多行文字（M）/文字（T）/角度（A）/象限点（Q）］：输入一点作为角的顶点

在此提示下给定尺寸线的位置，AutoCAD根据指定的3点标注出角度，如图7-14所示。另外，用户还可以选择"多行文字""文字"或"角度"选项，编辑其尺寸文本或指定尺寸文本的倾斜角度。

图7-14 指定3点确定的角度

（5）指定标注弧线位置：指定尺寸线的位置并确定绘制延伸线的方向。指定位置之后，DIMANGULAR命令将结束。

（6）多行文字（M）：显示在位文字编辑器，可用它来编辑标注文字。要添加前缀或后缀，请在生成的测量值前后输入前缀或后缀。用控制代码和Unicode字符串来输入特殊字符或符号。

（7）文字（T）：自定义标注文字，生成的标注测量值显示在尖括号"＜＞"中。命令行提示与操作如下。

> 输入标注文字 ＜当前＞：

输入标注文字，或按<Enter>键接受生成的测量值。要包括生成的测量值，请用尖括号"＜＞"表示。

（8）角度（A）：修改标注文字的角度。

（9）象限点（Q）：指定标注应锁定到的象限。打开象限行为后，将标注文字放置在角度标注外时，尺寸线会延伸超过延伸线。

注意 角度标注可以测量指定的象限点，该象限点是在直线或圆弧的端点、圆心或两个顶点之间对角度进行标注时形成的。创建角度标注时，可以测量4个可能的角度。通过指定象限点，使用户可以确保标注正确的角度。指定象限点后，放置角度标注时，用户可以将标注文字放置在标注的尺寸界线之外，尺寸线将自动延长。

7.2.4 | 直径标注

执行方式

命令行：DIMDIAMETER（快捷命令：DDI）。

菜单栏："标注"→"直径"。

工具栏：单击"标注"工具栏中的"直径"按钮◎。

功能区：单击"默认"选项卡"注释"面板中的"直径"按钮◎或单击"注释"选项卡"标注"面板中的"直径"按钮◎。

操作步骤

命令行提示如下。

> 命令：DIMDIAMETER ✓
> 选择圆弧或圆：选择要标注直径的圆或圆弧
> 指定尺寸线位置或 ［多行文字（M）/文字（T）/角度（A）］：确定尺寸线的位置或选择某一选项

用户可以选择"多行文字""文字"或"角度"选项来输入、编辑尺寸文本或确定尺寸文本的倾斜角度，也可以直接确定尺寸线的位置，标注出指定圆或圆弧的直径。

选项说明

（1）尺寸线位置：确定尺寸线的角度和标注文字的位置。如果未将标注放置在圆弧上而导致标注指向圆弧外，则AutoCAD会自动绘制圆弧延伸线。

（2）多行文字（M）：显示在位文字编辑器，可用它来编辑标注文字。要添加前缀或后缀，请在生成的测量值前后输入前缀或后缀。用控制代码和Unicode字符串来输入特殊字符或符号。

（3）文字（T）：自定义标注文字，生成的标注测量值显示在尖括号"＜＞"中。

（4）角度（A）：修改标注文字的角度。

半径标注与直径标注类似，这里不再赘述。

实例教学

扫一扫

下面以图7-15所示的卡槽标注尺寸为例，介绍一下直径标注命令的使用方法。

图7-15 卡槽

STEP 绘制步骤

❶ 利用学过的绘图命令与编辑命令绘制图形，结果如图7-16所示。

图7-16 绘制图形

❷ 单击"默认"选项卡"图层"面板中的"图层特性"按钮，系统打开"图层特性管理器"对话框。单击"新建图层"按钮，创建一个新图层"CHC"，颜色为绿色，线型为Continuous，线宽为默认值，并将其设置为当前图层，如图7-17所示。

图7-17 设置图层

❸ 由于系统的标注样式有些不符合要求，因此根据图7-15所示的标注样式，进行角度、直径、半径标注样式的设置。

命令：DIMSTYLE ✓

执行上述命令后，系统打开"标注样式管理器"对话框，如图7-18所示。单击"新建"按钮，

打开"创建新标注样式"对话框，如图7-19所示。在"用于"下拉列表框中选择"角度标注"选项，然后单击"继续"按钮，打开"新建标注样式"对话框。单击"文字"选项卡，进行如图7-20所示的设置，设置完成后，单击"确定"按钮，返回"标注样式管理器"对话框。方法同上，新建"半径"标注样式，如图7-21所示。新建"直径"标注样式，如图7-22所示。

图7-18 "标注样式管理器"对话框

图7-19 "创建新标注样式"对话框

图7-20 "角度"标注样式

图7-21 "半径"标注样式

图7-22 "直径"标注样式

❹ 标注线性尺寸。

（1）单击"默认"选项卡"注释"面板中的"线性"按钮┠┤，标注线性尺寸60和14。命令行提示如下。

```
命令：DIMLINEAR ✓
指定第一个尺寸界线原点或 < 选择对象 >：
_endp 于：捕捉标注为"60"的边的一个端点，作
为第一条尺寸界线的原点
指定第二条尺寸界线原点：
_endp 于：捕捉标注为"60"的边的另一个端点，
作为第二条尺寸界线的原点
指定尺寸线位置或[多行文字（M）/文字（T）/角
度（A）/水平（H）/垂直（V）/旋转（R）]：T✓（系
统在命令行显示尺寸的自动测量值，可以对尺寸值进
行修改）
输入标注文字 <60>： ✓（采用尺寸的自动测量值
"60"）
```

指定尺寸线位置或 [多行文字（M）/文字（T）/角度（A）/水平（H）/垂直（V）/旋转（R）]：指定尺寸线的位置，移动鼠标，将出现动态的尺寸标注，在合适的位置单击，确定尺寸线的位置

标注文字 =60

采用相同的方法，标注线性尺寸 14。

（2）选择菜单栏中的"标注"→"圆心标记"按钮⊕，添加圆心标记。命令行提示与操作如下。

```
命令：DIMCENTER ✓
```

选择圆弧或圆：选择 ϕ25 圆，添加该圆的圆心符号。

（3）单击"默认"选项卡"注释"面板中的"线性"按钮┠┤，标注线性尺寸75和22。命令行提示与操作如下。

```
命令：DIMLINEAR ✓
指定第一个尺寸界线原点或 < 选择对象 >：
_endp 于：捕捉标注为"75"长度的左端点，作为
第一条尺寸界线的原点
指定第二条尺寸界线原点：
_cen 于：捕捉圆的中心，作为第二条尺寸界线的
原点
指定尺寸线位置或[多行文字（M）/文字（T）/角
度（A）/水平（H）/垂直（V）/旋转（R）]：指定
尺寸线的位置
标注文字 =75
```

采用相同的方法，标注线性尺寸 22。

（4）单击"注释"选项卡"标注"面板中的"基线"按钮┠┤，标注线性尺寸100。命令行提示与操作如下。

```
命令：DIMBASELINE ✓
指定第二条尺寸界线原点或 [放弃（U）/选择（S）]
< 选择 >：（选择作为基准的尺寸标注）
选择基准标注：选择尺寸标注"75"为基准标注
指定第二条尺寸界线原点或 [放弃（U）/选择（S）]
< 选择 >：
_endp 于：捕捉标注为"100"底边的左端点
标注文字 =100
指定第二条尺寸界线原点或 [放弃（U）/选择（S）]
< 选择 >：✓。
选择基准标注：✓
```

（5）单击"注释"选项卡"标注"面板中的"对齐"按钮╲，标注线性尺寸36。命令行提示与操作如下。

```
命令：DIMALIGNED ✓
指定第一个尺寸界线原点或 < 选择对象 >：
_endp 于：捕捉标注为"36"的斜边的一个端点
```

指定第二条尺寸界线原点：
_endp 于：捕捉标注为"36"的斜边的另一个端点
指定尺寸线位置或 [多行文字（M）/文字（T）/角度（A）]：指定尺寸线的位置
标注文字 =36

采用相同的方法，标注对齐尺寸 15。

❺ 标注其他尺寸。

（1）利用"直径"标注命令，标注 ϕ25 圆。命令行提示与操作如下。

命令：DIMDIAMETER ✓
选择圆弧或圆：选择标注为"Φ25"的圆
标注文字 =25
指定尺寸线位置或 [多行文字（M）/文字（T）/角度（A）]：指定尺寸线位置

（2）单击"注释"选项卡"标注"面板中的"半径"按钮，标注 R13 圆弧。命令行提示与操作如下。

命令：DIMRADIUS ✓
选择圆弧或圆：选择标注为"R13"的圆弧
标注文字 =13
指定尺寸线位置或 [多行文字（M）/文字（T）/角度（A）]：指定尺寸线位置

（3）单击"注释"选项卡"标注"面板中的"角度"按钮，标注 45° 角。命令行提示与操作如下。

命令：DIMANGULAR ✓
选择圆弧、圆、直线或 <指定顶点>：选择标注为"45°"角的一条边
选择第二条直线：选择标注为"45°"角的另一条边
指定标注弧线位置或 [多行文字（M）/文字（T）/角度（A）/象限点（Q）]：指定标注弧线的位置
标注文字 =45

最终标注结果如图 7-15 所示。

7.2.5 基线标注

基线标注用于产生一系列基于同一尺寸界线的尺寸标注，适用于长度尺寸、角度和坐标标注。在使用基线标注方式之前，应该先标注出一个相关的尺寸作为基线标准。

执行方式

命令行：DIMBASELINE（快捷命令：DBA）。
菜单栏："标注"→"基线"。
工具栏：单击"标注"工具栏中的"基线"按钮。
功能区：单击"注释"选项卡"标注"面板中

的"基线"按钮。

操作步骤

命令行提示与操作如下。

命令：DIMBASELINE ✓
指定第二条尺寸界线原点或 [放弃（U）/选择（S）]<选择>：

选项说明

（1）指定第二条尺寸界线原点。直接确定另一个尺寸的第二条尺寸界线的起点，AutoCAD以上次标注的尺寸为基准标注，标注出相应尺寸。

（2）选择（S）。在上述提示下直接按<Enter>键，命令行提示如下。

选择基准标注：选择作为基准的尺寸标注

7.2.6 连续标注

连续标注又叫尺寸链标注，用于产生一系列连续的尺寸标注，后一个尺寸标注均把前一个标注的第二条尺寸界线作为它的第一条尺寸界线，适用于长度型尺寸、角度型和坐标标注。在使用连续标注方式之前，应该先标注出一个相关的尺寸。

执行方式

命令行：DIMCONTINUE（快捷命令：DCO）。
菜单栏："标注"→"连续"。
工具栏：单击"标注"工具栏中的"连续"按钮。
功能区：单击"注释"选项卡"标注"面板中的"连续"按钮。

操作步骤

命令行提示如下。

命令：DIMCONTINUE ✓
选择连续标注：
指定第二条尺寸界线原点或 [放弃（U）/选择（S）]<选择>：

此提示下的各选项与基线标注中完全相同，此处不再赘述。

> **注意** AutoCAD允许用户利用基线标注方式和连续标注方式进行角度标注，如图7-23所示。

图 7-23　连续型和基线型角度标注

　实例教学

　　下面以图7-24所示的轴承座尺寸标注为例，介绍一下连续标注命令的使用方法。

图 7-24　轴承座

STEP　**绘制步骤**

❶ 选择菜单栏中的"格式"→"文字样式"命令，设置文字样式，为后面尺寸标注输入文字做准备，如图 7-25 所示。

图 7-25　"文字样式"对话框

❷ 选择菜单栏中的"格式"→"标注样式"命令，

设置标注样式，如图 7-26 所示。

图 7-26　"标注样式管理器"对话框

❸ 单击"注释"选项卡"标注"面板中的"线性"按钮，标注轴承座的线性尺寸。其中在标注左视图尺寸ϕ60 时，命令行提示与操作如下。

命令：DIMLINEAR ✓
指定第一个尺寸界线原点或 <选择对象>：（打开对象捕捉功能，捕捉ϕ60 圆的上端点）
指定第二条尺寸界线原点：（捕捉ϕ60 圆的下端点）
指定尺寸线位置或 [多行文字（M）/文字（T）/角度（A）/水平（H）/垂直（V）/旋转（R）]:T ✓
输入标注文字 <60>：%%C60 ✓
指定尺寸线位置或 [多行文字（M）/文字（T）/角度（A）/水平（H）/垂直（V）/旋转（R）]：（拖曳鼠标，在适当位置单击，确定尺寸线位置）

　　用同样方法标注尺寸60、15（左视图中）和ϕ38，如图7-27所示。

图 7-27　标注左视图

❹ 单击"注释"选项卡"标注"面板中的"基线"按钮，标注轴承座主视图中的基线尺寸。命令行提示与操作如下。

命令：DIMBASELINE ✓
指定第二条尺寸界线原点或 [放弃（U）/选择（S）]
<选择>：✓
选择基准标注：（选择尺寸标注 30）
指定第二条尺寸界线原点或 [放弃（U）/选择（S）]
<选择>：✓

标注文字 =140
指定第二条尺寸界线原点或 ［放弃（U）/选择（S）］
＜选择＞：✓
选择基准标注：✓
结果如图7-28所示。

图 7-28 标注主视图 1

用同样方法，标注尺寸15（主视图下面一个尺寸15），如图7-29所示。

图 7-29 标注主视图 2

❺ 单击"注释"选项卡"标注"面板中的"连续"按钮 ，标注轴承座主视图中的连续尺寸。命

令行提示与操作如下。

命令：DIMCONTINUE ✓
指定第二条尺寸界线原点或 ［放弃（U）/选择（S）］
＜选择＞：✓
选择连续标注：（选择主视图尺寸 15）
指定第二条尺寸界线原点或 ［放弃（U）/选择（S）］
＜选择＞：（捕捉图 7-30 中的交点 1）
标注文字 =15
指定第二条尺寸界线原点或 ［放弃（U）/选择（S）］
＜选择＞：✓
选择连续标注：✓
结果如图7-30所示。

图 7-30 连续标注

用同样方法标注连续尺寸 27，以及标注俯视图。最终标注结果如图 7-24 所示。

其他标注方式与前面所讲述的标注方式类似，这里不再赘述。

7.3 引线标注

AutoCAD 提供了引线标注功能，利用该功能不仅可以标注特定的尺寸，如圆角、倒角等，还可以实现在图中添加多行旁注、说明。在引线标注中指引线可以是折线，也可以是曲线；指引线端部可以有箭头，也可以没有箭头。

7.3.1 利用 LEADER 命令进行引线标注

利用 LEADER 命令可以创建灵活多样的引线标注形式，可根据需要把指引线设置为折线或曲线，带箭头或不带箭头。注释文本可以是多行文本，也可以是形位公差；可以从图形其他部位复制，也可以是一个图块。

执行方式

命令行：LEADER（快捷命令：LEAD）。

操作步骤

命令行提示如下。

命令：LEADER ✓
指定引线起点：输入指引线的起始点
指定下一点：输入指引线的另一点
指定下一点或 ［注释（A）/格式（F）/放弃（U）］
＜注释＞：

选项说明

（1）指定下一点：直接输入一点，AutoCAD根据前面的点绘制出折线作为指引线。

（2）注释（A）：输入注释文本，为默认项。在此提示下直接按＜Enter＞键，命令行提示如下。

输入注释文字的第一行或 ＜选项＞：

1）输入注释文字。在此提示下输入第一行文字

后按<Enter>键，用户可继续输入第二行文字，如此反复执行，直到输入全部注释文字。然后在此提示下直接按<Enter>键，AutoCAD会在指引线终端标注出所输入的多行文本文字，并结束LEADER命令。

2）直接按<Enter>键。如果在上面的提示下直接按<Enter>键，命令行提示如下。

> 输入注释选项 [公差（T）/副本（C）/块（B）/无（N）/多行文字（M）] <多行文字>：

在此提示下选择一个注释选项或直接按<Enter>键默认选择"多行文字"选项，其他各选项的含义如下。

a）公差（T）：标注形位公差。形位公差的标注见7.4节。

b）副本（C）：把已利用LEADER命令创建的注释复制到当前指引线的末端。选择该选项，命令行提示如下。

> 选择要复制的对象：

在此提示下选择一个已创建的注释文本，则AutoCAD把它复制到当前指引线的末端。

c）块（B）：插入块，把已经定义好的图块插入指引线的末端。选择该选项，命令行提示如下。

> 输入块名或 [？]：

在此提示下输入一个已定义好的图块名，AutoCAD把该图块插入指引线的末端；或输入"？"列出当前已有图块，用户可从中选择。

d）无（N）：不进行注释，没有注释文本。

e）多行文字（M）：用多行文本编辑器标注注释文本，并定制文本格式，为默认选项。

（3）格式（F）：确定指引线的形式。选择该选项，命令行提示如下。

> 输入引线格式选项 [样条曲线（S）/直线（ST）/箭头（A）/无（N）] <退出>：

选择指引线形式，或直接按<Enter>键返回上一级提示。

1）样条曲线（S）：设置指引线为样条曲线。

2）直线（ST）：设置指引线为折线。

3）箭头（A）：在指引线的起始位置画箭头。

4）无（N）：在指引线的起始位置不画箭头。

5）退出：此项为默认选项，选择该选项退出"格式（F）"选项，返回"指定下一点或[注释（A）/格式（F）/放弃（U）]<注释>"提示，并且指引线形式按默认方式设置。

7.3.2 快速引线标注

利用QLEADER命令可快速生成指引线及注释，而且可以通过命令行优化对话框进行用户自定义，由此可以消除不必要的命令行提示，获得较高的工作效率。

执行方式

命令行：QLEADER（快捷命令：LE）。

操作步骤

命令行提示如下。

> 命令：QLEADER✓
> 指定第一个引线点或 [设置（S）] <设置>：

选项说明

（1）指定第一个引线点：在上面的提示下确定一点作为指引线的第一点，命令行提示如下。

> 指定下一点：输入指引线的第二点
> 指定下一点：输入指引线的第三点

AutoCAD提示用户输入点的数目由"引线设置"对话框（见图7-31）确定。输入完指引线的点后，命令行提示如下。

> 指定文字宽度 <0.0000>：输入多行文本文字的宽度
> 输入注释文字的第一行 <多行文字（M）>：

此时，有两种命令输入选择，含义如下。

1）输入注释文字的第一行：在命令行输入第一行文本文字，命令行提示如下。

> 输入注释文字的下一行：输入另一行文本文字
> 输入注释文字的下一行：输入另一行文本文字或按<Enter>键

2）多行文字（M）：打开多行文字编辑器，输入编辑多行文字。

输入全部注释文本后，在此提示下直接按<Enter>键，AutoCAD结束QLEADER命令，并把多行文本标注在指引线的末端附近。

（2）设置：在上面的提示下直接按<Enter>键或输入"S"，系统打开如图7-31所示"引线设置"对话框，允许对引线标注进行设置。该对话框包含"注释""引线和箭头""附着"3个选项卡，下面分别进行介绍。

1）"注释"选项卡（见图7-31）：用于设置引线标注中注释文本的类型、多行文本的格式并确定注释文本是否多次使用。

图 7-31　"引线设置"对话框

2）"引线和箭头"选项卡（见图7-32）：用于设置引线标注中指引线和箭头的形式。其中"点数"选项组用于设置执行QLEADER命令时，AutoCAD提示用户输入的点的数目。例如，设置点数为3，执行QLEADER命令时，当用户在提示下指定3个点后，系统自动提示用户输入注释文本。注意设置的点数要比用户希望的指引线段数多1，可利用微调框进行设置，如果勾选"无限制"复选框，则AutoCAD会一直提示用户输入点直到连续按两次<Enter>键为止。"角度约束"选项组设置第一段和第二段指引线的角度约束。

图 7-32　"引线和箭头"选项卡

3）"附着"选项卡（见图7-33）：用于设置注释文本和指引线的相对位置。如果最后一段指引线指向右边，AutoCAD自动把注释文本放在右侧；如果最后一段指引线指向左边，AutoCAD自动把注释文本放在左侧。利用本页左侧和右侧的单选钮分别设置位于左侧和右侧的注释文本与最后一段指引线的相对位置，二者可相同也可不相同。

图 7-33　"附着"选项卡

另外，还可以利用一个"多重引线"MLEADER命令，进行多重引线标注，具体方法读者自行练习体会。

　实例教学　扫一扫

下面以图7-34所示的齿轮轴套尺寸标注为例，介绍一下快速引线标注命令的使用方法。

图 7-34　齿轮轴套

STEP　绘制步骤

❶ 选择菜单栏中的"格式"→"文字样式"命令，设置文字样式，如图 7-35 所示。

图 7-35　"文字样式"对话框

❷ 选择菜单栏中的"格式"→"标注样式"命令，设置标注样式为机械图样，如图7-36所示。

图7-36 "标注样式管理器"对话框

❸ 单击"注释"选项卡"标注"面板中的"线性"按钮，标注齿轮主视图中的线性尺寸$\phi40$、$\phi51$、$\phi54$，如图7-37所示。

图7-37 标注线性尺寸

❹ 方法同前，标注齿轮轴套主视图中的线性尺寸"13"；然后利用"基线标注"命令，标注基线尺寸"35"。结果如图7-38所示。

图7-38 标注线性及基线尺寸

❺ 单击"注释"选项卡"标注"面板中的"半径"

按钮，标注齿轮轴套主视图中的半径尺寸。命令行提示与操作如下。

> 命令:Dimradius ✓
> 选择圆弧或圆：(选择齿轮轴套主视图中的圆角)
> 标注文字 =1
> 指定尺寸线位置或 [多行文字（M）/ 文字（T）/ 角度（A）]：(拖曳鼠标，确定尺寸线位置)

结果如图7-39所示。

图7-39 标注半径尺寸"R1"

❻ 在命令行中输入"Leader"，用引线标注齿轮轴套主视图上部的圆角半径。命令行提示与操作如下。

> 命令:Leader ✓（引线标注）
> 指定引线起点：_nea 到（捕捉离齿轮轴套主视图上部圆角最近一点）
> 指定下一点：(拖曳鼠标，在适当位置处单击)
> 指定下一点或 [注释（A）/格式（F）/放弃（U）]
> <注释>:<正交 开>(打开正交功能，向右拖曳鼠标，在适当位置处单击)
> 指定下一点或 [注释（A）/格式（F）/放弃（U）]
> <注释>:✓
> 输入注释文字的第一行或 <选项>:R1 ✓
> 输入注释文字的下一行：✓（结果如图7-40所示）
> 命令：✓（继续引线标注）
> 指定引线起点：_nea 到（捕捉离齿轮轴套主视图上部右端圆角最近一点）
> 指定下一点：(利用对象追踪功能，捕捉上一个引线标注的端点，拖曳鼠标，在适当位置处单击鼠标)
> 指定下一点或 [注释（A）/格式（F）/放弃（U）]
> <注释>:(捕捉上一个引线标注的端点)
> 指定下一点或 [注释（A）/格式（F）/放弃（U）]
> <注释>:✓
> 输入 QLEA 注释文字的第一行或 <选项>:✓
> 输入注释选项 [公差（T）/副本（C）/块（B）/无（N）/多行文字（M）] <多行文字>:N✓（无注释的引线标注）

结果如图7-41所示。

图 7-40 引线标注"*R*1"

图 7-41 引线标注

图 7-42 "引线设置"对话框

图 7-43 "附着"选项卡

❼ 在命令行中输入"Qleader",用引线标注齿轮轴套主视图的倒角。命令行提示与操作如下。

> 命令 : Qleader ✓
> 指定第一个引线点或 [设置 (S)] <设置>: ✓ (回车,弹出如图 7-42 所示的"引线设置"对话框,如图 7-42 和图 7-43 所示,分别设置其选项卡,设置完成后,单击"确定"按钮)
> 指定第一个引线点或 [设置 (S)] <设置>: (捕捉齿轮轴套主视图中上端倒角的端点)
> 指定下一点 : (拖曳鼠标,在适当位置处单击)
> 指定下一点 : (拖曳鼠标,在适当位置处单击)
> 指定文字宽度 <0>: ✓
> 输入注释文字的第一行 <多行文字 (M)>: 1x45%%d ✓
> 输入注释文字的下一行 : ✓
> 结果如图 7-44 所示。

❽ 单击"注释"选项卡"标注"面板中的"线性"按钮，标注齿轮轴套局部视图中的尺寸。命令行提示与操作如下。

图 7-44 引线标注倒角尺寸

> 命令 : DIMLINEAR ✓
> 指定第一个尺寸界线原点或 <选择对象>:
> 指定第二条尺寸界线原点 :
> 命令 : Dimlinear ✓ (标注线性尺寸"6")
> 指定第一个尺寸界线原点或 <选择对象>: ✓
> 选择标注对象 : (选择标注对象 – 选择齿轮轴套局部视图上端水平线)

指定尺寸线位置或 [多行文字 (M) /文字 (T) /角度 (A) /水平 (H) /垂直 (V) /旋转 (R)]:T✓
输入标注文字 <6>: 6{\H0.7x;\S+0.025^0;}✓ (其中"H0.7x"表示公差字高比例系数为0.7，需要注意的是："x"为小写)
指定尺寸线位置或 [多行文字 (M) /文字 (T) /角度 (A) /水平 (H) /垂直 (V) /旋转 (R)]:(拖曳鼠标，在适当位置处单击，结果如图7-45所示)
标注文字 =6

图 7-45　标注尺寸偏差

方法同前，标注线性尺寸30.6，上偏差为"+0.14"，下偏差为"0"。

方法同前，单击"注释"选项卡"标注"面板中的"直径"按钮◎，标注直径尺寸 $\phi28$，输入标注文字为"%%C28{\H0.7x; \S+0.21^ 0; }"，结果如图7-46所示。

图 7-46　局部视图中的尺寸

❾ 单击"注释"选项卡"标注"面板中的"对话框启动器"按钮 ⬂，修改齿轮轴套主视图中的线性尺寸，为其添加尺寸偏差。命令行提示与操作如下。

命令:DDIM✓ (修改标注样式命令。也可以使用设置标注样式命令DIMSTYLE，或选择"标注"→"样式"，用于修改线性尺寸"13"及"35")
在弹出的"标注样式管理器"样式列表中选择"机

械图样"样式，单击"替代"按钮，如图7-47所示。

图 7-47　替代"机械图样"标注样式

系统弹出"替代当前样式"对话框，单击"主单位"选项卡，如图7-48所示。将"线性标注"选项区中的"精度"值设置为"0.00"，单击"公差"选项卡，如图7-49所示。在"公差格式"选项区中，将"方式"设置为"极限偏差"，设置"上偏差"为"0"，下偏差为"0.24"，"高度比例"为"0.7"，设置完成后单击"确定"按钮。命令行提示与操作如下。

命令: -dimstyle✓ (或单击标注"工具栏中的"标注更新"按钮 ⊡)
当前标注样式:ISO-25
输入标注样式选项 [保存 (S) /恢复 (R) /状态 (ST) /变量 (V) /应用 (A) /?] <恢复>: A✓
选择对象:(选择线性尺寸"13"，即可为该尺寸添加尺寸偏差)。

图 7-48　"主单位"选项卡

图 7-49 "公差"选项卡

方法同前，继续设置替代样式。设置"公差"选项卡中的"上偏差"为"-0.08"，下偏差为"0.25"。单击"注释"选项卡"标注"面板中的"快速标注"按钮，选择线性尺寸"35"，即可为该尺寸添加尺寸偏差，结果如图 7-50 所示。

图 7-50 修改线性尺寸"13"及"35"

❿ 在命令行中输入"Explode"分解尺寸标注，双击分解后的标注文字，修改齿轮轴套主视图中的线性尺寸"$\phi54$"，为其添加尺寸偏差。命令行提示与操作如下。

```
命令：Explode↙
选择对象：（选择尺寸"φ54"，回车）
命令：Mtedit↙（编辑多行文字命令）
选择多行文字对象：（选择分解的"Φ54"尺寸，在弹出的"多行文字编辑器"中，将标注的文字修改为"%%C54 0^-0.20 "，选择"0^-0.20"，单击"堆叠"按钮，此时，标注变为尺寸偏差的形式，单击"确定"按钮）
```

结果如图 7-51 所示。

图 7-51 修改线性尺寸"$\phi54$"

7.4 形位公差

为方便机械设计工作，AutoCAD 提供了标注形位公差的功能。形位公差的标注形式如图 7-52 所示，包括指引线、特征符号、公差值和其附加符号以及基准代号。

图 7-52 形位公差标注

菜单栏："标注"→"公差"。

工具栏：单击"标注"工具栏中的"公差"按钮 。

功能区：单击"注释"选项卡"标注"面板中的"公差"按钮 。

执行上述操作后，系统打开如图 7-53 所示的"形位公差"对话框，可在其中对形位公差标注进行设置。

执行方式

命令行：TOLERANCE（快捷命令：TOL）。

图 7-53　"形位公差"对话框

选项说明

（1）符号：用于设定或改变公差代号。单击下面的黑块，系统打开如图 7-54 所示的"特征符号"列表框，可从中选择需要的公差代号。

图 7-54　"特征符号"列表框

（2）公差 1/2：用于产生第一/二个公差的公差值及"附加符号"符号。白色文本框左侧的黑块控制是否在公差值之前加一个直径符号，单击它，则出现一个直径符号，再单击则又消失。白色文本框用于确定公差值，在其中输入一个具体数值。右侧黑块用于插入"包容条件"符号，单击它，系统打开如图 7-55 所示的"附加符号"列表框，用户可从中选择所需符号。

图 7-55　"附加符号"列表框

（3）基准 1/2/3：用于确定第一/二/三个基准代号及材料状态符号。在白色文本框中输入一个基准代号，单击其右侧的黑块，系统打开"包容条件"列表框，可从中选择适当的"包容条件"符号。

（4）"高度"文本框：用于确定标注复合形位公差的高度。

（5）延伸公差带：单击此黑块，在复合公差带后面加一个复合公差符号，如图 7-56（d）所示。其他形位公差标注如图 7-56 所示。

（6）"基准标识符"文本框：用于产生一个标识符号，用一个字母表示。

（a）　　　　　（b）

（c）　　　　　（d）

（e）

图 7-56　形位公差标注举例

> **注意** 在"形位公差"对话框中有两行可以同时对形位公差进行设置，实现复合形位公差的标注。如果两行中输入的公差代号相同，则得到如图 7-56（e）所示的形式。

实例教学

下面以图 7-57 所示的轴尺寸标注为例，介绍一下形位公差标注命令的使用方法。

图 7-57　轴尺寸

STEP 绘制步骤

❶ 单击"默认"选项卡"图层"面板中的"图层特性"按钮，打开"图层特性管理器"对话框，单击"新建图层"按钮，设置如图 7-58 所示的图层。

图 7-58 设置图层

❷ 利用学过的绘图命令与编辑命令绘制图形，结果如图 7-59 所示。

图 7-59 绘制图形

❸ 在系统默认的 ISO-25 标注样式中，设置箭头大小为"3"，文字高度为"4"，文字对齐方式为"与尺寸线对齐"，如图 7-60 所示，主单位的精度为"0.0"。

图 7-60 设置尺寸标注样式

❹ 如图 7-61 所示，图中包括 3 个线性尺寸、两个角度尺寸和两个直径尺寸，而实际上这两个直径尺寸也是按线性尺寸的标注方法进行标注的，按下状态栏中的"对象捕捉"按钮 。

（1）标注线性尺寸 4，命令行提示与操作如下。

> 命令：DIMLINEAR ✓
> 指定第一个尺寸界线原点或 <选择对象>：捕捉第一条尺寸界线原点

> 指定第二条尺寸界线原点： 捕捉第二条尺寸界线原点
> 指定尺寸线位置或 [多行文字（M）/文字（T）/角度（A）/水平（H）/垂直（V）/旋转（R）]：指定尺寸线位置
> 标注文字 =4

采用相同的方法，标注线性尺寸 32.5、50、ϕ34、ϕ24.5，结果如图 7-61 所示。

图 7-61 标注线性尺寸

（2）标注角度尺寸 60，命令行提示与操作如下。

> 命令：DIMANGULAR ✓
> 选择圆弧、圆、直线或 <指定顶点>：选择要标注的轮廓线
> 选择第二条直线：选择第二条轮廓线
> 指定标注弧线位置或 [多行文字（M）/文字（T）/角度（A）]：指定尺寸线位置
> 标注文字 =60

采用相同的方法，标注另一个角度尺寸 60º，结果如图 7-62 所示。

图 7-62 标注基本尺寸

❺ 图中包括 5 个对称公差尺寸和 6 个极限偏差尺寸。选择菜单栏中的"标注"→"标注样式"命令，打开"标注样式管理器"对话框。单击对话框中的"替代"按钮，打开"替代当前样式"对话框，单击"公差"选项卡，按每一个尺寸公差的不同进行替代设置，如图 7-63 所示。替代设置后，进行尺寸标注，命令行提示与操作如下。

命令：DIMLINEAR ✓
指定第一个尺寸界线原点或 ＜选择对象＞：捕捉第
一条尺寸界线原点
指定第二个尺寸界线原点：捕捉第二条尺寸界线原点
创建了无关联的标注
指定尺寸线位置或 [多行文字（M）/ 文字（T）/ 角
度（A）/ 水平（H）/ 垂直（V）/ 旋转（R）]:M✓
（并在打开的多行文本编辑器的编辑栏尖括号前加
"%%C"，标注直径符号）
指定尺寸线位置或 [多行文字（M）/ 文字（T）/ 角
度（A）/ 水平（H）/ 垂直（V）/ 旋转（R）]：✓
标注文字 =50

对公差按尺寸要求进行替代设置。

图 7-63 "公差"选项卡

采用相同的方法，对标注样式进行替代设置，
然后标注线性公差尺寸 35、3、31.5、56.5、
96、18、3、1.7、16.5、ϕ37.5，结果如图 7-64
所示。

图 7-64 标注尺寸公差

❻ 选择菜单栏中的"标注"→"公差"命令 ⊞，
打开"形位公差"对话框，进行如图 7-65 所示

的设置，确定后在图形上指定放置位置。标注
引线，命令行提示与操作如下。

命令：LEADER ✓
指定引线起点：指定起点
指定下一点：指定下一点
指定下一点或 [注释（A）/ 格式（F）/ 放弃（U）]
＜注释＞：✓
输入注释文字的第一行或 ＜选项＞：✓
输入注释选项 [公差（T）/ 副本（C）/ 块（B）/ 无
（N）/ 多行文字（M）] ＜多行文字＞：N✓（引线指
向形位公差符号，故无注释文本）

图 7-65 "形位公差"对话框

采用相同的方法，标注另一个形位公差，结果
如图 7-66 所示。

图 7-66 标注形位公差

❼ 形位公差的基准可以通过引线标注命令和绘图命
令以及单行文字命令绘制，此处不再赘述。最
后标注的结果如图 7-57 所示。

❽ 在命令行中输入"QSAVE"，或选择菜单栏中
的"文件"→"保存"命令，或单击"快速访问"
工具栏中的"保存"按钮 ⊟，保存标注的图形
文件。

7.5 综合演练——标注阀盖尺寸

标注如图7-67所示的阀盖尺寸。

图 7-67 阀盖

STEP 绘制步骤

❶ 选择"格式"→"文字样式"菜单命令，设置文字样式，如图7-68所示。

图 7-68 "文字样式"对话框

❷ 选择"格式"→"标注样式"菜单命令，设置标注样式。在弹出的"标注样式管理器"对话框中，单击"新建"按钮，创建新的标注样式并命名为"机械设计"，用于标注图样中的尺寸。

（1）单击"继续"按钮，对弹出的"新建标注样式：机械设计"对话框中的各个选项卡进行设置，如图7-69和图7-70所示。设置完成后，单击"确定"按钮，返回"标注样式管理器"对话框。

图 7-69 "符号和箭头"选项卡

图 7-70 "文字"选项卡

（2）选择"机械设计"选项，单击"新建"按钮，分别设置直径、半径及角度标注样式。其中，在直径及半径标注样式的"调整"选项卡中勾选"手动放置文字"复选框，如图 7-71 所示；在角度标注样式的"文字"选项卡的"文字对齐"选项组中选中"水平"单选按钮，如图 7-72 所示。其他选项卡的设置均保持默认。

图 7-71 直径及半径标注样式的"调整"选项卡

（3）在"标注样式管理器"对话框中，选择"机械图样"标注样式，单击"置为当前"按钮，将其设置为当前标注样式。

❸ 标注阀盖主视图中的线性尺寸。

（1）利用"线性"标注命令从左至右，依次标注阀盖主视图中的竖直线性尺寸 M36×2、ϕ28.5、ϕ20、ϕ32、ϕ35、ϕ41、ϕ50 及

ϕ53。在标注尺寸 ϕ35 时，需要输入标注文字"%%C35H11（{\H0.7x; \S+ 0.160^0; }）"；在标注尺寸 ϕ50 时，需要输入标注文字"%%C50H11（{\H0.7x; \S0^-0.160; }）"。结果如图 7-73 所示。

图 7-72 角度标注样式的"文字"选项卡

图 7-73 标注主视图竖直线性尺寸

（2）利用"线性"标注命令标注阀盖主视图上部的线性尺寸 44；利用"连续"标注命令标注连续尺寸 4。利用"线性"标注命令，标注阀盖主视图中部的线性尺寸 7 和阀盖主视图下部左边的线性尺寸 5；利用"基线"标注命令，标注基线尺寸 15。利用"线性"标注命令，标注阀盖主视图下部右边的线性尺寸 5；利用"基线"标注命令，标注基线尺寸 6；利用"连续"标注命令，标注连续尺寸 12。结果如图 7-74 所示。

图 7-74   标注主视图水平线性尺寸

图 7-75   标注尺寸偏差

❹ 利用"标注样式"命令，打开"标注样式管理器"
对话框，在"样式"列表框中选择"机械设计"
选项，单击"替代"按钮，系统弹出"替代当前
样式"对话框。切换到"主单位"选项卡，将"线
性标注"选项组中的"精度"值设置为 0.00；
切换到"公差"选项卡，在"公差格式"选项组中，
将"方式"设置为"极限偏差"，设置"上偏差"
为 0，"下偏差"为 0.39，"高度比例"为 0.7，
设置完成后单击"确定"按钮。

执行"标注更新"命令，选择主视图上线性尺
寸 44，即可为该尺寸添加尺寸偏差。

按同样的方式分别为主视图中的线性尺寸 4、7
及 5 注写尺寸偏差。结果如图 7-75 所示。

❺ 标注阀盖主视图中的倒角及圆角半径。

（1）利用"快速引线"标注命令，标注主视图
中的倒角尺寸"C3"。

（2）利用"半径"标注命令，标注主视图中的
半径尺寸"R5"。

结果如图 7-76 所示。

❻ 标注阀盖左视图中的尺寸。

（1）利用"线性"标注命令，标注阀盖左视图
中的线性尺寸 75。

利用"直径"标注命令，标注阀盖左视图中的
直径尺寸 φ70 及 4×φ14。在标注尺寸"4×φ14"
时，需要输入标注文字"4×<>"。

图 7-76   标注倒角及圆角半径

（2）利用"半径"标注命令，标注左视图中的
半径尺寸"R12.5"。

（3）利用"角度"标注命令，标注左视图中的
角度尺寸"45°"。

（4）选择"格式"→"文字样式"命令，创建
新文字样式"HZ"，用于书写汉字。该标注样
式的"字体名"为"仿宋_GB2312"，"宽度
比例"为 0.7。

（5）在命令行中输入 TEXT，设置文字样式为
"HZ"，在尺寸"4×φ14"的引线下部输入文

字"通孔"。结果如图 7-77 所示。

图 7-77　标注左视图中的尺寸

❼ 标注阀盖主视图中的形位公差。

> 命令：QLEADER ↙（利用"快速引线"命令，标注形位公差）
> 指定第一个引线点或 ［设置（S）］＜设置＞：↙（按 Enter 键，在弹出的"引线设置"对话框中，设置各个选项卡，如图 7-78 和图 7-79 所示。设置完成后，单击"确定"按钮）
> 指定第一个引线点或 ［设置（S）］＜设置＞：（捕捉阀盖主视图尺寸 44 右端延伸线上的最近点）
> 指定下一点：（向左移动鼠标，在适当位置处单击，弹出"形位公差"对话框，对其进行设置，如图 7-80 所示。单击"确定"按钮）

❽ 利用相关绘图命令绘制基准符号，结果如图 7-81 所示。

❾ 利用图块相关命令绘制粗糙度图块，然后插入图形相应位置。

图 7-78　"注释"选项卡

图 7-79　"引线和箭头"选项卡

图 7-80　"形位公差"对话框

图 7-81　绘制基准符号

7.6 上机实验

【实验1】标注挂轮架尺寸

1. 目的要求

如图7-82所示，本例有线性、连续、直径、半径、角度5种尺寸需要标注，由于具体尺寸的要求不同，需要重新设置和转换尺寸标注样式。通过本例，要求读者掌握各种标注尺寸的基本方法。

图7-82 挂轮架

2. 操作提示

（1）利用"格式"→"文字样式"命令设置文字样式和标注样式，为后面的尺寸标注输入文字做准备。

（2）利用"标注"→"线性"命令标注图形中线性尺寸。

（3）利用"标注"→"连续"命令标注图形中连续尺寸。

（4）利用"标注"→"直径"命令标注图形中直径尺寸，其中需要重新设置标注样式。

（5）利用"标注"→"半径"命令标注图形中半径尺寸，其中需要重新设置标注样式。

（6）利用"标注"→"角度"命令标注图形中角度尺寸，其中需要重新设置标注样式。

【实验2】标注轴尺寸

1. 目的要求

如图7-83所示，本例有线性、连续、直径、引线4种尺寸需要标注，由于具体尺寸的要求不同，需要重新设置和转换尺寸标注样式。通过本例，要求读者掌握各种标注尺寸的基本方法。

图7-83 轴

2. 操作提示

（1）设置各种标注样式。

（2）标注各种尺寸。

第8章

图块及其属性

在设计绘图过程中经常会遇到一些重复出现的图形（例如机械设计中的螺钉、螺母，建筑设计中的桌椅、门窗等），如果每次都重新绘制这些图形，不仅会造成大量的重复工作，而且存储这些图形及其信息要占据相当大的磁盘空间。AutoCAD 提供了图块来解决这些问题。

本章主要介绍图块及其属性等知识。

重点与难点

- ➡ 图块操作
- ➡ 图块属性

8.1 图块操作

图块也称块，它是由一组图形对象组成的集合。一组对象一旦被定义为图块，它们将成为一个整体，选中图块中任意一个图形对象即可选中构成图块的所有对象。AutoCAD把一个图块作为一个对象进行编辑修改等操作，用户可根据绘图需要把图块插入图中指定的位置，在插入时还可以指定不同的缩放比例和旋转角度。如果需要对组成图块的单个图形对象进行修改，还可以利用"分解"命令把图块炸开，分解成若干个对象。图块还可以重新定义，一旦被重新定义，整个图中基于该块的对象都将随之改变。

8.1.1 定义图块

执行方式

命令行：BLOCK（快捷命令：B）。

菜单栏："绘图"→"块"→"创建"。

工具栏：单击"绘图"工具栏中的"创建块"按钮 ◻ 。

功能区：单击"默认"选项卡"块"面板中的"创建"按钮 ◻ ，或单击"插入"选项卡"块定义"面板中的"创建块"按钮 ◻ 。

执行上述操作后，系统打开如图8-1所示的"块定义"对话框，利用该对话框可定义图块并为之命名。

图8-1　"块定义"对话框

选项说明

（1）"基点"选项组：确定图块的基点，默认值是（0，0，0），也可以在下面的X、Y、Z文本框中输入块的基点坐标值。单击"拾取点"按钮 ◻ ，系统临时切换到绘图区，在绘图区选择一点后，返回"块定义"对话框中，把选择的点作为图块的放置基点。

（2）"对象"选项组：用于选择制作图块的对象，以及设置图块对象的相关属性。如图8-2所示，把图8-2（a）中的正五边形定义为图块，图8-2（b）

为点选"删除"单选钮的结果，图8-2（c）为点选"保留"单选钮的结果。

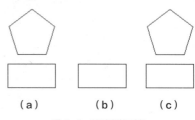

（a）　　　　（b）　　　　（c）

图8-2　设置图块对象

（3）"设置"选项组：指定从AutoCAD设计中心拖曳图块时用于测量图块的单位，以及缩放、分解和超链接等设置。

（4）"在块编辑器中打开"复选框：勾选此复选框，可以在块编辑器中定义动态块，后面将详细介绍。

（5）"方式"选项组：指定块的行为。"注释性"复选框，指定在图纸空间中块参照的方向与布局方向匹配；"按统一比例缩放"复选框，指定是否阻止块参照不按统一比例缩放；"允许分解"复选框，指定块参照是否可以被分解。

8.1.2 图块的存盘

利用BLOCK命令定义的图块保存在其所属的图形当中，该图块只能在该图形中插入，而不能插入其他的图形中。但是有些图块在许多图形中要经常用到，这时可以用WBLOCK命令把图块以图形文件的形式（后缀为.dwg）写入磁盘。图形文件可以在任意图形中用INSERT命令插入。

执行方式

命令行：WBLOCK（快捷命令：W）。

功能区：单击"插入"选项卡"块定义"面板中的"写块"按钮 ◻ 。

执行上述命令后，系统打开"写块"对话框，如图8-3所示。利用此对话框可把图形对象保存为图形文件或把图块转换成图形文件。

图8-3 "写块"对话框1

选项说明

（1）"源"选项组：确定要保存为图形文件的图块或图形对象。点选"块"单选钮，单击右侧的下拉列表框，在其展开的列表中选择一个图块，将其保存为图形文件；点选"整个图形"单选钮，则把当前的整个图形保存为图形文件；点选"对象"单选钮，则把不属于图块的图形对象保存为图形文件。对象的选择通过"对象"选项组来完成。

（2）"目标"选项组：用于指定图形文件的名称、保存路径和插入单位。

 实例教学

下面以图8-4所示的图形定义为图块为例，介绍一下定义图块命令的使用方法。

扫一扫

图8-4 定义图块

STEP 绘制步骤

❶ 选择菜单栏中的"绘图"→"块"→"创建"命令，或单击"插入"选项卡"块"面板中的"创建块"按钮，打开"块定义"对话框，如图8-5所示。

❷ 在"名称"下拉列表框中输入"HU3"。

❸ 单击"拾取点"按钮，切换到绘图区，选择圆心为插入基点，返回"块定义"对话框。

❹ 单击"选择对象"按钮，切换到绘图区，选择对象后，按 <Enter> 键返回"块定义"对话框。

图8-5 "块定义"对话框

❺ 单击"确定"按钮，关闭对话框。

❻ 在命令行输入"WBLOCK"，按 <Enter> 键，系统打开"写块"对话框，如图8-6所示。在"源"选项组中点选"块"单选钮，在右侧的下拉列表框中选择"HU3"块，单击"确定"按钮，即把图形定义为"HU3"图块。

图8-6 "写块"对话框2

8.1.3 | 图块的插入

在AutoCAD绘图过程中，可根据需要随时把已经定义好的图块或图形文件插入当前图形的任意位置，在插入的同时还可以改变图块的大小、旋转一定角度或把图块炸开等。插入图块的方法有多种，本节将逐一进行介绍。

执行方式

命令行：INSERT（快捷命令：I）。

菜单栏："插入"→"块"。

工具栏：单击"插入"工具栏中的"插入块"按钮🔲或"绘图"工具栏中的"插入块"按钮🔲。

功能区：单击"默认"选项卡"块"面板中的"插入"按钮🔲或单击"插入"选项卡"块"面板中的"插入"按钮🔲。

执行上述操作后，系统打开"插入"对话框，如图8-7所示。在其中可以指定要插入的图块及插入位置。

图 8-7　"插入"对话框

选项说明

（1）"路径"显示框：显示图块的保存路径。

（2）"插入点"选项组：指定插入点，插入图块时该点与图块的基点重合。可以在绘图区指定该点，也可以在下面的文本框中输入坐标值。

（3）"比例"选项组：确定插入图块时的缩放比例。图块被插入当前图形中时，可以以任意比例放大或缩小。如图8-8所示，图8-8（a）是被插入的图块；图8-8（b）为按比例系数1.5插入该图块的结果；图8-8（c）为按比例系数0.5插入的结果，X轴方向和Y轴方向的比例系数也可以取不同；如图8-8（d）所示，插入的图块X轴方向的比例系数为1，Y轴方向的比例系数为1.5。另外，比例系数还可以是一个负数，当为负数时表示插入图块的镜像，其效果如图8-9所示。

（a）	（b）	（c）	（d）

图 8-8　取不同比例系数插入图块的效果

（a）X比例=1，Y比例=1　　（b）X比例=-1，Y比例=1

（c）X比例=1，Y比例=-1　　（d）X比例=-1，Y比例=-1

图 8-9　取比例系数为负值插入图块的效果

（4）"旋转"选项组：指定插入图块时的旋转角度。图块被插入当前图形中时，可以绕其基点旋转一定的角度，角度可以是正数（表示沿逆时针方向旋转），也可以是负数（表示沿顺时针方向旋转）。如图8-10（a）所示，图8-10（b）为图块旋转30°后插入的效果，图8-10（c）为图块旋转-30°后插入的效果。

（a）	（b）	（c）

图 8-10　以不同旋转角度插入图块的效果

如果勾选"在屏幕上指定"复选框，系统切换到绘图区，在绘图区选择一点，AutoCAD自动测量插入点与该点连线和X轴正方向之间的夹角，并把它作为块的旋转角。也可以在"角度"文本框中直接输入插入图块时的旋转角度。

（5）"分解"复选框：勾选此复选框，则在插入块的同时把其炸开，插入图形中的组成块对象不再是一个整体，可对每个对象单独进行编辑操作。

实例教学

下面以图8-11所示的田间小屋花朵为例，介绍一下插入图块命令的使用方法。

扫一扫

图 8-13　修改颜色

图 8-11　田间小屋

图8-11所示的花园，是由各式各样的花组成的。因此，可以将第6章绘制的花朵图案，定义为一个块，然后对该定义的块进行块的插入操作，就可以绘制出一个花园的图案，再将这个花园的图案定义为一个块，并将其插入源文件"田间小屋"的图案中，即可形成一幅温馨的画面。

STEP 绘制步骤

❶ 打开随书配套资源"源文件/第6章/花朵"图形文件。依次进行复制，结果如图8-12所示。

图 8-12　复制花朵

命令：DDMODIFY ✓（将三朵花分别修改为不同的颜色）
系统打开特性选项板，选择第二朵花的花瓣，在特性选项板中将其颜色改为洋红，如图8-13所示。用同样的方法改变另两朵花的颜色，如图8-14所示。

命令：B✓（创建块命令BLOCK的缩写名。方法同前，将所得到的三朵不同颜色的花，分别定义为块"flower1""flower2""flower3"）

图 8-14　修改结果

❷ 分别将块"flower1""flower2""flower3"插入当前的图形中，形成一个花园的图案，并将其定义为块"garden"。

命令：DDINSERT ✓

❸ 方法同前，依次将块"flower1""flower2""flower3"以不同比例，不同角度插入，则形成了一个花园的图案，如图 8-15 所示。

图 8-15　花园

命令：WBLOCK ✓（块存盘命令，将当前图形中的块或图形存为图形文件，可以被其他图形文件引用。）
回车后，弹出"写块"对话框，如图8-16所示。在"源"选项中勾选"整个图形"复选框，则将整个图形转换为块，在"目标"选项中的"文件名输入框"中输入块的名称"garden"，在"位置输入框"中输入块存盘的位置，单击"确定"按钮，则形成了一个文件"garden.dwg"。

图 8-16　"写块"对话框 1

❹ 将块"garden"插入"田间小屋"的图形中，命令行提示与操作如下。

命令：OPEN ✓（打开源文件绘制的"田间小屋"图形文件如图 8-17 所示）

命令：I ✓ （块插入命令 DDINSERT 的缩写名。）

图 8-17　打开"田间小屋"图形

系统打开"插入"对话框，单击"名称"选项后的"浏览"按钮，则打开"选择文件"对话框，从中选择文件"garden.dwg"，设置后的"插入"对话框如图 8-18 所示。对定义的块"garden"进行插入操作，形成图 8-11 所示的图形。

图 8-18　"插入"对话框

❺ 单击"快速访问"工具栏中的"保存"按钮 🖫，保存文件。命令行提示与操作如下。

命令：SAVEAS ✓（将所形成的图形以"home"为文件名保存在指定的路径中）

8.1.4 | 动态块

　　动态块具有灵活性和智能性的特点。用户在操作时可以轻松地更改图形中的动态块参照，通过自定义夹点或自定义特性来操作动态块参照中的几何图形，使用户可以根据需要在位调整块，而不用搜索另一个块以插入或重定义现有的块。

　　如果在图形中插入一个门块参照，编辑图形时可能需要更改门的大小。如果该块是动态的，并且定义为可调整大小，那么只需拖曳自定义夹点或在"特性"选项板中指定不同的大小就可以修改门的大小。用户可能还需要修改门的打开角度，如图 8-19 所示。该门块还可能会包含对齐夹点，使用对齐夹点可以轻松地将门块参照与图形中的其他几何图形对齐，如图 8-20 所示。

图 8-19　改变大小角度

图 8-20　对齐

　　可以使用块编辑器创建动态块。块编辑器是一个专门的编写区域，用于添加能够使块成为动态块的元素。用户可以创建新的块，也可以向现有的块定义中添加动态行为，还可以像在绘图区中一样创建几何图形。

执行方式

命令行：BEDIT（快捷命令：BE）。

菜单栏："工具"→"块编辑器"。

工具栏：单击"标准"工具栏中的"块编辑器"按钮 🖵。

功能区：单击"插入"选项卡"块定义"面板

中的"块编辑"按钮。

快捷菜单：选择一个块参照，在绘图区右击，选择快捷菜单中的"块编辑器"命令。

执行上述操作后，系统打开"编辑块定义"对话框，如图8-21所示。在"要创建或编辑的块"文本框中输入图块名或在列表框中选择已定义的块或当前图形。确认后，系统打开块编写选项板和"块编辑器"工具栏，如图8-22所示。用户可以利用"块编辑器"工具栏对动态块进行编辑。

图 8-21 "编辑块定义"对话框

图 8-22 块编辑状态绘图平面

扫一扫

实例教学

下面以标注图8-23所示图形中的粗糙度符号为例，介绍一下动态块功能标注命令的使用方法。

图 8-23 标注粗糙度符号

绘制步骤

❶ 单击"默认"选项卡"绘图"面板中的"直线"按钮 ╱，绘制如图 8-24 所示的图形。

图 8-27 动态旋转

❷ 利用 WBLOCK 命令打开"写块"对话框，拾取上面图形下尖点为基点，以上面图形为对象，输入图块名称并指定路径，确认退出，如图 8-25 所示。

❹ 利用 BEDIT 命令。打开"编辑块定义"对话框，如图 8-28 所示。选择刚才保存的块，打开块编辑界面和块编写选项板，如图 8-29 所示。在块编写选项板的"参数"选项卡中选择"旋转参数"项，命令行提示与操作如下。

❸ 利用 INSERT 命令，打开"插入"对话框，如图 8-26 所示。设置插入点和比例并在屏幕上指定，旋转角度为固定的任意值，单击"浏览"按钮找到刚才保存的图块，将该图块插入图 8-23 所示的图形中，结果如图 8-27 所示。

命令：_BParameter 旋转
指定基点或 [名称（N）/标签（L）/链（C）/说明（D）/选项板（P）/值集（V）]：（指定粗糙度图块下角点为基点）
指定参数半径：（指定适当半径）
指定默认旋转角度或 [基准角度（B）] <0>：（指定适当角度）
指定标签位置：（指定适当位置）

在块编写选项板的"动作"选项卡选择"旋转动作"项，命令行提示与操作如下：

命令：_BActionTool 旋转
选择参数：（选择刚设置的旋转参数）
指定动作的选择集
选择对象：（选择粗糙度图块）

图 8-25 "写块"对话框

图 8-28 "编辑块定义"对话框

❺ 关闭块编辑器。

图 8-26 "插入"对话框

图 8-29 块编辑状态绘图平面

❻ 在当前图形中选择刚才标注的图块，系统显示图块的动态旋转标记，选中该标记，按住鼠标拖曳，如图 8-30 所示。直到图块旋转到满意的位置为止，如图 8-31 所示。

图 8-31 旋转结果

图 8-30 插入粗糙度符号

❼ 利用"单行文字"命令标注文字，标注时注意对文字进行旋转。

❽ 同样利用插入图块的方法标注其他粗糙度。

8.2 图块属性

图块除了包含图形对象以外，还可以具有非图形信息。例如把一个椅子的图形定义为图块后，还可把椅子的号码、材料、重量、价格以及说明等文本信息一并加入图块当中。图块的这些非图形信息，叫作图块的属性。它是图块的一个组成部分，与图形对象一起构成一个整体，在插入图块时 AutoCAD 把图形对象连同属性一起插入图形中。

8.2.1 定义图块属性

执行方式

命令行：ATTDEF（快捷命令：ATT）。

菜单栏："绘图"→"块"→"定义属性"。

功能区：单击"默认"选项卡"块"面板中的"定义属性"按钮 或单击"插入"选项卡"块定义"面板中的"定义属性"按钮 。

执行上述操作后，打开"属性定义"对话框，如图 8-32 所示。

选项说明

（1）"模式"选项组：用于确定属性的模式。

1）"不可见"复选框：勾选此复选框，属性为不可见显示方式，即插入图块并输入属性值后，属性值在图中并不显示出来。

图 8-32 "属性定义"对话框

2）"固定"复选框：勾选此复选框，属性值为常量，即属性值在属性定义时给定，在插入图块时系统不再提示输入属性值。

3）"验证"复选框：勾选此复选框，当插入图块时，系统重新显示属性值提示用户验证该值是否正确。

4）"预设"复选框：勾选此复选框，当插入图块时，系统自动把事先设置好的默认值赋予属性，而不再提示输入属性值。

5）"锁定位置"复选框：锁定块参照中属性的位置。解锁后，属性可以相对于使用夹点编辑块的其他部分移动，并且可以调整多行文字属性的大小。

6）"多行"复选框：勾选此复选框，可以指定属性值包含多行文字，也可以指定属性的边界宽度。

（2）"属性"选项组：用于设置属性值。在每个文本框中，AutoCAD允许输入不超过256个字符。

1）"标记"文本框：输入属性标签。属性标签可由除空格和感叹号以外的所有字符组成，系统自动把小写字母改为大写字母。

2）"提示"文本框：输入属性提示。属性提示是插入图块时系统要求输入属性值的提示，如果不在此文本框中输入文字，则以属性标签作为提示。如果在"模式"选项组中勾选"固定"复选框，即设置属性为常量，则不需设置属性提示。

3）"默认"文本框：设置默认的属性值。可把使用次数较多的属性值作为默认值，也可不设默认值。

（3）"插入点"选项组：用于确定属性文本的位置。可以在插入时由用户在图形中确定属性文本的位置，也可在X、Y、Z文本框中直接输入属性文

本的位置坐标。

（4）"文字设置"选项组：用于设置属性文本的对齐方式、文本样式、字高和倾斜角度。

（5）"在上一个属性定义下对齐"复选框：勾选此复选框表示把属性标签直接放在前一个属性的下面，而且该属性继承前一个属性的文本样式、字高和倾斜角度等特性。

注意 在动态块中，由于属性的位置包括在动作的选择集中，因此必须将其锁定。

8.2.2 修改属性的定义

在定义图块之前，可以对属性的定义加以修改，不仅可以修改属性标签，还可以修改属性提示和属性默认值。

执行方式

命令行：DDEDIT 或者 TEXTEDIT（快捷命令：ED）。

菜单栏："修改"→"对象"→"文字"→"编辑"。

执行上述操作后，打开"编辑属性定义"对话框，如图8-33所示。该对话框表示要修改属性的标记为"轴号"，提示为"输入轴号"，无默认值，可在各文本框中对各项进行修改。

图 8-33 "编辑属性定义"对话框

8.2.3 图块属性编辑

当属性被定义到图块当中，甚至图块被插入图形当中之后，用户还可以对图块属性进行编辑。利用ATTEDIT命令可以通过对话框对指定图块的属性值进行修改，利用ATTEDIT命令不仅可以修改属性值，而且可以对属性的位置、文本等其他设置进行编辑。

执行方式

命令行：ATTEDIT（快捷命令：ATE）。

菜单栏："修改"→"对象"→"属性"→"单个"。

工具栏：单击"修改 Ⅱ"工具栏中的"编辑属性"按钮 。

功能区：单击"插入"选项卡"块"面板中的"编辑属性"按钮 。

命令行提示如下。

命令：ATTEDIT ✓✓
选择块参照：

执行上述命令后，光标变为拾取框，选择要修改属性的图块，系统打开如图8-34所示的"编辑属性"对话框。对话框中显示出所选图块中包含的前8个属性值，用户可对这些属性值进行修改。如果该图块中还有其他的属性，可单击"上一个"和"下一个"按钮对它们进行观察和修改。

图 8-34　"编辑属性"对话框 1

当用户通过菜单栏或工具栏执行上述命令时，系统打开"增强属性编辑器"对话框，如图8-35所示。该对话框不仅可以编辑属性值，还可以编辑属性的文字选项和图层、线型、颜色等特性值。

图 8-35　"增强属性编辑器"对话框

另外，还可以通过"块属性管理器"对话框来编辑属性。选择菜单栏中的"修改"→"对象"→"属性"→"块属性管理器"命令，系统打开"块属性管理器"对话框，如图8-36所示。单击"编辑"按钮。系统打开"编辑属性"对话框，如图8-37所示。可以通过该对话框编辑属性。

图 8-36　"块属性管理器"对话框

图 8-37　"编辑属性"对话框 2

扫一扫

实例教学

下面以图8-38所示图形中的粗糙度数值为例，介绍一下图块属性编辑命令的使用方法。

STEP 绘制步骤

❶ 单击"默认"选项卡"绘图"面板中的"直线"按钮 ，绘制粗糙度符号，如图8-38所示。

图 8-38　绘制表面粗糙度符号

❷ 选择菜单栏中的"绘图"→"块"→"定义属性"命令，系统打开"属性定义"对话框，进行如图8-39所示的设置，其中插入点为粗糙度符号水平线的中点，单击"确认"按钮退出。

图 8-39 "属性定义"对话框

❸ 在命令行输入"WBLOCK",按 <Enter> 键,
打开"写块"对话框,如图 8-40 所示。单击"拾
取点"按钮 ⬚,选择图形的下尖点为基点,单
击"选择对象"按钮 ✛,选择上面的图形为对象,
输入图块名称并指定路径保存图块,单击"确定"
按钮退出。

❹ 选择菜单栏中的"插入"→"块"命令,打开"插
入"对话框,如图 8-41 所示。单击"浏览"按钮,
找到保存的粗糙度图块,在绘图区指定插入点、
比例和旋转角度,将该图块插入绘图区的任意
位置,这时命令行会提示输入属性,并要求验
证属性值。此时输入粗糙度数值 1.6,就完成了
一个粗糙度的标注。

图 8-40 "写块"对话框

图 8-41 "插入"对话框

❺ 继续插入粗糙度图块,输入不同属性值作为粗糙
度数值,直到完成所有粗糙度标注。最终结果
如图 8-38 所示。

8.3 综合演练——微波炉电路图

本例绘制的微波炉电路图如图 8-42 所示。首先观察和分析图纸的结构,并绘制出结构
框图,也就是绘制出主要的电路图导线,然后绘制出各个电子元件并制作成图块,接着将
各个电子元件作为图块插入结构框图中相应的位置,最后在电路图中适当的位置添加相应
的文字和注释说明,即可完成电路图的绘制。

扫一扫

图 8-42 微波炉电路图

8.3.1 绘制元器件

电路图是由和电路线和各个元器件一起组成的,
所以在绘制电路图前,要先绘制各个元器件。

❶ 设置绘图环境。

（1）启动 AutoCAD 2019 应用程序,单击"快
速访问"工具栏中的"新建"按钮 ⬚,系统弹
出"选择样板"对话框,如图 8-43 所示。在该
对话框中选择所需的图形样板,单击"打开"
按钮,添加图形样板,图形样板左下端点的坐

标为（0，0）。本例选用 A3 图形样板，如图 8-44 所示。

图 8-43 "选择样板"对话框

（2）单击菜单栏中的"格式"→"图层"命令，弹出"图层特性管理器"对话框，新建两个图层，并分别命名为"连线图层"和"实体符号层"，图层的颜色、线型、线宽等属性设置如图 8-45 所示。

图 8-44 添加 A3 图形样板

图 8-45 新建图层

❷ 绘制线路结构图。

图 8-46 所示为最后在 A3 图形样板中绘制完成的线路结构图。

图 8-46 在 A3 图形样板中绘制完成的线路结构图

（1）单击"默认"选项卡"绘图"面板中的"直线"按钮／，绘制正交直线，在绘制过程中，开启"对象捕捉"和"正交模式"。绘制相邻直线时，可以单击"默认"选项卡"修改"面板中的"偏移"按钮⊆，对已经绘制好的直线进行偏移。观察图 8-46 可知，线路结构图中有多条折线，如连接线 NO、PQ，可以先绘制水平直线和竖直直线，然后单击"默认"选项卡"修改"面板中的"修剪"按钮，对绘制的直线进行修剪，得到这些折线。

（2）图 8-46 所示的结构图中，各连接直线的长度分别为：$AB=40mm$，$BC=50mm$，$CD=50mm$，$DE=60mm$，$EF=30mm$，$GH=60mm$，$JK=25mm$，$LM=25mm$，$NO=50mm$，$TU=30mm$，$PQ=30mm$，$RS=20mm$，$E_1F_1=45mm$，$F_1G_1=20mm$，$BJ=30mm$，$JB_1=90mm$，$DN=30mm$，$OP=20mm$，$ES=70mm$，$GT=30mm$，$WT_1=60mm$。

❸ 绘制熔断器。

（1）绘制矩形。单击"默认"选项卡"绘图"面板中的"矩形"按钮 □，绘制一个长为 10mm、宽为 5mm 的矩形，如图 8-47 所示。

图 8-47 绘制矩形

（2）分解矩形。单击"默认"选项卡"修改"面板中的"分解"按钮，将矩形分解成为直线，如图 8-48 所示。

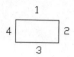

图 8-48 分解矩形

（3）绘制中点连接线。开启"对象捕捉"模式，单击"默认"选项卡"绘图"面板中的"直线"按钮 ╱，捕捉直线 2 和 4 的中点作为直线 5 的起点和终点，绘制的连接线如图 8-49 所示。

图 8-49 绘制中点连接线

（4）拉长直线。单击菜单栏中的"修改"→"拉长"命令，将直线 5 分别向左和向右拉长 5mm，绘制的熔断器如图 8-50 所示。

图 8-50 熔断器

（5）在命令行输入"WBLOCK"命令，系统打开如图 8-51 所示的"写块"对话框。输入块名"熔断器"，指定保存路径、基点等，单击"确定"按钮保存，以方便为后面设计电路图时调用。

图 8-51 "写块"对话框

❹ 绘制功能选择开关。

（1）绘制直线。单击"默认"选项卡"绘图"

面板中的"直线"按钮 ╱，依次绘制 3 条首尾相连、长度均为 5mm 的水平直线，如图 8-52 所示。

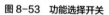

图 8-52 绘制直线

（2）旋转直线。单击"默认"选项卡"修改"面板中的"旋转"按钮 ↻，开启"对象捕捉"模式，捕捉中间直线的右端点为旋转中心，将中间直线逆时针旋转 30°，绘制的功能选择开关如图 8-53 所示。

图 8-53 功能选择开关

（3）在命令行输入"WBLOCK"命令，系统打开"写块"对话框，输入块名，指定保存路径、基点等，单击"确定"按钮保存，以方便为后面设计电路图时调用。

❺ 绘制门联锁开关。

（1）绘制直线。单击"默认"选项卡"绘图"面板中的"直线"按钮 ╱，依次绘制长度为 5mm、6mm、4mm 的直线 1、直线 2 和直线 3，如图 8-54 所示。

1   2   3

图 8-54 绘制直线

（2）旋转直线。单击"默认"选项卡"修改"面板中的"旋转"按钮 ↻，开启"对象捕捉"模式，捕捉直线 2 的右端点为旋转中心，将直线 2 逆时针旋转 30°，结果如图 8-55 所示。

图 8-55 旋转直线

（3）拉长直线。单击"默认"选项卡"修改"面板中的"拉长"按钮 ╱，将旋转后的直线 2 沿左端点方向拉长 2mm，如图 8-56 所示。

图 8-56 拉长直线

（4）完成门联锁开关的绘制。单击"默认"选项卡"绘图"面板中的"直线"按钮 ／，开启"正交模式"，捕捉直线 1 的右端点，向下绘制一条长为 5mm 的直线，绘制的门联锁开关如图 8-57 所示。

图 8-57　门联锁开关

（5）在命令行输入"WBLOCK"命令，系统打开"写块"对话框，输入块名，指定保存路径、基点等，单击"确定"按钮保存，以方便为后面设计电路图时调用。

❻ 绘制炉灯。

（1）绘制圆。单击"默认"选项卡"绘图"面板中的"圆"按钮 ⊙，绘制一个半径为 5mm 的圆，如图 8-58 所示。

图 8-58　绘制圆 1

（2）绘制正交直线。单击"默认"选项卡"绘图"面板中的"直线"按钮 ／，开启"对象捕捉"和"正交模式"，捕捉圆心作为直线的端点，输入直线的长度为 5mm，使该直线的另一个端点落在圆周上，如图 8-59 所示。

图 8-59　绘制正交直线

（3）采用同样的方法绘制其他 3 条正交直线，如图 8-60 所示。

图 8-60　绘制其他正交直线

（4）旋转直线。单击"默认"选项卡"修改"面板中的"旋转"按钮 ↻，选择需要旋转的对象，如图 8-61 所示。以圆心为基点旋转 45°，绘

制的炉灯如图 8-62 所示。

图 8-61　选择旋转对象

图 8-62　炉灯

（5）在命令行输入"WBLOCK"命令，系统打开"写块"对话框，输入块名，指定保存路径、基点等，单击"确定"按钮保存，以方便为后面设计电路图时调用。

❼ 绘制电动机。

（1）单击"默认"选项卡"绘图"面板中的"圆"按钮 ⊙，绘制一个半径为 5mm 的圆，如图 8-63 所示。

图 8-63　绘制圆 2

（2）输入文字。单击菜单栏中的"绘图"→"文字"→"多行文字"命令，在圆的中心位置输入大写字母"M"，绘制的电动机如图 8-64 所示。

图 8-64　电动机

（3）在命令行输入"WBLOCK"命令，系统打开"写块"对话框，输入块名，指定保存路径、基点等，单击"确定"按钮保存，以方便为后面设计电路图时调用。

❽ 绘制石英发热管。

（1）单击"默认"选项卡"绘图"面板中的"直线"按钮 ／，开启"正交模式"，绘制一条长为 12mm 的水平直线 1，如图 8-65 所示。

图 8-65　绘制水平直线 1

（2）偏移水平直线。单击"默认"选项卡"修改"面板中的"偏移"按钮 ⊂ ，选择直线 1 作为偏移对象，输入偏移距离为 4mm，偏移后的图形如图 8-66 所示。

图 8-66 偏移水平直线

（3）单击"默认"选项卡"绘图"面板中的"直线"按钮 ╱，开启"对象捕捉"模式，分别捕捉直线 1 和直线 2 的左端点作为竖直直线 3 的起点和终点，如图 8-67 所示。

图 8-67 绘制竖直直线

（4）单击"默认"选项卡"修改"面板中的"偏移"按钮 ⊂ ，选择直线 3 作为偏移对象，依次向右偏移 3mm、6mm、9mm 和 12mm，如图 8-68 所示。

图 8-68 偏移竖直直线

（5）单击"默认"选项卡"绘图"面板中的"直线"按钮 ╱，捕捉直线 3 的中点，输入长度为 5mm，向左侧绘制一条水平直线；按照同样的方法，在直线 4 的右侧绘制一条长为 5mm 的水平直线，如图 8-69 所示。

图 8-69 绘制水平直线 2

（6）在命令行输入"WBLOCK"命令，系统打开"写块"对话框，输入块名，指定保存路径、基点等，单击"确定"按钮保存，以方便为后面设计电路图时调用。

❾ 绘制烧烤控制继电器。

（1）单击"默认"选项卡"绘图"面板中的"矩形"按钮 ▭ ，绘制一个长为 4mm、宽为 8mm的矩形，如图 8-70 所示。

图 8-70 绘制矩形

（2）单击"绘图"工具栏"默认"选项卡"绘图"面板中的"直线"按钮 ╱，开启"对象捕捉"模式，捕捉矩形两条竖直直线的中点作为水平直线的起点，分别向左和右绘制长度为 5mm 的水平直线，绘制的烧烤控制继电器如图 8-71 所示。

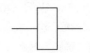

图 8-71 烧烤控制继电器

（3）在命令行输入"WBLOCK"命令，系统打开"写块"对话框，输入块名，指定保存路径、基点等，单击"确定"按钮保存，以方便为后面设计电路图时调用。

知识延伸——变压器

绘制高压变压器之前，先了解一下变压器的结构。

高压变压器由套在一个闭合铁芯上的两个或多个线圈（绕组）构成，铁芯和线圈是变压器的基本组成部分，铁芯构成了电磁感应所需的磁路。为了减少磁通变化时所引起的涡流损失，变压器的铁芯要用厚度为 0.35 ～ 0.5mm 的硅钢片叠成，片间用绝缘漆隔开。变压器和电源相连的线圈称为原绕组（或原边，或初级绕组），其匝数为 $N1$；和负载相连的线圈称为副绕组（或副边，或次级绕组），其匝数为 $N2$。绕组与绕组及绕组与铁芯之间都是互相绝缘的。

由变压器的组成结构可以看出，我们只需要绘制出线圈绕组和铁芯，然后根据需要将它们安装在前面绘制的结构线路图中即可。

❿ 绘制高压变压器。

（1）单击"默认"选项卡"绘图"面板中的"圆"按钮 ⊙ ，绘制一个半径为 2.5mm 的圆。单击"默认"选项卡"修改"面板中的"矩形阵列"按钮 ▦ ，将"行数"设为 1，"列数"设为 3，"行偏移"设为 1，"列偏移"设为 5，"阵列角度"设为 0，并选择之前绘制的圆作为阵列对象，阵列后的图形如图 8-72 所示。

图8-72 阵列圆

（2）单击"默认"选项卡"绘图"面板中的"直线"按钮╱，开启"正交模式"和"对象捕捉"，分别捕捉第一个圆和第三个圆的圆心作为水平直线的起点和终点，绘制的直线如图8-73所示。

图8-73 绘制水平直线3

（3）单击"默认"选项卡"修改"面板中的"拉长"按钮╱，选择水平直线作为拉长对象，将直线分别向左和向右拉长2.5mm，如图8-74所示。

图8-74 拉长水平直线

（4）单击"默认"选项卡"修改"面板中的"修剪"按钮✂，对图中曲线的多余部分进行修剪，修剪结果如图8-75所示，完成匝数为3的线圈的绘制。

图8-75 匝数为3的线圈

（5）绘制匝数为6的线圈。首先单击"默认"选项卡"修改"面板中的"复制"按钮❏，选择如图8-75所示的线圈进行复制；然后单击"默认"选项卡"修改"面板中的"矩形阵列"按钮品，系统打开"阵列"选项卡，如图8-76所示。将"行数"设为1，"列数"设为2，"行偏移"设为0，"列偏移"设为15，并选择之前复制的匝数为3的线圈作为阵列对象，完成匝数为6的线圈的绘制，如图8-77所示。

图8-76 "阵列"选项卡

图8-77 匝数为6的线圈

（6）在命令行输入"WBLOCK"命令，系统打开"写块"对话框，输入块名，指定保存路径、基点等，单击"确定"按钮保存，以方便为后面设计电路图时调用。

⓫ 绘制高压电容器。

（1）单击"默认"选项卡"绘图"面板中的"直线"按钮╱，绘制高压电容器，如图8-78所示。

图8-78 高压电容器

（2）在命令行输入"WBLOCK"命令，系统打开"写块"对话框，输入块名，指定保存路径、基点等，单击"确定"按钮保存，以方便为后面设计电路图时调用。

⓬ 绘制高压二极管。

（1）单击"默认"选项卡"绘图"面板中的"直线"按钮╱，绘制高压二极管，如图8-79所示。

图8-79 高压二极管

（2）在命令行输入"WBLOCK"命令，系统打开"写块"对话框，输入块名，指定保存路径、基点等，单击"确定"按钮保存，以方便为后面设计电路图时调用。

⓭ 绘制磁控管。

（1）单击"默认"选项卡"绘图"面板中的"圆"按钮⊙，绘制一个半径为10mm的圆，如图8-80所示。

图8-80 绘制圆

（2）单击"默认"选项卡"绘图"面板中的"直线"按钮／，开启"正交模式"和"对象捕捉"，捕捉圆心作为直线的起点，分别向上和向下绘制长为 10mm 的直线，直线的另一个端点落在圆周上，如图 8-81 所示。

图 8-81 绘制竖直直线

（3）单击"默认"选项卡"绘图"面板中的"直线"按钮／，关闭"正交模式"和"对象捕捉"，绘制 4 条短小直线，如图 8-82 所示。

图 8-82 绘制短小直线

（4）单击"默认"选项卡"修改"面板中的"镜像"按钮⚎，开启"捕捉对象"模式，选择刚刚绘制的 4 条直线作为镜像对象，选择竖直直线作为镜像线进行镜像操作，镜像结果如图 8-83 所示。

图 8-83 镜像直线

（5）单击"默认"选项卡"修改"面板中的"修剪"按钮，选择需要修剪的对象，单击需要修剪的部分，修剪结果如图 8-84 所示。

图 8-84 修剪图形

（6）在命令行输入"WBLOCK"命令，系统打开"写块"对话框，输入块名，指定保存路径、基点等，单击"确定"按钮保存。方便为后面设计电路图时调用。

8.3.2 完成电路图绘制

在绘制好各个元器件后，可以用图块的方式将这些元器件插入到电路图中，并添加文字说明，最终完成电路图的绘制。

❶ 将实体符号插入结构线路图。

根据微波炉的原理图，将前面绘制好的实体符号插入结构线路图合适的位置上，由于绘制实体符号的大小以能看清楚为标准，所以插入结构线路中时，可能会出现不协调，可以根据实际需要调用"缩放"功能来及时调整。在插入实体符号的过程中，开启"对象捕捉""对象追踪"或"正交模式"等，选择合适的插入点。下面将选择几个典型的实体符号插入结构线路图，来介绍具体的操作步骤。

❷ 插入熔断器。

我们需要做的工作是将图 8-85 所示的熔断器插入图 8-86 所示导线 AB 的合适位置中去，具体操作步骤如下。

图 8-85 熔断器

图 8-86 导线 AB

（1）单击"插入"选项卡"块"面板中的"插入块"命令，打开"插入"对话框，如图 8-87 所示。选择熔断器图块，插入图形中。

图 8-87 "插入"对话框

（2）开启"对象捕捉"模式，单击"默认"选项卡"修改"面板中的"移动"按钮，选择需要移动的熔断器，移动实体符号，如图 8-88 所示。系统提示选择移动基点，选择 A2 作为基点，如图 8-89 所示。捕捉导线 *AB* 的左端点 *A* 作为移动熔断器时 *A*2 点的插入点，插入结果如图 8-90 所示。

图 8-88 选择移动对象

图 8-89 选择移动基点

图 8-90 插入熔断器

（3）图 8-90 所示的熔断器插入位置不够协调，这时需要将熔断器继续向右移动少许距离。单击"默认"选项卡"修改"面板中的"移动"按钮✣，选择熔断器为移动对象，输入水平移动距离为 5mm，调整位移后的熔断器如图 8-91 所示。

图 8-91 调整熔断器位移

❸ 插入定时开关。

将图 8-92 所示的定时开关插入如图 8-93 所示的导线 *BJ* 中。

图 8-92 定时开关

图 8-93 导线 *BJ*

（1）单击"默认"选项卡"修改"面板中的"旋转"按钮↻，选择定时开关作为旋转对象，系统提示选择旋转基点，选择开关的 *B*2 点作为基点，输入旋转角度为 90°，旋转后的定时开关符号

如图 8-94 所示。

图 8-94 旋转定时开关符号

（2）单击"默认"选项卡"修改"面板中的"移动"按钮✣，开启"对象捕捉"模式，首先选择开关符号为平移对象，然后选择移动基点 *B*2，最后捕捉导线 *BJ* 的端点 *B* 作为插入点，平移后如图 8-95 所示。

图 8-95 平移图形

（3）单击"默认"选项卡"修改"面板中的"修剪"按钮✂，修剪掉多余的部分，结果如图 8-96 所示。

图 8-96 修剪图形

按照同样的步骤，可以将其他门联锁开关、功能选择开关等插入结构线路图中。

❹ 插入炉灯。

将图 8-97 所示的炉灯插入图 8-98 所示的导线 *JB*1 中。

图 8-97 炉灯

图 8-98 导线 *JB*1

（1）单击"默认"选项卡"修改"面板中的"移动"

按钮✛，开启"对象捕捉"模式，首先选择炉灯符号为平移对象，然后选择圆心为移动基点，最后捕捉导线*JB*1上的一点作为插入点，插入图形后的结果如图8-99所示。

图 8-99　插入炉灯

（2）单击"默认"选项卡"修改"面板中的"修剪"按钮✂，选择需要修剪的对象，如图8-100所示。单击要修剪的多余直线，结果如图8-101所示。

图 8-100　选择需要修剪的对象

图 8-101　修剪图形

按照同样的方法，可以插入电动机，在此不再赘述。

❺ 插入高压变压器。

前面介绍过变压器的组成，在实际绘图过程中，可以根据需要，将不同匝数的线圈插入结构线路图合适的位置。下面以将图8-102所示匝数为3的线圈插入图8-103所示的导线*GT*上为例，其操作步骤如下。

图 8-102　线圈

图 8-103　导线 *GT*

（1）单击"默认"选项卡"修改"面板中的"旋转"按钮⟳，选择线圈作为旋转对象，系统提示选择旋转基点，选择线圈的点*G*2作为基点，输入旋转角度为90°，旋转结果如图8-104所示。

图 8-104　旋转线圈

（2）单击"默认"选项卡"修改"面板中的"移动"按钮✛，开启"对象捕捉"模式，首先选择线圈符号为平移对象，然后选择点*G*2作为移动基点，最后捕捉竖直导线*GT*的端点*G*作为插入点，如图8-105所示。

图 8-105　插入线圈

（3）单击"默认"选项卡"修改"面板中的"移动"按钮✛，选择线圈为平移对象，选择点*G*2为移动基点，将线圈向下移动7mm，平移线圈结果如图8-106所示。

图 8-106　平移线圈结果

（4）单击"默认"选项卡"修改"面板中的"修剪"按钮✂，修剪掉多余的直线，修剪线圈结果如图 8-107 所示。

图 8-107 修剪线圈结果

按照同样的方法，可以插入匝数为 6 的线圈。

❻ 插入磁控管。

将图 8-108 所示的磁控管插入图 8-109 所示的导线 VY 中。

图 8-108 磁控管   图 8-109 导线 VY

（1）单击"默认"选项卡"修改"面板中的"移动"按钮✛，开启"对象捕捉"模式，关闭"正交模式"，选择磁控管为平移对象，捕捉点 H2 为平移基点，捕捉导线 VY 的端点 V 作为插入点，平移结果如图 8-110 所示。

图 8-110 平移磁控管

（2）单击"默认"选项卡"修改"面板中的"修剪"按钮✂，修剪掉多余的直线，结果如图 8-111 所示。

应用类似的方法将其他电气符号平移到合适的位置，并结合"移动""修剪"等命令对图形进行调整，将所有实体符号插入结构线路图后的结果如图 8-112 所示。

图 8-111 修剪导线

在 A3 图形样板中的绘制结果如图 8-113 所示。

图 8-112 插入其他实体符号

图 8-113 绘制结果

❼ 添加文字和注释。

（1）单击菜单栏中的"格式"→"文字样式"命令，弹出"文字样式"对话框，如图 8-114 所示。

图 8-114 "文字样式"对话框 1

（2）单击"新建"按钮，弹出"新建文字样式"对话框，设置样式名为"注释"，如图 8-115 所示。返回"文字样式"对话框，在"字体名"下拉列表中选择"仿宋 _GB2312"，设置"宽度因子"为 1，"倾斜角度"为 0，勾选"注释性"复选框，单击"应用"按钮返回绘图区，如图 8-116 所示。

图 8-115 "新建文字样式"对话框

图 8-116 "文字样式"对话框 2

（3）单击菜单栏中的"绘图"→"文字"→"多行文字"命令，在需要注释的地方画定一个矩形框，弹出如图 8-117 所示的"文本框"。

（4）根据需要调整文字的高度，结合"左对齐""居中""右对齐"等功能，给图 8-113 所示的图形添加文字和注释，完成微波炉电路图的绘制。

图 8-117 画文本框

8.4 上机实验

【实验 1】标注穹顶展览馆立面图形的标高符号

1. 目的要求

如图 8-118 所示，绘制重复性的图形单元最简单快捷的办法是——将重复性的图形单元制作成图块，然后将图块插入图形。本例通过对标高符号的标注使读者掌握图块的相关知识。

图 8-118 标注标高符号

2. 操作提示

（1）利用"直线"命令绘制标高符号。

（2）定义标高符号的属性，将标高值设置为其中需要验证的标记。

（3）将绘制的标高符号及其属性定义成图块。

（4）保存图块。

（5）在建筑图形中插入标高图块，每次插入时输入不同的标高值作为属性值。

【实验 2】标注齿轮表面粗糙度

1. 目的要求

如图 8-119 所示，在实际绘图过程中，经常会遇到重复性的图形单元。解决这类问题最简单快捷的办法是将重复性的图形单元制作成图块，然后将图块插入图形。本例通过粗糙度符号的标注，使读者掌握图块相关的操作。

图 8-119 标注粗糙度符号

2. 操作提示

（1）利用"直线"命令绘制粗糙度符号。

（2）制作图块。

（3）利用各种方式插入图块。

第9章

辅助绘图工具

为了减少系统整体的图形设计效率，并有效地管理整个系统的所有图形设计文件，AutoCAD 经过不断的探索和完善，推出了大量的集成化绘图工具，包括：查询工具、设计中心、工具选项板、CAD 标准、图纸集管理器和标记集管理器等工具。利用设计中心和工具选项板，用户可以建立自己的个性化图库，也可以利用别人提供的强大资源快速准确地进行图形设计；同时利用 CAD 标准管理器、图纸集管理器和标记集管理器，用户可以有效地协同统一管理整个系统的图形文件。

本章主要介绍查询工具、设计中心、工具选项板、CAD 标准、图纸集、标记集等知识。

重点与难点

- ➔ 设计中心
- ➔ 工具选项板
- ➔ 对象查询

9.1 设计中心

使用AutoCAD设计中心可以很容易地组织设计内容，并把它们拖曳到自己的图形中。可以使用AutoCAD设计中心窗口的内容显示框，来观察用AutoCAD设计中心资源管理器所浏览资源的细目，如图9-1所示。在该图中，左侧为AutoCAD设计中心的资源管理器，右侧为AutoCAD设计中心的内容显示框。其中上面窗口为文件显示框，中间窗口为图形预览显示框，下面窗口为说明文本显示框。

图9-1　AutoCAD设计中心的资源管理器和内容显示区

9.1.1 启动设计中心

执行方式

命令行：ADCENTER（快捷命令：ADC）。

菜单栏："工具"→"选项板"→"设计中心"。

工具栏：单击"标准"工具栏中的"设计中心"按钮 。

快捷键：按<Ctrl> + <2>键。

功能区：单击"视图"选项卡"选项板"面板中的"设计中心"按钮 。

执行上述操作后，系统打开"设计中心"选项板。第一次启动设计中心时，默认打开的选项卡为"文件夹"选项卡。内容显示区采用大图标显示，左边的资源管理器采用树状显示方式显示系统的树形结构，浏览资源的同时，在内容显示区显示所浏览资源的有关细目或内容，如图9-1所示。

可以利用鼠标拖曳边框的方法来改变AutoCAD设计中心资源管理器和内容显示区以及AutoCAD绘图区的大小，但内容显示区的最小尺寸应能显示两列大图标。

如果要改变AutoCAD设计中心的位置，可以按住鼠标左键拖曳它，松开鼠标左键后，AutoCAD设计中心便处于当前位置，到新位置后仍可用鼠标改变各窗口的大小。也可以通过设计中心边框左上方的"自动隐藏"按钮 来自动隐藏设计中心。

9.1.2 插入图块

在利用AutoCAD绘制图形时，可以将图块插入图形当中。将一个图块插入图形中时，块定义就被复制到图形数据库当中。在一个图块被插入图形之后，如果原来的图块被修改，则插入图形当中的图块也随之改变。

当其他命令正在执行时，不能插入图块到图形当中。例如，如果在插入块时，在提示行正在执行一个命令，此时光标变成一个带斜线的圆，提示操作无效。另外，一次只能插入一个图块。AutoCAD设计中心提供了插入图块的两种方法："利用鼠标指定比例和旋转方式"和"精确指定坐标、比例和旋转角度方式"。

1. 利用鼠标指定比例和旋转方式插入图块

系统根据光标拉出的线段长度、角度确定比例与旋转角度，插入图块的步骤如下。

（1）从文件夹列表或查找结果列表中选择要插入的图块，按住鼠标左键，将其拖曳到打开的图形中。松开鼠标左键，此时选择的对象被插入当前被打开的图形当中。利用当前设置的捕捉方式，可以将对象插入任何存在的图形当中。

（2）在绘图区单击指定一点作为插入点，移动鼠标，光标位置点与插入点之间距离为缩放比例，单击确定比例。采用同样的方法拖曳鼠标，光标指定位置和插入点的连线与水平线的夹角为旋转角度。被选择的对象就根据光标指定的比例和角度插入到图形当中。

2. 精确指定坐标、比例和旋转角度方式插入图块

利用该方法可以设置插入图块的参数，插入图块的步骤如下。

（1）从文件夹列表或查找结果列表框中选择要插入的对象，拖曳对象到打开的图形中。

（2）右击，可以选择快捷菜单中的"缩放""旋转"等命令，如图9-2所示。

（3）在相应的命令行提示下输入比例和旋转角度等数值，被选择的对象根据指定的参数插入图形当中。

9.1.3 图形复制

1. 在图形之间复制图块

利用AutoCAD设计中心可以浏览和装载需要复制的图块，然后将图块复制到剪贴板中，再利用剪贴板将图块粘贴到图形当中，具体方法如下。

（1）在"设计中心"选项板选择需要复制的图块，右击，选择快捷菜单中的"复制"命令。

（2）将图块复制到剪贴板上，然后通过"粘贴"命令粘贴到当前图形上。

图9-2 快捷菜单

2. 在图形之间复制图层

利用AutoCAD设计中心可以将任何一个图形的图层复制到其他图形。如果已经绘制了一个包括设计所需的所有图层的图形，在绘制新图形的时候，可以新建一个图形，并通过AutoCAD设计中心将已有的图层复制到新的图形当中，这样可以节省时间，并保证图形间的一致性。现对图形之间复制图层的两种方法介绍如下。

（1）拖曳图层到已打开的图形。确认要复制图层的目标图形文件被打开，并且是当前的图形文件。在"设计中心"选项板中选择要复制的一个或多个图层，按住鼠标左键拖曳图层到打开的图形文件，松开鼠标后选择的图层即被复制到打开的图形当中。

（2）复制或粘贴图层到打开的图形。确认要复制图层的图形文件被打开，并且是当前的图形文件。在"设计中心"选项板中选择要复制的一个或多个图层，右击，选择快捷菜单中的"复制"命令。如果要粘贴图层，确认粘贴的目标图形文件被打开，并为当前文件。

9.2 工具选项板

"工具选项板"中的选项卡提供了组织、共享和放置块及填充图案的有效方法。"工具选项板"还可以包含由第三方开发人员提供的自定义工具。

9.2.1 打开工具选项板

命令行：TOOLPALETTES（快捷命令：TP）。

菜单栏："工具"→"选项板"→"工具选项板"。

工具栏：单击"标准"工具栏中的"工具选项板窗口"按钮 。

快捷键：按<Ctrl> + <3>键。

功能区：单击"视图"选项卡"选项板"面板中的"工具选项板"按钮 。

执行上述操作后，系统自动打开工具选项板，如图9-3所示。

图9-3 工具选项板

在工具选项板中，系统设置了一些常用图形选项卡，这些常用图形可以方便用户绘图。

注意 在绘图中还可以将常用命令添加到工具选项板中。"自定义"对话框打开后，就可以将工具按钮从工具栏拖到工具选项板中，或将工具从"自定义用户界面（CUI）"编辑器拖到工具选项板中。

9.2.2 新建工具选项板

用户可以创建新的工具选项板，这样有利于个性化作图，也能够满足特殊作图需要。

命令行：CUSTOMIZE。

菜单栏："工具"→"自定义"→"工具选项板"。

功能区：单击"管理"选项卡"自定义设置"面板中的"工具选项板"按钮 。

执行上述操作后，系统打开"自定义"对话框，如图9-4所示。

图9-4 "自定义"对话框

在"选项板"列表框中右击，打开快捷菜单，选择"新建选项板"命令，如图9-5所示。在"选项板"列表框中出现一个"新建选项板"，可以为新建的工具选项板命名，确定后工具选项板中就增加了一个新的选项卡，如图9-6所示。

图9-5 选择"新建选项板"命令

图 9-6 新建选项卡

9.2.3 | 向工具选项板中添加内容

将图形、块和图案填充从设计中心拖曳到工具选项板中。例如，在Designcenter文件夹上右击，系统打开快捷菜单，选择"创建块的工具选项板"命令，如图9-7（a）所示。设计中心中储存的图元就出现在工具选项板中新建的Designcenter选项卡上，如图9-7（b）所示。这样就可以将设计中心与工具选项板结合起来，创建一个快捷方便的工具选项板。将工具选项板中的图形拖曳到另一个图形中时，图形将作为块插入。

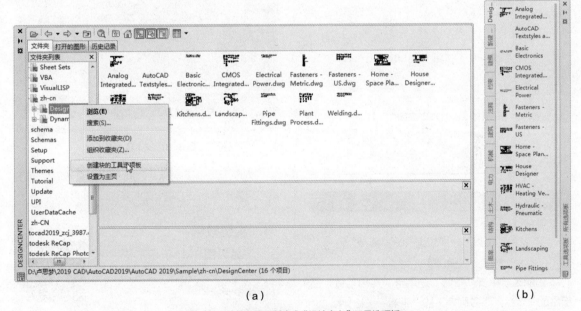

（a） （b）

图 9-7 将储存图元创建成"设计中心"工具选项板

9.3 对象查询

对象查询的菜单命令集中在"工具→查询"菜单中，如图9-8所示。而其工具栏命令则主要集中在"查询"工具栏中，如图9-9所示。

图 9-8 "工具→查询"菜单

图 9-9 "查询"工具栏

9.3.1 查询距离

执行方式

命令行：DIST。

菜单栏："工具"→"查询"→"距离"。

工具栏：查询→距离 。

功能区：单击"默认"选项卡"实用工具"面板中的"测量"下拉列表下的"距离"按钮 。

操作步骤

命令：DIST ✓
指定第一点：（指定第一点）
指定第二点：（指定第二点）
距离 = 5.2699，XY 平面中的倾角 = 0，与 XY
平面的夹角 = 0
X 增量 = 5.2699，Y 增量 = 0.0000，Z 增量
= 0.0000

面积、面域/质量特性的查询与距离查询类似，

不再赘述。

9.3.2 查询对象状态

执行方式

命令行：STATUS。

菜单栏："工具"→"查询"→"状态"。

操作步骤

命令行提示与操作如下。

命令：STATUS ✓
选择对象：

选择对象后，系统自动切换到文本显示窗口，显示所选择对象的状态，包括对象的各种参数状态以及对象所在磁盘的使用状态，如图9-10所示。

图 9-10 文本显示窗口

列表显示、点坐标、时间、系统变量等查询工具与查询对象状态方法和功能相似，不再赘述。

实例教学

扫一扫

下面以图9-11所示的法兰盘零件图为例，介绍一下查询命令的使用方法。

图 9-11 法兰盘零件图

绘制步骤

❶ 打开随书文件"源文件\第 9 章\法兰盘零件图"图形文件，选择菜单栏中的"工具"→"查询"→"点坐标"命令，如图 9-11 所示。命令行提示与操作如下。

```
命令：id↙
指定点：(选择法兰盘中心点)
指定点：X = 924.3817  Y = 583.4961  Z =
0.0000
```

要进行更多查询，重复以上步骤即可。

❷ 选择菜单栏中的"工具"→"查询"→"距离"命令，或单击"默认"选项卡"实用工具"面板中的"测量"下拉列表下的"距离"按钮 。

命令行提示与操作如下。

```
命令：dist ↙
指定第一点：(选择法兰盘边缘左下角的小圆圆心，
图 9-12 中 1 点)
指定第二个点或 [多点 M]：(选择法兰盘中心点，图
9-12 中 2 点)
距离 = 55.0000，XY 平面中的倾角 = 30,    与
XY 平面的夹角 = 0
X 增量 = 47.6314,   Y 增量 = 27.5000,    Z
增量 = 0.0000
```

图 9-12　查询法兰盘两点间距离

其中查询结果的各个选项的说明如下。

● 距离：两点之间的三维距离。

● XY 平面中倾角：两点之间连线在 XY 平面上的投影与 X 轴的夹角。

● 与 XY 平面的夹角：两点之间连线与 XY 平面的夹角。

● X 增量：第 2 点 X 坐标相对于第 1 点 X 坐标的增量。

● Y 增量：第 2 点 Y 坐标相对于第 1 点 Y 坐标的增量。

● Z 增量：第 2 点 Z 坐标相对于第 1 点 Z 坐标的增量。

❸ 选择菜单栏中的"工具"→"查询"→"面积"命令，或单击"默认"选项卡"实用工具"面板中的"测量"下拉列表下的"面积"按钮 。

命令行提示与操作如下。

```
命令：area↙
指定第一个角点或 [对象(O)/加(A)/减(S)]：
(选择法兰盘上 1 点，图 9-13 所示)
指定下一个角点或按 Enter 键全选：(选择法兰盘上
2 点，图 9-13 所示)
指定下一个角点或按 Enter 键全选：(选择法兰盘上
3 点，图 9-13 所示)
指定下一个角点或按 Enter 键全选：(选择法兰盘上
1 点，图 9-13 所示)
指定下一个角点或按 Enter 键全选：↙
面积 = 3929.5903，周长 = 285.7884
```

图 9-13　查询法兰盘三点形成的面的周长及面积

9.4　综合演练——绘制居室布置平面图

利用设计中心和工具选项板绘制如图 9-14 所示的居室布置平面图。

图 9-14　居室布置平面图

STEP　绘制步骤

❶ 利用前面学过的绘图命令与编辑命令绘制住房结构截面图。其中，进门为餐厅，左手边为厨房，右手边为卫生间，正对面为客厅，客厅左边为寝室。

❷ 单击"视图"选项卡"选项板"面板中的"工具"选项板按钮▦，打开工具选项板，如图 9-15 所示。在工具选项板中右击，选择快捷菜单中的"新建选项板"命令，创建新的工具选项板选项卡并命名为"住房"，如图 9-16 所示。

图 9-15　工具选项板　　　图 9-16　新建工具选项板

❸ 单击"视图"选项卡"选项板"面板中的"设计中心"按钮▦，打开"设计中心"选项板，将设计中心中的"Kitchens""House Designer""Home Space Planner"图块拖曳到"工具"选项板的"住房"选项卡中，如图 9-17 所示。

❹ 布置餐厅。将工具选项板中的 Home-Space Planner 图块拖曳到当前图形中，利用缩放命

图 9-17　向工具选项板中添加设计中心图块

令调整所插入的图块与当前图形的相对大小，如图 9-18 所示。对该图块进行分解操作，将 Home-Space Planner 图块分解成单独的小图块集。将图块集中的"饭桌"和"植物"图块拖曳到餐厅适当位置，如图 9-19 所示。

图 9-18　将图块拖曳到当前图形

图 9-19　布置餐厅

❺ 重复第❹步的方法布置居室其他房间。最终绘制的结果如图 9-14 所示。

9.5　上机实验

【实验 1】利用工具选项板绘制轴承

1. 目的要求

如图 9-20 所示，工具选项板最大的优点是简捷、方便、集中，读者可以在某个专门工具选项板上组织需要的素材，快速简便地绘制图形。通过本例图形的绘制，要求读者掌握怎样灵活利用工具选项板进行快速绘图。

图 9-20　绘制轴承

2. 操作提示

（1）打开工具选项板，在工具选项板的"机械"选项卡中选择"滚珠轴承"图块，插入新建空白图形，通过快捷菜单进行缩放。

（2）利用"图案填充"命令对图形剖面进行填充。

【实验 2】利用设计中心创建一个常用机械零件工具选项板，并利用该选项板绘制盘盖组装图

1. 目的要求

如图 9-21 所示，设计中心与工具选项板的优

点是能够建立一个完整的图形库，并且能够快速简洁地绘制图形。通过本例组装图形的绘制，要求读者掌握利用设计中心创建工具选项板的方法。

图 9-21　盘盖组装图

2. 操作提示

（1）打开设计中心与工具选项板。

（2）创建一个新的工具选项板选项卡。

（3）在设计中心查找已经绘制好的常用机械零件图。

（4）将查找到的常用机械零件图拖入新创建的工具选项板选项卡中。

（5）打开一个新图形文件。

（6）将需要的图形文件模块从工具选项板上拖入当前图形中，并进行适当的缩放、移动、旋转等操作。最终完成的结果如图 9-21 所示。

第 2 篇　三维绘图

第 10 章

绘制和编辑三维网格

在本章中，我们开始学习有关 AutoCAD 2019 三维的绘图知识。了解如何运用三维模型的分类，设置视图的显示、观察模式、三维绘制、基本三维网格的绘制。

重点与难点

- ❯ 三维坐标系
- ❯ 观察模式
- ❯ 绘制基本三维网格
- ❯ 绘制三维网格曲面

10.1 三维坐标系

AutoCAD 2019使用的是笛卡儿坐标系。其使用的直角坐标系有两种类型：一种是世界坐标系（WCS）；另一种是用户坐标系（UCS）。绘制二维图形时，常用的坐标系，即世界坐标系（WCS），由系统默认提供。世界坐标系又称通用坐标系或绝对坐标系，对于二维绘图来说，世界坐标系足以满足要求。为了方便创建三维模型，AutoCAD 2019允许用户根据自己的需要设定坐标系，即用户坐标系（UCS）。

10.1.1 右手法则与坐标系

在AutoCAD中通过右手法则确定直角坐标系Z轴的正方向和绕轴线旋转的正方向，称之为"右手定则"。这是因为用户只需要简单地使用右手就可确定所需要的坐标信息。

在AutoCAD中输入坐标采用绝对坐标和相对坐标两种格式。

绝对坐标格式：X,Y,Z；相对坐标格式：@X，Y，Z。

AutoCAD可以用柱坐标和球坐标定义点的位置。

柱面坐标系统类似于2D极坐标输入，由该点在XY平面的投影点到Z轴的距离、该点与坐标原点的连线在XY平面的投影与X轴的夹角及该点沿Z轴的距离来定义。格式如下。

> 绝对坐标形式：XY 距离 < 角度，Z 距离；相对坐标形式：@ XY 距离 < 角度，Z 距离

例如，绝对坐标10<60，20 表示在XY平面的投影点距离Z轴10个单位，该投影点与原点在XY平面的连线相对于X轴的夹角为60°，沿Z轴离原点20个单位的一个点，如图10-1所示。

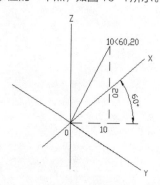

图10-1 柱面坐标

球面坐标系统中，3D球面坐标的输入也类似于2D极坐标的输入。球面坐标系统由坐标点到原点的距离、该点与坐标原点的连线在XY平面内的投影与X轴的夹角以及该点与坐标原点的连线与XY平面的夹角来定义。具体格式如下。

> 绝对坐标形式：XYZ 距离 < XY 平面内投影角度 < 与 XY 平面夹角
> 或相对坐标形式：@ XYZ 距离 < XY 平面内投影角度 < 与 XY 平面夹角

例如，坐标10<60<15表示该点距离原点为10个单位，与原点连线的投影在XY平面内与X轴成60°夹角，连线与XY平面成15°夹角，如图10-2所示。

图10-2 球面坐标

10.1.2 创建坐标系

在三维绘图的过程中，有时根据操作的要求，需要转换坐标系，这个时候就需要新建一个坐标系来取代原来的坐标系。具体操作方法如下。

执行方式

命令行：UCS。

菜单栏："工具"→"新建UCS"。

工具栏：单击"UCS"工具栏中的"UCS"按钮 。

功能区：单击"视图"选项卡"坐标"面板中的"UCS"按钮 。

操作步骤

命令行提示如下。

```
命令：_ucs
当前 UCS 名称：* 世界 *
指定 UCS 的原点或 [面（F）/命名（NA）/对象
（OB）/上一个（P）/视图（V）/世界（W）/X/Y/
Z/Z 轴（ZA）] <世界>：_w
```

选项说明

（1）指定UCS的原点：使用一点、两点或三点定义一个新的UCS。如果指定单个点1，当前UCS的原点将会移动而不会更改*X*、*Y*和*Z*轴的方向。选择该选项，命令行提示与操作如下。

```
指定 X 轴上的点或 <接受>：继续指定X轴通过的
点2或直接按<Enter>键，接受原坐标系X轴为新坐
标系的X轴
指定 XY 平面上的点或 <接受>：继续指定XY平面
通过的点3以确定Y轴或直接按<Enter>键，接受
原坐标系XY平面为新坐标系的XY平面，根据右手法
则，相应的z轴也同时确定
```

指定原点示意图如图10-3所示。

（a）原坐标系　　　　　（b）指定一点

（c）指定两点　　　　　（d）指定三点

图10-3　指定原点

（2）面（F）：将UCS与三维实体的选定面对齐。要选择一个面，请在此面的边界内或面的边上单击，被选中的面将亮显，UCS的*X*轴将与找到的第一个面上最近的边对齐。选择该选项，命令行提示与操作如下。

```
选择实体面、曲面或网格：选择面
输入选项 [下一个（N）/X 轴反向（X）/Y 轴反向
（Y）] <接受>：✓（结果如图10-4所示）
```

如果选择"下一个"选项，系统将 UCS 定位于邻接的面或选定边的后向面。

（3）对象（OB）：根据选定三维对象定义新的坐标系，如图10-5所示。新建UCS的拉伸方向（*Z*轴正方向）与选定对象的拉伸方向相同。选择该选项，命令行提示与操作如下。

```
选择对齐 UCS 的对象：选择对象
```

图10-4　选择面确定坐标系

图10-5　选择对象确定坐标系

对于大多数对象，新UCS的原点位于离选定对象最近的顶点处，并且*X*轴与一条边对齐或相切。对于平面对象，UCS的*XY*平面与该对象所在的平面对齐。对于复杂对象，将重新定位原点，但是轴的当前方向保持不变。

（4）视图（V）：以垂直于观察方向（平行于屏幕）的平面为*XY*平面，创建新的坐标系。UCS原点保持不变。

（5）世界（W）：将当前用户坐标系设置为世界坐标系。WCS是所有用户坐标系的基准，不能被重新定义。

注意 该选项不能用于下列对象：三维多段线、三维网格和构造线。

（6）X、Y、Z：绕指定轴旋转当前UCS。

（7）Z轴（ZA）：利用指定的*Z*轴正半轴定义UCS。

10.1.3　动态坐标系

打开动态坐标系的具体操作方法是按下状态栏中的"允许/禁止动态UCS"按钮。可以使用动态UCS在三维实体的平整面上创建对象，而无须手

动更改UCS方向。在执行命令的过程中，当将光标移动到面上方时，动态UCS会临时将UCS的*XY*平面与三维实体的平整面对齐，如图10-6所示。

动态UCS激活后，指定的点和绘图工具（如极轴追踪和栅格）都将与动态UCS建立的临时UCS相关联。

（a）原坐标系　　（b）绘制圆柱体时的动态坐标系

图10-6　动态UCS

10.2　观察模式

AutoCAD 2019大大增强了图形的观察功能，在增强原有的动态观察功能和相机功能的前提下，又增加了控制盘和视图控制器等功能。

10.2.1　动态观察

AutoCAD 2019提供了具有交互控制功能的三维动态观测器，利用三维动态观测器用户可以实时地控制和改变当前视口中创建的三维视图，以得到期望的效果。动态观察分为3类，分别是受约束的动态观察、自由动态观察和连续动态观察。下面以自由动态观察为例具体进行介绍。

执行方式

命令行：3DFORBIT。

菜单栏："视图"→"动态观察"→"自由动态观察"。

快捷菜单：启用交互式三维视图后，在视口中右击，打开快捷菜单，选择"自由动态观察"命令（见图10-7）。

图10-7　快捷菜单

工具栏：单击"动态观察"工具栏中的"自由动态观察"按钮或"三维导航"工具栏中的"自由动态观察"按钮。

功能区：单击"视图"选项卡"导航"面板中的"自由观察"按钮。

执行上述操作后，在当前视口出现一个绿色的大圆，在大圆上有4个绿色的小圆，如图10-8所示。此时通过拖曳鼠标就可以对视图进行旋转观察。

图10-8　自由动态观察

在三维动态观测器中，查看目标的点被固定，用户可以利用鼠标控制相机位置绕观察对象得到动态的观测效果。当光标在绿色大圆的不同位置进行拖曳时，光标的表现形式不同，视图的旋转方向也不同。视图的旋转是由光标的表现形式和其位置决定的，光标在不同位置有几种表现形式，可分别对象进行不同形式的旋转。

注意　3DFORBIT命令处于活动状态时，无法编辑对象。

10.2.2 | 视图控制器

使用视图控制器功能，可以方便地转换方向视图。

执行方式

命令行：navvcube。

操作步骤

命令行提示如下。

命令：navvcube ✓
输入选项 ［开（ON）/ 关（OFF）/ 设置（S）］<ON>：

上述命令控制视图控制器的打开与关闭，当打开该功能时，绘图区的右上角自动显示视图控制器，如图 10-9 所示。

图 10-9　显示视图控制器

单击控制器的显示面或指示箭头，界面图形就自动转换到相应的方向视图。图 10-10 所示为单击控制器"上"面后，系统转换到上视图的情形。单击控制器上的按钮🏠，系统回到西南等轴测视图。

图 10-10　单击控制器"上"面后的视图

还有其他一些三维模型观察模式，这里不再赘述，读者自行练习体会。

10.3 | 绘制基本三维网格

基本三维网格图元与三维基本形体表面类似，有长方体表面、圆柱体表面、棱锥面、楔体表面、球面、圆锥面、圆环面等。

10.3.1 | 绘制网格长方体

执行方式

命令行：_.MESH。
菜单栏："绘图"→"建模"→"网格"→"图元"→"长方体"。
工具栏：单击"平滑网格图元"工具栏中的"网络长方体"按钮▦。
功能区：单击"三维工具"选项卡"建模"面板中的"网格长方体"按钮▦。

操作步骤

命令：_.MESH
当前平滑度设置为：0

输入选项 ［长方体（B）/ 圆锥体（C）/ 圆柱体（CY）/ 棱锥体（P）/ 球体（S）/ 楔体（W）/ 圆环体（T）/ 设置（SE）］<长方体>：_BOX
指定第一个角点或 ［中心（C）］：（给出长方体角点）
指定其他角点或 ［立方体（C）/ 长度（L）］：（给出长方体其他角点）
指定高度或 ［两点（2P）］：（给出长方体的高度）

选项说明

（1）指定第一角点/角点：设置网格长方体的第一个角点。

（2）中心：设置网格长方体的中心。

（3）立方体：将长方体的所有边设置为长度相等。

（4）宽度：设置网格长方体沿 Y 轴的宽度。

（5）高度：设置网格长方体沿 Z 轴的高度。

（6）两点（2P）：基于两点之间的距离设置高度。

10.3.2 | 绘制网格圆锥体

执行方式

命令行：_.MESH。

菜单栏："绘图"→"建模"→"网格"→"图元"→"圆锥体"。

工具栏：单击"平滑网格图元"工具栏中的"网络圆锥体"按钮。

功能区：单击"三维工具"选项卡"建模"面板中的"网格圆锥体"按钮。

操作步骤

```
命令：_.MESH
当前平滑度设置为：0
输入选项 [长方体（B）/圆锥体（C）/圆柱体（CY）/
棱锥体（P）/球体（S）/楔体（W）/圆环体（T）/
设置（SE）] <长方体>：_CONE
指定底面的中心点或 [三点（3P）/两点（2P）/切
点、切点、半径（T）/椭圆（E）]：
指定底面半径或 [直径（D）]：
指定高度或 [两点(2P)/轴端点(A)/顶面半径(T)]
<100.0000>：
```

选项说明

（1）指定底面的中心点：设置网格圆锥体底面的中心点。

（2）三点（3P）：通过指定三点设置网格圆锥体的位置、大小和平面。

（3）两点（直径）：根据两点定义网格圆锥体的底面直径。

（4）切点、切点、半径：定义具有指定半径，且半径与两个对象相切的网格圆锥体的底面。

（5）椭圆：指定网格圆锥体的椭圆底面。

（6）指定底面半径：设置网格圆锥体底面的半径。

（7）指定直径：设置圆锥体的底面直径。

（8）指定高度：设置网格圆锥体沿与底面所在平面垂直的轴的高度。

（9）两点（2P）：通过指定两点之间的距离定义网格圆锥体的高度。

（10）指定轴端点：设置圆锥体顶点的位置，或圆锥体平截面顶面的中心位置。轴端点的位置可以为三维空间中的任意位置。

（11）指定顶面半径：指定创建圆锥体平截面时圆锥体的顶面半径。

其他基本网格基本三维图元，比如网格圆柱体、网格棱锥体、网格球体、网格楔体、网格圆环体等的绘制方法与网格圆锥体类似，这里不再赘述。

实例教学
扫一扫

下面以图10-11所示的足球门为例，介绍一下网格圆锥体命令的使用方法。

图10-11 足球门

STEP **绘制步骤**

❶ 选择菜单栏中的"视图"→"三维视图"→"视点"命令，对视点进行设置。命令行提示与操作如下。

```
命令：vpoint✓
当前视图方向：VIEWDIR=0.0000,0.0000,
1.0000
指定视点或 [旋转（R）] <显示指南针和三轴架>：
1,0.5,-0.5✓
```

❷ 单击"默认"选项卡"绘图"面板中的"直线"按钮，在命令行提示下依次输入(150,0,0)、(@-150,0,0)、(@0,0,260)、(@0,300,0)、(@0,0,-260)、(@150,0,0)绘制连续线段。再次执行"直线"命令，在命令行提示下依次输入(0,0,260)、(@70,0,0)绘制线段。继续执行"直线"命令，在命令行提示下依次输入(0,300,260)、(@70,0,0)绘制线段，绘制结果如图10-12所示。

图10-12 绘制直线

❸ 单击"默认"选项卡"绘图"面板中的"圆弧"

按钮 ⌒ 绘制两段圆弧，端点坐标分别为 {（150，0）、（200，150）、（150，300）} 和 {（70，0，260）、（50，150）、（70，300）}，绘制结果如图 10-13 所示。

图 10-13　绘制圆弧 1

❹ 调整当前坐标系，选择菜单栏中的"工具"→"新建 UCS"→"X"命令。命令行提示与操作如下。

```
命令：_ucs ↙
当前 UCS 名称：＊世界＊
输入选项 [新建（N）/移动（M）/正交（G）/上一个（P）/恢复（R）/保存（S）/删除（D）/应用（A）/？/世界（W）]<世界>：_x↙
指定绕 X 轴的旋转角度 <90>：↙
```

单击"默认"选项卡"绘图"面板中的"圆弧"按钮 ⌒，绘制两段圆弧，端点坐标分别为 {（150，0）、（50，130）、（70，260）} 和 {（150，0，-300）、（50，130）、（70，260）}，绘制结果如图 10-14 所示。

图 10-14　绘制圆弧 2

❺ 在命令行输入"surftab1""surftab2"，绘制边界曲面设置网格数。

```
命令：surftab1 ↙
输入 SURFTAB1 的新值 <6>：8 ↙
命令：surftab2 ↙
输入 SURFTAB2 的新值 <6>：5 ↙
```

❻ 选择菜单栏中的"绘图"→"建模"→"网格"→"边界网格"命令，命令行提示与操作如下。

```
命令：EDGESURF ↙
当前线框密度：SURFTAB1=8 SURFTAB2=5
选择用作曲面边界的对象 1：　选择第一条边界线
选择用作曲面边界的对象 2：　选择第二条边界线
```

选择用作曲面边界的对象 3：　选择第三条边界线
选择用作曲面边界的对象 4：　选择第四条边界线

选择图形最左边四条边，绘制结果如图 10-15 所示。

图 10-15　绘制边界曲面

❼ 重复上述命令，填充效果如图 10-16 所示。

图 10-16　填充效果

❽ 选择菜单栏中的"绘图"→"建模"→"网格"→"图元"→"圆柱体"命令，绘制门柱。命令行提示与操作如下。

```
命令：mesh ↙
当前平滑度设置为：0
输入选项 [长方体（B）/圆锥体（C）/圆柱体（CY）/棱锥体（P）/球体（S）/楔体（W）/圆环体（T）/设置（SE）] <圆柱体>：_CYLIND
指定底面的中心点或 [三点（3P）/两点（2P）/切点、切点、半径（T）/椭圆（E）]：0，0，0 ↙
指定底面半径或 [直径（D）]：5 ↙
指定高度或 [两点（2P）/轴端点（A）]：a ↙
指定轴端点：0，260，0 ↙
命令：mesh ↙
当前平滑度设置为：0
输入选项 [长方体（B）/圆锥体（C）/圆柱体（CY）/棱锥体（P）/球体（S）/楔体（W）/圆环体（T）/设置（SE）] <圆柱体>：
指定底面的中心点或 [三点（3P）/两点（2P）/切点、切点、半径（T）/椭圆（E）]：0，0，-300 ↙　指定底面半径或 [直径（D）]：5 ↙
指定高度或 [两点（2P）/轴端点（A）]：a ↙
指定轴端点：@0，260，0 ↙
命令：mesh ↙
```

当前平滑度设置为：0
输入选项 [长方体（B）/圆锥体（C）/圆柱体（CY）/
棱锥体（P）/球体（S）/楔体（W）/圆环体（T）/
设置（SE）] <圆柱体>：
指定底面的中心点或 [三点（3P）/两点（2P）/切点、

切点、半径（T）/椭圆（E）]:0, 260, 0
指定底面半径或 [直径（D）]：5 ✓
指定高度或 [两点（2P）/轴端点（A）]：a ✓
指定轴端点：@0, 0, -300 ✓

最终绘制效果如图10-11所示。

10.4 绘制三维网格曲面

10.4.1 直纹网格

执行方式

命令行：RULESURF。

菜单栏："绘图"→"建模"→"网格"→"直纹网格"。

功能区：单击"三维工具"选项卡"建模"面板中的"直纹曲面"按钮。

操作步骤

命令行提示如下。

命令：RULESURF ✓
当前线框密度：SURFTAB1=当前值
选择第一条定义曲线：指定第一条曲线
选择第二条定义曲线：指定第二条曲线

下面生成一个简单的直纹曲面。首先选择菜单栏中的"视图"→"三维视图"→"西南等轴测"命令，将视图转换为"西南等轴测"，然后绘制如图10-17（a）所示的两个圆作为草图。执行直纹曲面命令RULESURF，分别选择绘制的两个圆作为第一条和第二条定义曲线，最后生成的直纹曲面如图10-17（b）所示。

（a）作为草图的圆图　　　（b）生成的直纹曲面

图10-17　绘制直纹曲面

10.4.2 平移网格

执行方式

命令行：TABSURF。

菜单栏："绘图"→"建模"→"网格"→"平移网格"。

功能区：单击"三维工具"选项卡"建模"面板中的"平移曲面"按钮。

操作步骤

命令行提示如下。

命令：TABSURF ✓
当前线框密度：SURFTAB1=6
选择用作轮廓曲线的对象：选择一个已经存在的轮廓曲线
选择用作方向矢量的对象：选择一个方向线

选项说明

（1）轮廓曲线：可以是直线、圆弧、圆、椭圆、二维或三维多段线。AutoCAD默认从轮廓曲线上离选定点最近的点开始绘制曲面。

（2）方向矢量：指出形状的拉伸方向和长度。在多段线或直线上选定的端点决定拉伸的方向。

选择图10-18（a）中的六边形为轮廓曲线对象，并以其中所绘制的直线为方向矢量绘制的图形，平移后的曲面如图10-18（b）所示。

（a）六边形和方向线　　　（b）平移后的曲面

图10-18　平移曲面

10.4.3 边界网格

执行方式

命令行：EDGESURF。

菜单栏："绘图"→"建模"→"网格"→"边界网格"。

功能区：单击"三维工具"选项卡"建模"面板中的"边界曲面"按钮。

操作步骤

命令行提示如下。

命令：EDGESURF ✓
当前线框密度：SURFTAB1=6 SURFTAB2=6
选择用作曲面边界的对象 1： 选择第一条边界线
选择用作曲面边界的对象 2： 选择第二条边界线
选择用作曲面边界的对象 3： 选择第三条边界线
选择用作曲面边界的对象 4： 选择第四条边界线

选项说明

系统变量SURFTAB1和SURFTAB2分别控制M、N方向的网格分段数。可通过在命令行输入SURFTAB1改变M方向的默认值，在命令行输入SURFTAB2改变N方向的默认值。

下面生成一个简单的边界曲面。首先选择菜单栏中的"视图"→"三维视图"→"西南等轴测"命令，将视图转换为"西南等轴测"，绘制4条首尾相连的边界，如图10-19（a）所示。在绘制边界的过程中，为了方便可以首先绘制一个基本三维表面中的立方体作为辅助立体，在它上面绘制边界，然后将其删除。执行边界曲面命令EDGESURF，分别选择绘制的4条边界，则得到如图10-19（b）所示的边界曲面。

（a）边界曲线　　　　（b）生成的边界曲面

图 10-19　边界曲面

10.4.4 | 旋转网格

执行方式

命令行：REVSURF。

菜单栏："绘图"→"建模"→"网格"→"旋转网格"。

操作步骤

命令行提示如下。

命令：REVSURF ✓
当前线框密度：SURFTAB1=6 SURFTAB2=6
选择要旋转的对象： 选择已绘制好的直线、圆弧、圆或二维、三维多段线

选择定义旋转轴的对象： 选择已绘制好用作旋转轴的直线或是开放的二维、三维多段线
指定起点角度 <0>： 输入值或直接按 <Enter> 键接受默认值
指定包含角度（+= 逆时针，－ = 顺时针）<360>：
输入值或直接按 <Enter> 键接受默认值

选项说明

（1）起点角度。如果设置为非零值，平面将从生成路径曲线位置的某个偏移处开始旋转。

（2）包含角。用来指定绕旋转轴旋转的角度。

（3）系统变量SURFTAB1和SURFTAB2。用来控制生成网格的密度。SURFTAB1指定在旋转方向上绘制的网格线数目；SURFTAB2指定绘制的网格线数目进行等分。

图10-20所示为利用REVSURF命令绘制的花瓶。

（a）轴线和回转轮廓线　　（b）回转面

（c）调整视角

图 10-20　绘制花瓶

实例教学

下面以图10-21所示的弹簧为例，介绍一下旋转网格命令的使用方法。

 扫一扫

图 10-21　弹簧

STEP 绘制步骤

❶ 在命令行输入"UCS"，设置用户坐标系。命令行提示与操作如下。

```
命令：UCS ✓
当前 UCS 名称：* 世界 *
指定 UCS 的原点或 [面（F）/命名（NA）/对象
（OB）/上一个（P）/视图（V）/世界（W）/X/Y/
Z/Z 轴（ZA）]<世界>：200，200，0✓
指定 X 轴上的点或 <接受>：✓
```

❷ 单击"默认"选项卡"绘图"面板中的"多段线"
按钮 ⌐⊃，以（0，0，0）为起点（@200<15）
（@200<165）绘制多段线。重复上述步骤，
结果如图 10-22 所示。

图 10-22　绘制步骤 1

❸ 单击"默认"选项卡"绘图"面板中的"圆"按
钮 ⊙，指定多段线的起点为圆心，半径为 20，
结果如图 10-23 所示。

图 10-23　绘制步骤 2

❹ 单击"默认"选项卡"修改"面板中的"复制"
按钮 ⅏。结果如图 10-24 所示。重复上述步骤，
结果如图 10-25 所示。

图 10-24　绘制步骤 3

图 10-25　绘制步骤 4

❺ 单击"默认"选项卡"绘图"面板中的"直线"
按钮 ╱，直线的起点为第一条多段线的中点，
终点的坐标为（@50<105）。重复上述步骤，
结果如图 10-26 所示。

图 10-26　绘制步骤 5

❻ 单击"默认"选项卡"绘图"面板中的"直线"
按钮 ╱，直线的起点为第一条多段线的中点，
终点的坐标为（@50<75）。重复上述步骤，
结果如图 10-27 所示。

图 10-27　绘制步骤 6

❼ 在命令行输入"SURFTAB1"和"SUPFTAB2"，
修改线条密度。

```
命令：SURFTAB1 ✓
输入 SURFTAB1 的新值 <6>：12 ✓
命令：SURFTAB2 ✓
输入 SURFTAB2 的新值 <6>：12 ✓
```

❽ 选择菜单栏中的"绘图"→"建模"→"网格"→"旋
转网格"命令，旋转上述圆，结果如图 10-28
所示。命令行提示与操作如下。

```
命令：_revsurf
当前线框密度：SURFTAB1=12  SURFTAB2=12
选择要旋转的对象：
选择定义旋转轴的对象：
指定起点角度 <0>：
指定包含角（+= 逆时针，-= 顺时针）<360>：180
```

图 10-29 绘制步骤 8

❾ 单击"视图"选项卡"视图"面板中的"西南等
  轴测"按钮 ◈，切换视图。

❿ 单击"默认"选项卡"绘图"面板中的"删除"
  按钮 ✎，删除多余的线条。

⓫ 单击"视图"选项卡"视觉样式"面板中的"隐
  藏"按钮 ▣，对实体进行消隐。最终结果如图
  10-21 所示。

图 10-28 绘制步骤 7

重复上述步骤，依次将其他几个圆旋转 -180°，
结果如图 10-29 所示。

10.5 综合演练——茶壶

分析图 10-30 所示茶壶，壶嘴的建立是一个需要特别注意的地方，因为如果使用三维
实体建模工具，很难建立起图示的实体模型，因而采用建立曲面的方法建立壶嘴的表面模
型。壶把采用沿轨迹拉伸截面的方法生成，壶身则采用旋转曲面的方法生成。

扫一扫

作为旋转直线，如图 10-32 所示。然后单击"视
图"选项卡"导航"面板中的"范围"下拉列
表下的"实时"图标 🔍，将所绘直线区域放大。

图 10-31 "图层特性管理器"对话框

图 10-30 茶壶

10.5.1 绘制茶壶拉伸截面

STEP 绘制步骤

❶ 选择菜单栏中的"格式"→"图层"命令，打开
  "图层特性管理器"对话框，如图 10-31 所示。
  利用创建"图层特性管理器"辅助线层和茶壶层。

❷ 单击"默认"选项卡"绘图"面板中的"直线"
  按钮 ╱，在"辅助线"层上绘制一条竖直线段，

图 10-32 绘制旋转轴

❸ 将"茶壶"图层设置为当前图层。单击"默认"
选项卡"绘图"面板中的"多段线"按钮╱,
绘制茶壶半轮廓线,如图 10-33 所示。

图 10-33　绘制茶壶半轮廓线

❹ 单击"默认"选项卡"修改"面板中的"镜像"
按钮⚠,将茶壶半轮廓线以辅助线为对称轴镜像
到直线的另外一侧。

❺ 单击"默认"选项卡"绘图"面板中的"多段线"
按钮╱,按照图 10-34 所示的样式绘制壶嘴和
壶把轮廓线。

图 10-34　绘制壶嘴和壶把轮廓线

❻ 选择菜单栏中的"视图"→"三维视图"→"西
南等轴测"命令,将当前视图切换为西南等轴
测视图,如图 10-35 所示。

图 10-35　西南等轴测视图

❼ 在命令行输入"ucs"命令,设置用户坐标系,
新建图 10-36 所示的坐标系。

图 10-36　新建坐标系

❽ 在命令行输入"ucsicon"命令,使用户坐标系
不在茶壶嘴上显示,然后依次选择"n""非原点"。

❾ 在命令行输入"ucs"命令,设置用户坐标系,
将坐标系绕 X 轴旋转 90 度。

❿ 在命令行输入"ucs"命令,设置用户坐标系并
新建坐标系。新坐标以壶嘴与壶体连接处的下
端点为新的原点,以连接处的上端点为 X 轴,Y
轴方向取默认值。

⓫ 在命令行输入"ucs"命令,设置用户坐标系,
旋转坐标系,使当前坐标系绕 X 轴旋转 90°。

⓬ 单击"默认"选项卡"绘图"面板中的"椭圆弧"
按钮⊙,以壶嘴和壶体的两个交点作为圆弧的
两个端点,选择合适的切线方向绘制图形,如
图 10-37 所示。

图 10-37　绘制壶嘴与壶身交接处圆弧

10.5.2 | 拉伸茶壶截面

STEP 绘制步骤

❶ 在命令行输入"surftab1""surftab2"并将系
统变量的值设为 20,修改三维表面的显示精度。
命令行提示与操作如下。

```
命令：surftab1 ✓
输入 SURFTAB1 的新值 <6>：20 ✓
命令：surftab2 ✓
输入 SURFTAB2 的新值 <6>：20 ✓
```

❷ 选择菜单栏中的"绘图"→"建模"→"网格"→"边
界网格"命令,绘制壶嘴曲面。命令行提示与
操作如下。

```
命令：EDGESURF ✓
当前线框密度：SURFTAB1=6 SURFTAB2=6
选择用作曲面边界的对象 1：（依次选择壶嘴的四条
边界线）
选择用作曲面边界的对象 2：（依次选择壶嘴的四条
边界线）
选择用作曲面边界的对象 3：（依次选择壶嘴的四条
边界线）
选择用作曲面边界的对象 4：（依次选择壶嘴的四条
边界线）
```

结果如图 10-38 所示。

图 10-38　绘制壶嘴半曲面

❸ 选择菜单栏中的"修改"→"三维操作"→"三维镜像"命令，创建壶嘴下半部分曲面，如图 10-39 所示。

图 10-39　壶嘴下半部分曲面

❹ 在命令行输入"ucs"，设置用户坐标系，新建坐标系。利用"捕捉到端点"的捕捉方式，选择壶把与壶体的上部交点作为新的原点，壶把多义线的第一段直线的方向作为 X 轴正方向，回车接受 Y 轴的默认方向。

❺ 在命令行输入"ucs"，设置用户坐标系，将坐标系绕 Y 轴旋转 -90°，即沿顺时针方向旋转 90°，结果如图 10-40 所示。

图 10-40　新建坐标系

❻ 单击"默认"选项卡"绘图"面板中的"椭圆"按钮 ○，绘制壶把的椭圆截面，如图 10-41 所示。

图 10-41　绘制壶把的椭圆截面

❼ 单击"三维工具"选项卡"建模"面板中的"拉伸"

按钮 █，将椭圆截面沿壶把轮廓线拉伸成壶把，如图 10-42 所示。

图 10-42　拉伸壶把

❽ 选择菜单栏中的"修改"→"对象"→"多段线"命令，将壶体轮廓线合并成一条多段线。

❾ 选择菜单栏中的"绘图"→"建模"→"网格"→"旋转网格"命令，旋转壶体曲线得到壶体表面。命令行提示与操作如下。

```
命令：REVSURF ↙
当前线框密度：SURFTAB1=20　SURFTAB2=20
选择要旋转的对象 1：（指定壶体轮廓线）
选择定义旋转轴的对象：（指定已绘制好的用作旋转
轴的辅助线）
指定起点角度 <0>：↙
指定包含角度（+ = 逆时针，− = 顺时针）<360>：↙
```

旋转结果如图 10-43 所示。

图 10-43　建立壶体表面

❿ 在命令行输入"UCS"命令，设置用户坐标系，返回世界坐标系。然后再次执行 ucs 命令，将坐标系绕 X 轴旋转 -90°，如图 10-44 所示。

图 10-44　世界坐标系下的视图

⓫ 选择菜单栏中的"修改"→"三维操作"→"三维旋转"命令，将茶壶图形旋转 90°。

⑫ 关闭"辅助线"图层。单击"视图"选项卡"视觉样式"面板中的"隐藏"按钮，对模型进行消隐处理，结果如图 10-45 所示。

图 10-45　消隐处理后的茶壶模型

10.5.3 | 绘制茶壶盖

STEP 绘制步骤

❶ 在命令行输入"ucs"，设置用户坐标系，新建坐标系，将坐标系切换到世界坐标系，并将坐标系放置在中心线端点。

❷ 单击"视图"选项卡"视图"面板中的"前视"按钮，单击"默认"选项卡"绘图"面板中的"多段线"按钮，绘制壶盖轮廓线，如图 10-46 所示。

图 10-46　绘制壶盖轮廓线

❸ 选择菜单栏中的"绘图"→"建模"→"网格"→"旋转网格"命令，将第❷步绘制的多段线绕中心线旋转 360°。命令行提示与操作如下。

```
命令：_revsurf
当前线框密度：SURFTAB1=20  SURFTAB2=20
选择要旋转的对象：选择上步绘制的
选择定义旋转轴的对象：选择中心线
指定起点角度 <0>：✓
指定包含角（+= 逆时针，-= 顺时针）<360>：✓
```

❹ 单击"视图"选项卡"视图"面板中的"西南等轴测"按钮，单击"视图"→"消隐"菜单项，将已绘制的图形消隐，结果如图 10-47 所示。

图 10-47　消隐处理后的壶盖模型

❺ 单击"视图"选项卡"视图"面板中的"前视"按钮，将视图方向设定为前视图，单击"默认"选项卡"绘图"面板中的"多段线"按钮，绘制如图 10-48 所示的多段线。

图 10-48　绘制壶盖上端

❻ 选择菜单栏中的"绘图"→"建模"→"网格"→"旋转网格"命令，将绘制好的多段线绕多段线旋转 360°，如图 10-49 所示。

图 10-49　所旋转网格

❼ 单击"视图"选项卡"视图"面板中的"西南等轴测"按钮，单击"视图"选项卡"视觉样式"面板中的"隐藏"按钮，将已绘制的图形消隐，结果如图 10-50 所示。

图 10-50　茶壶消隐后的结果

⑧ 单击"默认"选项卡"修改"面板中的"删除"按钮✐，选中视图中多余的线段并删除。

⑨ 单击"默认"选项卡"修改"面板中的"移动"按钮✛，将壶盖向上移动，单击"视图"选项卡"视觉样式"面板中的"隐藏"按钮📦，对实体进行消隐，如图10-51所示。

图 10-51 移动壶盖后

10.6 上机实验

【实验 1】利用三维动态观察器观察泵盖图形

1. 目的要求

如图10-52所示，为了更清楚地观察三维图形，了解三维图形各部分各方位的结构特征，需要从不同视角观察三维图形，而利用三维动态观察器能够方便地对三维图形进行多方位观察。通过本例，要求读者掌握从不同视角观察物体的方法。

图 10-52 泵盖

2. 操作提示

（1）打开三维动态观察器。

（2）灵活利用三维动态观察器的各种工具进行动态观察。

【实验 2】绘制小凉亭

1. 目的要求

如图10-53所示，三维表面是构成三维图形的基本单元，灵活利用各种基本三维表面构建三维图形是三维绘图的关键技术与能力要求。通过本例，要求读者熟练掌握各种三维表面绘制方法，体会构建三维图形的技巧。

图 10-53 小凉亭

2. 操作提示

（1）利用"三维视点"命令设置绘图环境。

（2）利用"平移曲面"命令绘制凉亭的底座。

（3）利用"平移曲面"命令绘制凉亭的支柱。

（4）利用"阵列"命令得到其他的支柱。

（5）利用"多段线"命令绘制凉亭顶盖的轮廓线。

（6）利用"旋转"命令生成凉亭的顶盖。

第 11 章

三维实体绘制

三维实体是绘图设计过程当中相当重要的一个环节。因为图形的主要作用是表达物体的立体形状，而物体的真实度则需三维建模进行绘制。因此，如果没有三维建模，绘制出的图纸几乎都是平面。本章介绍三维实体绘制。

重点与难点

- 创建基本三维建模
- 布尔运算
- 特征操作
- 建模三维操作

11.1 创建基本三维建模

11.1.1 | 螺旋体

螺旋是一种特殊的基本三维实体，如图11-1所示。

图11-1 螺旋体

如果没有专门的命令，要绘制一个螺旋体还是很困难的。AutoCAD提供一个螺旋绘制功能来完成螺旋体的绘制。具体操作方法如下。

执行方式

命令行：HELIX。

菜单栏："绘图"→"螺旋"。

工具栏：单击"建模"工具栏中的"螺旋"按钮 。

功能区：单击"默认"选项卡"绘图"面板中的"螺旋"按钮 。

操作步骤

命令行提示如下。

```
命令：HELIX ✓
圈数 = 3.0000    扭曲 =CCW
指定底面的中心点：（指定点）
指定底面半径或 [直径（D）] <1.0000>：（输入
底面半径或直径）
指定顶面半径或 [直径（D）] <26.5531>：（输入
顶面半径或直径）
指定螺旋高度或 [轴端点（A）/圈数（T）/圈高（H）/
扭曲（W）] <1.0000>：
```

选项说明

（1）轴端点：指定螺旋轴的端点位置。它定义了螺旋的长度和方向。

（2）圈数：指定螺旋的圈（旋转）数。螺旋的圈数不能超过500。

（3）圈高：指定螺旋内一个完整圈的高度。当指定圈高值时，螺旋中的圈数将相应地自动更新。

如果已指定螺旋的圈数，则不能输入圈高的值。

（4）扭曲：指定是以顺时针（CW）方向还是以逆时针方向（CCW）绘制螺旋。螺旋扭曲的默认值是逆时针。

11.1.2 | 长方体

长方体是最简单的实体单元。下面讲述其绘制方法。

执行方式

命令行：BOX。

菜单栏："绘图"→"建模"→"长方体"。

工具栏：单击"建模"工具栏中的"长方体"按钮 。

功能区：单击"默认"选项卡"建模"面板中的"长方体"按钮 。

操作步骤

命令行提示如下。

```
命令：BOX ✓
指定第一个角点或 [中心（C）] <0, 0, 0>：指
定第一点或按<Enter>键表示原点是长方体的角点，
或输入"c"表示中心点
```

选项说明

1. 指定第一个角点

用于确定长方体的一个顶点位置。选择该选项后，命令行继续命令提示如下。

指定其他角点或[立方体（C）/长度（L）]：指定第二点或输入选项。

（1）角点：用于指定长方体的其他角点。输入另一角点的数值，即可确定该长方体。如果输入的是正值，则沿着当前UCS的X、Y和Z轴的正向绘制长度。如果输入的是负值，则沿着X、Y和Z轴的负向绘制长度。图11-2（a）所示为利用角点命令创建的长方体。

（2）立方体（C）：用于创建一个长、宽、高相等的长方体。图11-2（b）所示为利用立方体命令创建的长方体。

（3）长度（L）：按要求输入长、宽、高的值。

图 11-3 所示为利用长、宽和高命令创建的长方体。

（a）利用角点命令创建的长方体

（b）利用立方体命令创建的长方体

图 11-2 创建长方体

图 11-3 利用长、宽和高命令创建的长方体

2. 中心点

利用指定的中心点创建长方体。图 11-4 所示为利用中心点命令创建的长方体。

图 11-4 利用中心点命令创建的长方体

注意：如果在创建长方体时选择"立方体"或"长度"选项，则还可以在单击以指定长度时指定长方体在 *XY* 平面中的旋转角度；如果选择"中心点"选项，则可以利用指定中心点来创建长方体。

11.1.3 | 圆柱体

圆柱体也是一种简单的实体单元。下面讲述其绘制方法。

执行方式

命令行：CYLINDER（快捷命令：CYL）。

菜单栏："绘图" → "建模" → "圆柱体"。

工具栏：单击"建模"工具栏中的"圆柱体"按钮 。

功能区：单击"三维工具"选项卡"建模"面板中的"圆柱体" 。

操作步骤

命令行提示如下。

```
命令：CYLINDER ✓
当前线框密度：ISOLINES=4
指定底面的中心点或 [ 三点（3P）/ 两点（2P）/ 切
点、切点、半径（T）/ 椭圆（E）]<0, 0, 0>:
```

选项说明

（1）中心点：先输入底面圆心的坐标，然后指定底面的半径和高度，此选项为系统的默认选项。AutoCAD 按指定的高度创建圆柱体，且圆柱体的中心线与当前坐标系的 *Z* 轴平行，如图 11-5 所示。也可以指定另一个端面的圆心来指定高度，AutoCAD 根据圆柱体两个端面的中心位置来创建圆柱体，该圆柱体的中心线就是两个端面的连线，如图 11-6 所示。

图 11-5 按指定高度创建圆柱体

图 11-6 指定圆柱体另一个端面的中心位置

（2）椭圆（E）：创建椭圆柱体。椭圆端面的绘制方法与平面椭圆一样，创建的椭圆柱体如图11-7所示。

图 11-7 椭圆柱体

其他的基本建模，如楔体、圆锥体、球体、圆环体等的创建方法与长方体和圆柱体类似，不再赘述。

　建模模型具有边和面，还有在其表面内由计算机确定的质量。建模模型是最容易使用的三维模型，它的信息最完整，不会产生歧义。与线框模型和曲面模型相比，建模模型的信息最完整、创建方式最直接。所以，在AutoCAD三维绘图中，建模模型应用非常广泛。

 实例教学

扫一扫

下面以图11-8所示的弯管接头为例，介绍一下圆柱体命令的使用方法。

图 11-8 弯管接头

STEP 绘制步骤

❶ 单击"视图"选项卡"视图"面板中的"西南等轴测"按钮◈，设置视图方向。

❷ 单击"三维工具"选项卡"建模"面板中的"圆柱体"按钮▢，绘制底面中心点为（0，0，0）、半径为20、高度为40的圆柱体。命令行提示与操作如下。

```
命令：CYL✓
指定底面的中心点或 [三点（3P）/两点（2P）/切点、
切点、半径（T）/椭圆（E）]：0，0，0✓
指定底面半径或 [直径（D）] <20.0000>：20✓
指定高度或 [两点（2P）/轴端点（A）]
<10.0000>：40✓
```

结果如图11-9所示。

图 11-9 绘制圆柱体 1

❸ 单击"三维工具"选项卡"建模"面板中的"圆柱体"按钮▢，绘制底面中心点为（0，0，40）、半径为25、高度为-10的圆柱体，如图11-10所示。

图 11-10 绘制圆柱体 2

❹ 单击"三维工具"选项卡"建模"面板中的"圆柱体"按钮▢，绘制底面中心点为（0，0，0）、半径为20、顶面圆的中心点为（40，0，0）的圆柱体，如图11-11所示。

图 11-11 绘制圆柱体 3

❺ 单击"三维工具"选项卡"建模"面板中的"圆柱体"按钮◎，绘制底面中心点为（40，0，0）、半径为 25、顶面圆的圆心为（@-10，0，0）的圆柱体，如图 11-12 所示。

图 11-12　绘制圆柱体 4

❻ 单击"三维工具"选项卡"建模"面板中的"球体"按钮◎，绘制一个圆点在原点、半径为 20 的球体，如图 11-13 所示。

图 11-13　绘制球体 1

❼ 单击"视图"选项卡"视觉样式"面板中的"隐藏"按钮◎，对绘制好的建模进行消隐。此时窗口图形如图 11-14 所示。

图 11-14　弯管主体 1

❽ 单击"三维工具"选项卡"实体编辑"面板中的"并集"按钮◎，将第❼步绘制的所有建模组合为一个整体。此时窗口图形如图 11-15 所示。

图 11-15　弯管主体 2

❾ 单击"三维工具"选项卡"建模"面板中的"圆柱体"按钮◎，绘制底面中心点在原点、直径为 35、高度为 40 的圆柱体，如图 11-16 所示。

图 11-16　绘制圆柱体 5

❿ 单击"三维工具"选项卡"建模"面板中的"圆柱体"按钮◎，绘制底面中心点在原点、直径为 35、顶面圆的圆心为（40，0，0）的圆柱体，如图 11-17 所示。

图 11-17　绘制圆柱体 6

⓫ 单击"三维工具"选项卡"建模"面板中的"球体"按钮◎，绘制一个圆点在原点、直径为 35 的球体，如图 11-18 所示。

图 11-18　绘制球体 2

⓬ 单击"三维工具"选项卡"实体编辑"面板中的"差集"按钮◎，对弯管和直径为 35 的圆柱体和球体进行布尔运算，如图 11-19 所示。

图 11-19　差集运算

⑬ 单击"视图"选项卡"视觉样式"面板中的"隐藏"按钮，对绘制好的建模进行消隐。此时图形如图 11-20 所示。最终绘制效果如图 11-8 所示。

图 11-20　弯管消隐图

11.2　布尔运算

布尔运算在教学的集合运算中得到广泛应用，AutoCAD 也将该运算应用到了建模的创建过程中。用户可以对三维建模对象进行并集、交集、差集的运算。三维建模的布尔运算与平面图形类似。图 11-21 所示为 3 个圆柱体进行交集运算后的图形。

（a）求交集前

（b）求交集后　　（c）交集后的立体图

图 11-21　3 个圆柱体交集后的图形

实例教学

下面以图 11-22 所示的凸透镜为例，介绍一下布尔运算命令的使用方法。

扫一扫

图 11-22　凸透镜

STEP 绘制步骤

❶ 单击"视图"选项卡"视图"面板中的"西南等轴测"按钮，设置视图方向。

❷ 单击"三维工具"选项卡"建模"面板中的"圆柱体"按钮，绘制一个圆柱体。命令行提示与操作如下。

```
命令 :CYLINDER ✓
指定底面的中心点或 [三点（3P）/两点（2P）/切点、切点、半径（T）/椭圆（E）]:0, 0, 0 ✓
指定底面半径或 [直径（D）]: D ✓
指定底面直径：40 ✓
指定高度或 [两点（2P）/轴端点（A）]: 100 ✓
```
结果如图 11-23 所示。

图 11-23　绘制圆柱体

❸ 单击"三维工具"选项卡"建模"面板中的"球体"按钮◯，绘制一个圆心在原点、半径为55mm的球体，如图11-24所示。

图11-24　绘制球体

❹ 单击"三维工具"选项卡"建模"面板中的"球体"按钮◯，绘制一个圆心在（0，0，100）、半径为55mm的球体。

结果如图11-25所示。

图11-25　绘制圆柱体和球体

❺ 单击"三维工具"选项卡"实体编辑"面板中的"交集"按钮，对上面绘制的实体求交集。

❻ 单击"视图"选项卡"视觉样式"面板中的"隐藏"按钮，对实体进行消隐。最终结果如图11-22所示。

11.3 特征操作

11.3.1 拉伸

执行方式

命令行：EXTRUDE（快捷命令：EXT）。

菜单栏："绘图"→"建模"→"拉伸"。

工具栏：单击"建模"工具栏中的"拉伸"按钮。

功能区：单击"三维工具"选项卡"建模"面板中的"拉伸"按钮。

操作步骤

命令行提示如下。

```
命令：EXTRUDE ✓
当前线框密度：ISOLINES=4
选择要拉伸的对象：选择绘制好的二维对象
选择要拉伸的对象：可继续选择对象或按 <Enter>
键结束选择
指定拉伸的高度或 [方向（D）/路径（P）/倾斜角
（T）/表达式（E）]：
```

选项说明

（1）拉伸高度：按指定的高度拉伸出三维建模对象。输入高度值后，根据实际需要，指定拉伸的倾斜角度。如果指定的角度为0，AutoCAD则把二维对象按指定的高度拉伸成柱体；如果输入角度值，

拉伸后建模截面沿拉伸方向按此角度变化，成为一个棱台或圆台体。图11-26所示为不同角度拉伸圆的结果。

（a）拉伸前　　　　（b）拉伸锥角为0°

（c）拉伸锥角为10°　　　（d）拉伸锥角为-10°

图11-26　拉伸圆

（2）路径（P）：以现有的图形对象作为拉伸创建三维建模对象。图11-27所示为沿圆弧曲线路径拉伸圆的结果。

　可以使用创建圆柱体的"轴端点"命令确定圆柱体的高度和方向。轴端点是圆柱体顶面的中心点，可以位于三维空间的任意位置。

（a）拉伸前　　（b）拉伸后

图 11-27　沿圆弧曲线路径拉伸圆

实例教学

　　下面以图 11-28 所示的石栏杆为例，介绍一下拉伸命令的使用方法。

扫一扫

图 11-28　石栏杆

STEP　绘制步骤

❶ 单击"视图"选项卡"视图"面板中的"西南等轴测"按钮❖，设置视图方向。

❷ 单击"三维工具"选项卡"建模"面板中的"长方体"按钮▣，以（0，0，0）和（@20，20，110）为角点绘制长方体；以（-2，-2，0）和（@24，24，78）为角点绘制长方体；以（-2，-2，82）和（@24，24，24）为角点绘制长方体。结果如图 11-29 所示。

图 11-29　绘制长方体

❸ 单击"视图"选项卡"视图"面板中的"前视"按钮▢，切换视图。单击"默认"选项卡"建绘图"面板中的"多段线"按钮，绘制如图

11-30 所示的图形。单击"默认"选项卡"绘图"面板中的"面域"按钮▣，将绘制的图形组成面域。

图 11-30　绘制面域

❹ 单击"三维工具"选项卡"建模"面板中的"旋转"按钮▨，将多段线绕长为 16 的边旋转；单击"默认"选项卡"修改"面板中的"移动"按钮✛，将旋转后的实体移动到长方体的顶端。结果如图 11-31 所示。

图 11-31　移动实体

❺ 在命令行输入"ucs"，将坐标系绕 X 轴旋转 -90°，单击"默认"选项卡"修改"面板中的"圆角"按钮◠，将长方体的棱边倒圆角，圆角半径为 1。结果如图 11-32 所示。

图 11-32　圆角处理

❻ 单击"三维工具"选项卡"建模"面板中的"长方体"按钮▣，以（22，4，0）和（@130，12，70）为角点绘制长方体；以（32，4，30）和（@110，12，30）为角点绘制长方体。

❼ 单击"三维工具"选项卡"实体编辑"面板中的"差集"按钮，对两个长方体进行差集运算。结果如图 11-33 所示。

图 11-33　差集运算

❽ 切换到前视图，单击"视图"选项卡"视图"面板中的"前视"按钮。

❾ 单击"默认"选项卡"绘图"面板中的"矩形"按钮，以（34.5，32.5，-5）和（@25，25）为角点绘制矩形；用圆命令（CIRCLE），分别以矩形的四个角点为圆心，绘制半径为 10 的圆。结果如图 11-34 所示。

图 11-34　绘制矩形和圆

❿ 单击"默认"选项卡"修改"面板中的"修剪"按钮，修剪图形。结果如图 11-35 所示。

图 11-35　修剪处理

⓫ 单击"默认"选项卡"修改"面板中的"矩形阵列"按钮，对修剪后的图形进行矩形阵列，行数为 1，列数为 4，列间距为 26.5。结果如图 11-36 所示。

图 11-36　阵列处理

⓬ 单击"默认"选项卡"绘图"面板中的"面域"按钮，将阵列后的图形创建面域；单击"三维工具"选项卡"建模"面板中的"拉伸"按钮，拉伸面域，拉伸高度为 -10。命令行提示与操作如下。

```
命令：EXTRUDE ✓
当前线框密度：ISOLINES=4
选择要拉伸的对象：（选择阵列后的图形创建面域）
选择要拉伸的对象：✓
指定拉伸的高度或 [ 方向（D）/ 路径（P）/ 倾斜角（T）]：-10 ✓
```

结果如图 11-37 所示。

图 11-37　拉伸面域

⓭ 单击"三维工具"选项卡"建模"面板中的"长方体"按钮，以（32，5，30）和（@110，10，30）为角点绘制长方体。结果如图 11-38 所示。

图 11-38　绘制长方体

⓮ 单击"三维工具"选项卡"实体编辑"面板中的"差集"按钮 ⬛，从长方体中减去拉伸的实体。

⓯ 单击"默认"选项卡"修改"面板中的"复制"按钮 ⬛，复制第⓮步完成的实体。命令行提示与操作如下。

```
命令：COPY ✓
选择对象：(选择图形的左侧部分)
选择对象：✓
当前设置：复制模式 = 多个
指定基点或 [位移(D)/模式(O)] <位移>:0,
0,0 ✓
指定第二个点或 [阵列(A)] <使用第一个点作为
位移>:@154,0,0 ✓
指定第二个点或 [阵列(A)/退出(E)/放弃(U)]
<退出>：✓
```

结果如图 11-39 所示。重复复制图形，删除多余图形，结果如图 11-40 所示。

图 11-39　复制图形

图 11-40　重复复制图形

11.3.2 │ 旋转

旋转是指一个平面图形围绕某个轴转过一定角度形成的实体。

执行方式

命令行：REVOLVE（快捷命令：REV）。
菜单栏："绘图"→"建模"→"旋转"。
工具栏：单击"建模"工具栏中的"旋转"按钮 ⬛。

功能区：单击"三维工具"选项卡"建模"面板中的"旋转"按钮 ⬛。

操作步骤

命令行提示如下。

```
命令：REVOLVE ✓
当前线框密度：ISOLINES=4
选择对象： 选择绘制好的二维对象
选择对象： 继续选择对象或按 <Enter> 键结束选择
指定旋转轴的起点或定义轴依照 [对象(O)/X轴(X)/
Y轴(Y)]：
```

选项说明

（1）指定旋转轴的起点：通过两个点来定义旋转轴。AutoCAD 将按指定的角度和旋转轴旋转二维对象。

（2）对象（O）：选择已经绘制好的直线或用多段线命令绘制的直线段作为旋转轴线。

（3）X（Y）轴：将二维对象绕当前坐标系（UCS）的 X（Y）轴旋转。图 11-41 所示为矩形平面绕 X 轴旋转的结果。

（a）旋转界面　　（b）旋转后的建模

图 11-41　旋转体

实例教学

下面以图 11-42 所示的吸顶灯为例，介绍一下旋转命令的使用方法。

图 11-42　吸顶灯

STEP 绘制步骤

❶ 单击"视图"选项卡"视图"面板中的"西南等

轴测"按钮◈，将当前视图设为"西南等轴测"视图。

❷ 单击"三维工具"选项卡"建模"面板中的"圆环体"按钮◎，命令行提示与操作如下。

```
命令：torus↙
正在初始化... 已加载三维对象。
指定中心点或［三点（3P）/两点（2P）/切点、切点、
半径（T）］：0, 0, 0↙
指定半径或［直径（D）］<50.0000>：50↙
指定圆管半径或［两点（2P）/直径（D）］
<5.0000>：5↙
```

结果如图11-43所示。

图11-43 绘制圆环体1

用同样的方法绘制另一个圆环体，在命令行提示下依次输入（0, 0, -8）、45、4.5，如图11-44所示。

图11-44 绘制圆环体2

❸ 绘制直线和圆弧。

（1）单击"视图"选项卡"视图"面板中的"前视"按钮⬚，将当前视图设为"前视"视图，如图11-45所示。

图11-45 切换到前视图

（2）单击"默认"选项卡"绘图"面板中的"直线"按钮╱，以（0, -9.5）和（@0, -45）为端点绘制直线，如图11-46所示。

图11-46 绘制直线

（3）单击"默认"选项卡"绘图"面板中的"圆弧"按钮⌒，绘制圆弧。在命令行提示下选择直线的下端点为起点，依次输入E、（45, -8）、R、45，结果如图11-47所示。

图11-47 绘制直线和圆弧

❹ 单击"三维工具"选项卡"建模"面板中的"旋转"按钮⬱，旋转对象。命令行提示与操作如下。

```
命令：_revolve
当前线框密度：ISOLINES=4，闭合轮廓创建模式
=实体
选择要旋转的对象或［模式（MO）］：_MO 闭合轮
廓创建模式［实体（SO）/曲面（SU）］<实体>：
_SO
选择要旋转的对象或［模式（MO）］：（选择圆弧）
选择要旋转的对象或［模式（MO）］：↙
指定轴起点或根据以下选项之一定义轴［对象（O）/
X/Y/Z］<对象>：（选择直线的一端点）
指定轴端点：（选择直线的另一端点）
指定旋转角度或［起点角度（ST）/反转（R）/表
达式（EX）］<360>：
```

结果如图11-48所示。

图11-48 绘制下半球面

❺ 单击"视图"选项卡"视图"面板中的"西南等轴测"按钮◈，将当前视图设为"西南等轴测"视图。

❻ 选择菜单栏中的"视图"→"渲染"→"材质浏览器"命令，在材质选项板中选择适当的材质。选择菜单栏中的"视图"→"渲染"→"渲染"命令，对实体进行渲染，渲染后的效果如图11-42所示。

11.3.3 │ 扫掠

命令行：SWEEP。

菜单栏："绘图"→"建模"→"扫掠"。

工具栏：单击"建模"工具栏中的"扫掠"按钮 🔲。

功能区：单击"三维工具"选项卡"建模"面板中的"扫掠"按钮 🔲。

操作步骤

命令行提示如下。

```
命令：SWEEP↙
当前线框密度：ISOLINES=2000
选择要扫掠的对象：选择对象，如图11-49（a）中
的圆
选择要扫掠的对象：↙
选择扫掠路径或 [对齐（A）/基点（B）/比例（S）/
扭曲（T）]：选择对象，如图11-49（a）中螺
旋线
```

扫掠结果如图11-49（b）所示。

（a）对象和路径　　　　（b）结果

图11-49 扫掠

选项说明

（1）对齐（A）：指定是否对齐轮廓以使其作为扫掠路径切向的法向，默认情况下，轮廓是对齐的。选择该选项，命令行提示如下。

```
扫掠前对齐垂直于路径的扫掠对象 [是（Y）/否
（N）] <是>：输入"n"，指定轮廓无须对齐；按
<Enter>键，指定轮廓将对齐
```

> **注意** 使用扫掠命令，可以通过沿开放或闭合的二维或三维路径扫掠开放或闭合的平面曲线（轮廓）来创建新建模或曲面。扫掠命令用于沿指定路径以指定轮廓的形状（扫掠对象）创建建模或曲面。可以扫掠多个对象，但是这些对象必须在同一平面内。如果沿一条路径扫掠闭合的曲线，则生成建模。

（2）基点（B）：指定要扫掠对象的基点。如果指定的点不在选定对象所在的平面上，则该点将被投影到该平面上。选择该选项，命令行提示如下。

```
指定基点：指定选择集的基点
```

（3）比例（S）：指定比例因子以进行扫掠操作。从扫掠路径的开始到结束，比例因子将统一应用到扫掠的对象上。选择该选项，命令行提示如下。

```
输入比例因子或 [参照（R）] <1.0000>：指定比
例因子，输入"r"，调用参照选项；按<Enter>键，
选择默认值
```

其中"参照（R）"选项表示通过拾取点或输入值来根据参照的长度缩放选定的对象。

（4）扭曲（T）：设置正被扫掠对象的扭曲角度。扭曲角度指定沿扫掠路径全部长度的旋转量。选择该选项，命令行提示如下。

```
输入扭曲角度或允许非平面扫掠路径倾斜 [倾斜
（B）] <n>：指定小于360°的角度值，输入"b"，
打开倾斜；按<Enter>键，选择默认角度值
```

其中"倾斜（B）"选项指定被扫掠的曲线是否沿三维扫掠路径（三维多线段、三维样条曲线或螺旋线）自然倾斜（旋转）。

图11-50所示为扭曲扫掠示意图。

（a）对象和路径　　（b）不扭曲　　（c）扭曲45°

图11-50 扭曲扫掠示意图

实例教学

下面以图11-51所示的锁图形为例，介绍一下扫掠命令的使用方法。

扫一扫

图11-51 锁图形

STEP 绘制步骤

❶ 单击"默认"选项卡"绘图"面板中的"矩形"按钮 🔲，绘制角点坐标为（-100，30）和

（100，-30）的矩形，如图 11-52 所示。

图 11-52 绘制矩形

❷ 单击"默认"选项卡"绘图"面板中的"圆弧"
按钮 ⌒，绘制起点坐标为（100，30）、端点
坐标为（-100，30）、半径为 340 的圆弧，如
图 11-53 所示。

图 11-53 绘制圆弧 1

❸ 单击"默认"选项卡"绘图"面板中的"圆弧"
按钮 ⌒，绘制起点坐标为（-100，-30）、端
点坐标为（100，-30）、半径为 340 的圆弧，
如图 11-54 所示。

图 11-54 绘制圆弧 2

❹ 单击"默认"选项卡"修改"面板中的"修剪"
按钮 ✂，对上述圆弧和矩形进行修剪，结果如
图 11-55 所示。

图 11-55 修剪后的图形

❺ 单击"默认"选项卡"修改"面板中的"编辑多
段线"按钮 ✎，将上述多段线合并为一个整体。

❻ 单击"视图"选项卡"视图"面板中的"西南等
轴测"按钮 ◈，切换到西南等轴测视图。

❼ 单击"三维工具"选项卡"建模"面板中的"拉伸"
按钮 ▤，选择第❻步创建的面域高度为 150，
结果如图 11-56 所示。

图 11-56 拉伸后的图形

❽ 在命令行直接输入"ucs"，将新的坐标原点移
动到（0，0，150）。选择菜单命令"视图"→"三
维视图"→"平面视图"→"当前 UCS"，切
换视图。

❾ 单击"默认"选项卡"绘图"面板中的"圆"
按钮 ⊘，指定圆心坐标为（-70，0），半径
为 15，绘制一个圆。重复上述指令，在右边
的对称位置再作一个同样大小的圆，结果如图
11-57 所示。单击"视图"选项卡"视图"面
板中的"前视"按钮 ▣，切换到前视图。

图 11-57 绘制圆

❿ 在命令行直接输入"ucs"，将新的坐标原点移
动到（0，150，0）。

⓫ 单击"默认"选项卡"绘图"面板中的"多段线"
按钮 ⟍⟋，绘制多段线。在命令行提示下依次输
入（-70，-30）、（@80<90）、A、A、-180、R、
70、0、L、（70，0），结果如图 11-58 所示。

图 11-58 绘制多段线

⓬ 单击"视图"选项卡"视图"面板中的"西南等

轴测"按钮💠，返回西南等轴测图。

⓭ 单击"三维工具"选项卡"建模"面板中的"扫掠"按钮🔧，对绘制的圆与多段线进行扫掠处理。命令行提示与操作如下。

```
命令：_sweep
当前线框密度： ISOLINES=4，闭合轮廓创建模式
= 实体
选择要扫掠的对象或 [模式（MO）]：_MO 闭合轮廓
创建模式 [实体（SO）/曲面（SU）] <实体>：_SO
选择要扫掠的对象或 [模式（MO）]：找到 1 个（选
择圆）
选择要扫掠的对象或 [模式（MO）]：（选择圆）
选择扫掠路径或 [对齐（A）/基点（B）/比例（S）/
扭曲（T）]：（选择多段线）
```

结果如图 11-59 所示。

图 11-59　扫掠后

⓮ 单击"三维工具"选项卡"建模"面板中的"圆柱体"按钮▣，绘制底面中心点为（-70，0，0），底面半径为 20，轴端点为（-70，-30，0）的圆柱体。结果如图 11-60 所示。

图 11-60　绘制圆柱体

⓯ 在命令行直接输入"ucs"，将新的坐标原点绕 X 轴旋转 90°。

⓰ 单击"三维工具"选项卡"建模"面板中的"楔体"按钮◣，绘制楔体。命令行提示与操作如下。

```
命令：we
指定第一个角点或 [中心（C）]：-50，-70，10
指定其他角点或 [立方体（C）/长度（L）]：
-80，70，10
指定高度或 [两点（2P）] <30.0000>：20
```

⓱ 单击"三维工具"选项卡"实体编辑"面板中的"差集"按钮🗗，对扫掠体与楔体进行差集运算，如图 11-61 所示。

图 11-61　差集运算

⓲ 利用"三维旋转"命令，将上述锁柄绕着右边的圆的中心垂线旋转 180°。命令行提示与操作如下。

```
命令：3drotate
UCS 当前的正角方向：ANGDIR= 逆时针 ANGBASE=0
选择对象：（选择锁柄）
选择对象：✓
指定基点：（指定右边圆的圆心）
拾取旋转轴：（选择 Z 轴）
指定角的起点：180 ✓
```

旋转的结果如图 11-62 所示。

图 11-62　旋转处理

⓳ 单击"三维工具"选项卡"实体编辑"面板中的"差集"按钮🗗，对左边小圆柱体与锁体进行差集操作，在锁体上打孔。

⓴ 单击"默认"选项卡"修改"面板中的"圆角"按钮⌐，设置圆角半径为 10，对锁体四周的边进行圆角处理。

㉑ 单击"视图"选项卡"视觉样式"面板中的"隐藏"按钮📦，对实体进行消隐，结果如图 11-63 所示。

图 11-63　消隐处理

11.3.4 放样

放样是指按指定的导向线生成实体，使实体的某几个截面形状刚好是指定的平面图形形状。

执行方式

命令行：LOFT。

菜单栏："绘图"→"建模"→"放样"。

工具栏：单击"建模"工具栏中的"放样"按钮 。

功能区：单击"三维工具"选项卡"建模"面板中的"放样"按钮 。

操作步骤

命令行提示如下。

```
命令：LOFT↙
按放样次序选择横截面：依次选择如图11-64所示的3个截面
按放样次序选择横截面：
按放样次序选择横截面：
按放样次序选择横截面：↙
输入选项 [ 导向（G）/ 路径（P）/ 仅横截面（C）]
< 仅横截面 >：
```

图11-64 选择截面

选项说明

（1）仅横截面（C）：选择该选项，系统弹出"放样设置"对话框，如图11-65所示。其中有4个单选钮选项，图11-66（a）所示为点选"直纹"单选钮的放样结果示意图，图11-66（b）所示为点选"平滑拟合"单选钮的放样结果示意图，图11-66（c）所示为点选"法线指向"单选钮并选择"所有横截面"选项的放样结果示意图，图11-66（d）所示为点选"拔模斜度"单选钮并设置"起点角度"为45°、"起点幅值"为10、"端点角度"为60°、"端点幅值"为10的放样结果示意图。

图11-65 "放样设置"对话框

（a）"直纹"　　　（b）"平滑拟合"

（c）"法线指向"　　　（d）"拔模斜度"

图11-66 放样结果示意图

（2）导向（G）：指定控制放样建模或曲面形状的导向曲线。导向曲线是直线或曲线，可通过将其他线框信息添加至对象来进一步定义建模或曲面的形状，如图11-67所示。选择该选项，命令行提示如下。

图11-67 导向放样

选择导向轮廓或 [合并多条边（J）]：选择放样建模或曲面的导向曲线，然后按 <Enter> 键

注意　每条导向曲线必须满足以下条件才能正常工作。

与每个横截面相交。

从第一个横截面开始。

到最后一个横截面结束。

可以为放样曲面或建模选择任意数量的导向曲线。

（3）路径（P）：指定放样建模或曲面的单一路径，如图11-68所示。选择该选项，命令行提示如下。

图 11-68　路径放样

选择路径轮廓：指定放样建模或曲面的单一路径

注意　路径曲线必须与横截面的所有平面相交。

11.3.5 | 拖曳

拖曳实际上是一种三维实体对象的夹点编辑，通过拖曳三维实体上的夹持点来改变三维实体的形状。

执行方式

命令行：PRESSPULL。

工具栏：单击"建模"工具栏中的"按住并拖动"按钮 🔲。

功能区：单击"三维工具"选项卡"实体编辑"面板中的"按住并拖动"按钮 🔲。

操作步骤

命令行提示与操作如下。

命令：PRESSPULL ✓

单击有限区域以进行按住或拖曳操作。

选择有限区域后，按住鼠标左键并拖曳，相应的区域就会进行拉伸变形。图11-69所示为选择圆台上表面，按住并拖曳的结果。

（a）圆台　　（b）向下拖曳　　（c）向上拖曳

图 11-69　按住并拖曳

11.4 特殊视图

11.4.1 | 剖切

剖切功能操作是指将实体沿某个截面剖切后得到剩下的实体。

执行方式

命令行：SLICE（快捷命令：SL）。

菜单栏："修改"→"三维操作"→"剖切"。

功能区：单击"三维工具"选项卡"实体编辑"面板中的"剖切"按钮 🔳。

操作步骤

命令行提示与操作如下。

命令：_slice
选择要剖切的对象：（选择要剖切的实体）找到 1 个
选择要剖切的对象：（继续选择或按 <Enter> 键结束选择）

指定 切面 的起点或 [平面对象（O）/曲面（S）/Z轴（Z）/视图（V）/XY（XY）/YZ（YZ）/ZX（ZX）/三点（3）] <三点>：
指定平面上的第二个点：
在所需的侧面上指定点或 [保留两个侧面（B）] <保留两个侧面>：

选项说明

（1）对象（O）：将所选对象的所在平面作为剖切面。

（2）Z轴（Z）：通过平面指定一点与在平面的 Z 轴（法线）上指定另一点来定义剖切平面。

（3）视图（V）：以平行于当前视图的平面作为剖切面。

（4）XY（XY）/YZ（YZ）/ZX（ZX）：将剖切平面与当前用户坐标系（UCS）的 XY 平面/YZ

平面/ZX平面对齐。

（5）三点（3）：根据空间的3个点确定的平面作为剖切面。确定剖切面后，系统会提示保留一侧或两侧。

图11-70所示为剖切三维实体图。

（a）剖切前的三维实体　　（b）剖切后的实体

图11-70　剖切三维实体

11.4.2 | 剖切截面

剖切截面功能与剖切相对应，是指平面剖切实体后截面的形状。

执行方式

命令行：SECTION（快捷命令：SEC）。

操作步骤

命令行提示与操作如下。

命令：SECTION ✓
选择对象：　选择要剖切的实体
指定截面平面上的第一个点，依照　[对象（O）/Z轴（Z）/视图（V）/XY/YZ/ZX/三点（3）] ＜三点＞：指定一点或输入一个选项

图11-71所示为断面图形。

（a）剖切平面与断面

（b）移出的断面图形　　（c）填充剖面线的断面图形

图11-71　断面图形

 实例教学　　　扫一扫

下面以图11-72所示的小闹钟为例，介绍一下剖切命令的使用方法。

图11-72　小闹钟

STEP　**绘制步骤**

❶ 绘制闹钟主体。

（1）单击"视图"选项卡"视图"面板中的"西南等轴测"按钮，设置视图方向。

（2）单击"三维工具"选项卡"建模"面板中的"长方体"按钮，绘制中心在原点、长为80、宽为80、高为20的长方体，如图11-73所示。

图11-73　绘制长方体

（3）选择菜单栏中的"修改"→"三维操作"→"剖切"命令，对长方体进行命令剖切。命令行提示与操作如下。

命令：SLICE ✓
选择要剖切的对象：（选择长方体）✓
选择要剖切的对象：✓
指定 切面 的起点或 [平面对象（O）/曲面（S）/Z轴（Z）/视图（V）/XY/YZ/ZX/三点（3）] ＜三点＞：ZX✓
指定 ZX 平面上的点 ＜0，0，0＞：✓
在要保留的一侧指定点或 [保留两侧（B）]：（选择长方体的下半部分）✓

结果如图11-74所示。

图11-74　剖切处理长方体

（4）单击"三维工具"选项卡"建模"面板中的"圆柱体"按钮▱，绘制圆心在（0，0，-10）、直径为80、高为20的圆柱体，如图11-75 所示。

图 11-75　绘制圆柱体 1

（5）单击"三维工具"选项卡"实体编辑"面板中的"并集"按钮▱，对上面两个实体求并集。

（6）单击"视图"选项卡"视觉样式"面板中的"隐藏"按钮▱，对实体进行消隐。结果如图11-76 所示。

图 11-76　消隐处理 1

（7）单击"三维工具"选项卡"建模"面板中的"圆柱体"按钮▱，绘制圆心在（0，0，10）、直径为60、高为-10的圆柱体，如图11-77 所示。

图 11-77　绘制圆柱体 2

（8）单击"三维工具"选项卡"实体编辑"面板中的"差集"按钮▱，求直径为60的圆柱体和求并集后所得实体的差集。

❷ 绘制时间刻度和指针。

（1）单击"三维工具"选项卡"建模"面板中的"圆柱体"按钮▱，绘制圆心在（0，0，

0）、直径为4、高为8的圆柱体，如图11-78 所示。

图 11-78　绘制圆柱体 3

（2）单击"三维工具"选项卡"建模"面板中的"圆柱体"按钮▱，绘制原点在（0，25，0）、直径为3、高为3的圆柱体。结果如图11-79 所示。

图 11-79　绘制圆柱体 4

（3）单击"默认"选项卡"修改"面板中的"环形阵列"按钮▱，对直径为3的圆柱体进行阵列，设置项目数为12，填充角度为360°，结果如图11-80 所示。

图 11-80　阵列后处理

（4）单击"三维工具"选项卡"建模"面板中的"长方体"按钮▱，绘制小闹钟的时针。命令行提示与操作如下。

```
命令：BOX ✓
指定第一个角点或 [ 中心（C）]：0，-1，0 ✓
指定其他角点或 [ 立方体（C）/ 长度（L）]：L ✓
指定长度：20 ✓
指定宽度：2 ✓
指定高度：1.5 ✓
```

结果如图11-81 所示。

图 11-81　绘制时针

（5）单击"三维工具"选项卡"建模"面板中的"长方体"按钮▤，在点（-1，0，2）处绘制长为2、宽为23、高为1.5的长方体作为小闹钟的分针。

（6）单击"视图"选项卡"视觉样式"面板中的"隐藏"按钮▤，对实体进行消隐。结果如图 11-82 所示。

图 11-82　消隐处理 2

❸ 绘制闹钟底座。

（1）单击"三维工具"选项卡"建模"面板中的"长方体"按钮▤，再以（-40，-40，20）为第一角点、以（40，-56，-20）为第二角点绘制长方体作为闹钟的底座，如图 11-83 所示。

图 11-83　绘制闹钟底座 1

（2）单击"三维工具"选项卡"建模"面板中的"圆柱体"按钮▤，绘制底面中心点在（-40，-40，20）、直径为 20、顶圆轴端点为（@80，0，0）的圆柱体，如图 11-84 所示。

图 11-84　绘制圆柱体 5

（3）单击"默认"选项卡"修改"面板中的"复制"按钮❀，对刚绘制的直径为 20 的圆柱体进行复制。命令行提示与操作如下。

```
命令：COPY↙
选择对象：（选择直径为 20 的圆柱体）↙
选择对象：↙
当前设置：复制模式 = 多个
指定基点或 [位移（D）] <位移>:-40，-40，20↙
指定第二个点或 [阵列（A）] ≪使用第一个点作为位移>:@0，0，-40↙
指定第二个点或 [阵列（A）/退出（E）/放弃（U）] <退出>：↙.
```

结果如图 11-85 所示。

图 11-85　绘制闹钟底座 2

（4）单击"三维工具"选项卡"实体编辑"面板中的"差集"按钮▤，求长方体和两个直径为 20 的圆柱体的差集。

（5）单击"三维工具"选项卡"实体编辑"面板中的"并集"按钮▤，将求差集后得到的实体与闹钟主体合并。

（6）单击"视图"选项卡"视觉样式"面板中的"隐藏"按钮▤，对实体进行消隐。结果图 11-86 所示。

（7）单击"视图"选项卡"视图"面板中的"左视"按钮▤，设置视图方向，如图 11-87 所示。

图 11-86　消隐处理 3

图 11-87　切换到左视图

（8）选择菜单栏中的"修改"→"三维操作"→"三维旋转"命令，将小闹钟顺时针绕 X 轴旋转 $-90°$ ，如图 11-88 所示。

图 11-88　顺时针旋转

（9）单击"视图"选项卡"视图"面板中的"前视"按钮，设置视图方向。

（10）单击"视图"选项卡"视图"面板中的"西南等轴测"按钮，设置视图方向，如图 11-89 所示。

图 11-89　切换视图方向

（11）单击"视图"选项卡"视觉样式"面板中的"隐藏"按钮，对实体进行消隐。结果如图 11-90 所示。

图 11-90　消隐处理 4

❹ 着色与渲染。

（1）单击"三维工具"选项卡"实体编辑"面板中的"着色面"按钮，将小闹钟的不同部分着上不同的颜色。根据命令行的提示，将闹钟的外表面着上棕色，钟面着上红色，时针和分针着上白色。

（2）单击"可视化"选项卡"渲染"面板中的"渲染到尺寸"按钮，对小闹钟进行渲染。渲染结果如图 11-72 所示。

11.5　建模三维操作

11.5.1　倒角

执行方式

命令行：CHAMFEREDGE。

菜单栏：选择菜单栏中的"修改"→"实体编辑"→"倒角边"命令。

工具栏：单击"实体编辑"工具栏中的"倒角边"按钮。

功能区：单击"三维工具"选项卡"实体编辑"面板中的"倒角边"按钮。

操作步骤

命令行提示如下。

命令：CHAMFER ✓
（"修剪"模式）当前倒角距离 1 = 0.0000，距离 2 = 0.0000当前线框密度：ISOLINES=4
选择第一条直线或 [放弃（U）/多段线（P）/距离（D）/角度（A）/修剪（T）/方式（E）/多个（M）]：

选项说明

1. 选择第一条直线

选择建模的一条边，此选项为系统的默认选项。选择某一条边以后，与此边相邻的两个面中的一个面的边框就变成虚线。选择建模上要倒直角的边后，命令行提示如下。

基面选择 ...
输入曲面选择选项 [下一个（N）/当前（OK）] <当前>：

该提示要求选择基面，默认选项是当前，即以虚线表示的面作为基面。如果选择"下一个（N）"选项，则以与所选边相邻的另一个面作为基面。

选择好基面后，命令行继续出现如下提示。

指定基面的倒角距离 <2.0000>：输入基面上的倒角距离
指定其他曲面的倒角距离 <2.0000>：输入与基面相邻的另外一个面上的倒角距离
选择边或 [环（L）]：

（1）选择边：确定需要进行倒角的边，此项为系统的默认选项。选择基面的某一边后，命令行提示如下。

选择边或 [环（L）]：

在此提示下，按<Enter>键对选择好的边进行倒直角，也可以继续选择其他需要倒直角的边。

（2）选择环：对基面上所有的边都进行倒直角。

2. 其他选项

与二维斜角类似，此处不再赘述。

图 11-91 所示为对长方体倒角的结果。

（a）选择倒角边"1"

图 11-91 对建模棱边倒角

（b）选择边倒角结果　　（c）选择环倒角结果

图 11-91 对建模棱边倒角（续）

 实例教学

下面以图 11-92 所示的平键为例，介绍一下倒角命令的使用方法。

扫一扫

图 11-92 平键

STEP 绘制步骤

❶ 选择菜单栏中的"文件"→"新建"命令，弹出"选择样板"对话框，如图 11-93 所示。单击"打开"按钮右侧的下拉按钮，以"无样板打开—公制"（mm）方式建立新文件，并命名为"键.dwg"保存。

图 11-93 "选择样板"对话框

❷ 在命令行输入"isolines"，设置线框密度。默认设置是 4，有效值的范围为 0 ~ 2047。设置对象上每个曲面的轮廓线数目，命令行提示与操作如下。

命令：ISOLINES ✓
输入 ISOLINES 的新值 <4>：10 ✓

❸ 单击"视图"选项卡"视图"面板中的"前视"按钮🔲，将当前视图方向设置为主视图方向。

❹ 单击"默认"选项卡"绘图"面板中的"多段线"按钮⤵，绘制多段线。在命令行提示下依次输入（0，0）、（@5，0）、A、A、−180、（@0，−5）、L、（@−5，0）、A、A、−180、（0，0），结果如图 11-94 所示。

图 11-94　绘制多段线

❺ 单击"视图"选项卡"视图"面板中的"西南等轴测"按钮◈，将当前视图设置为西南等轴测方向，结果如图 11-95 所示。

图 11-95　设置视图方向

❻ 单击"三维工具"选项卡"建模"面板中的"拉伸"按钮🔳，对多段线进行拉伸。命令行提示与操作如下。

命令：_extrude
当前线框密度：ISOLINES=10，闭合轮廓创建模式 = 实体
选择要拉伸的对象或 [模式（MO）]：_MO
闭合轮廓创建模式 [实体（SO）/曲面（SU）] <实体>：_SO
选择要拉伸的对象或 [模式（MO）]：（用鼠标选择绘制的多段线）✓
选择要拉伸的对象或 [模式（MO）]：✓
指定拉伸的高度或 [方向（D）/路径（P）/倾斜角（T）/表达式（E）]：5 ✓

结果如图 11-96 所示。

图 11-96　拉伸

❼ 利用"倒角"命令，对拉伸体进行倒角操作。命令行提示与操作如下。

命令：_CHAMFER
（"修剪"模式）当前倒角距离 1 = 0.0000，距离 2 = 0.0000
选择第一条直线或 [放弃（U）/多段线（P）/距离（D）/角度（A）/修剪（T）/方式（E）/多个（M）]]：D✓
指定第一个倒角距离 <0.0000>：0.1 ✓
指定第二个倒角距离 <0.1000>：✓
选择第一条直线或选择第一条直线或 [放弃（U）/多段线（P）/距离（D）/角度（A）/修剪（T）/方式（E）/多个（M）]：（用鼠标选择图11-96所示的2处）
基面选择 ...
输入曲面选择选项 [下一个（N）/当前（OK）] <当前>：N ✓（此时如图 11-97 所示）
输入曲面选择选项 [下一个（N）/当前（OK）] <当前>：✓（此时如图 11-98 所示）
指定基面倒角距离或 [表达式（E）] <0.1000>：✓
指定其他曲面倒角距离或 [表达式（E）] <0.1000>：✓
选择边或 [环（L）]：（依次用鼠标选择 2 处基面的四个边）
选择边或 [环（L）]：✓

图 11-97　选择基面

图 11-98　选择下一基面

倒角结果如图 11-99 所示。

重复"倒角"命令，将图 11-96 所示的 1 处倒角，倒角参数设置与上面相同，结果如图 11-99 所示。请读者练习，熟悉立体图倒角中基面的选择。

图 11-99　倒角

❽ 单击"视图"选项卡"视觉样式"面板中的"真
实面样式"按钮🔵，结果如图 11-92 所示。

11.5.2 | 圆角

执行方式

命令行：FILLETEDGE。

菜单栏：选择菜单栏中的"修改"→"三维编
辑"→"圆角边"命令。

工具栏：单击"实体编辑"工具栏中的"圆角
边"按钮🔵。

功能区：单击"三维工具"选项卡"实体编辑"
面板中的"圆角边"按钮🔵。

操作步骤

命令行提示如下。

命令：FILLET ✓
当前设置：模式 = 修剪，半径 = 0.0000
选择第一个对象或［放弃（U）/多段线（P）/半径（R）/
修剪（T）/多个（M）］：选择建模上的一条边
输入圆角半径 <0.0000>：输入圆角半径
选择边或 ［链（C）/半径（R）］：

选项说明

选择"链（C）"选项，表示与此边相邻的边都
被选中，并进行倒圆角的操作。图11-100所示为
对长方体倒圆角的结果。

（a）选择倒圆角边"1"

（b）边倒圆角结果　　（c）链倒圆角结果

图 11-100　对建模棱边倒圆角

 实例教学

扫一扫

下面以图11-101所示的电
脑显示器为例，介绍一下圆角命
令的使用方法。

图 11-101　电脑显示器

STEP　绘制步骤

❶ 单击"三维工具"选项卡"建模"面板中的"圆
柱体"按钮🔵，绘制一个圆柱体。命令行提示
与操作如下。

命令：CYLINDER ✓
指定底面的中心点或 ［三点（3P）/两点（2P）/切
点、切点、半径（T）/椭圆（E）］：0，0，0✓　指
定底面半径或 ［直径（D）］：150✓
指定高度或 ［两点（2P）/轴端点（A）］：30 ✓
结果如图 11-102所示。

图 11-102　绘制圆柱体 1

❷ 单击"三维工具"选项卡"建模"面板中的"圆
柱体"按钮🔵，绘制底面中心点在（0，0，
30）、半径为100、高为50的圆柱体，如图
11-103 所示。

图 11-103　绘制圆柱体 2

❸ 单击"三维工具"选项卡"实体编辑"面板中的
"并集"按钮🔵，合并圆柱体。命令行提示
与操作如下。

命令：UNION ✓
选择对象：（选择第一步绘制的圆柱体）
选择对象：（选择第二步绘制的圆柱体）
选择对象：✓

❹ 利用"圆角"命令，倒圆角。命令行提示与操作如下。

> 命令：FILLET ✓
> 当前设置：模式 = 修剪，半径 = 0.0000
> 选择第一个对象或 [放弃（U）/多段线（P）/半径（R）/修剪（T）/多个（M）]：(选择第一步所作圆柱体的上边)
> 输入圆角半径：40 ✓
> 选择边或 [链（C）/半径（R）]：✓

结果如图11-104所示。

图 11-104　显示器底座图形

❺ 单击"三维工具"选项卡"建模"面板中的"长方体"按钮📦，绘制一长方体。命令行提示与操作如下。

> 命令：BOX ✓
> 指定第一个角点或 [中心（C）]：-130，210，80 ✓
> 指定其他角点或 [立方体（C）/长度（L）]：@260，-300，300 ✓

结果如图11-105所示。

图 11-105　绘制长方体 1

❻ 单击"三维工具"选项卡"建模"面板中的"长方体"按钮📦，绘制一长方体，角点分别为（-200，-90，55） 和（@400，-160，350），如图11-106所示。

图 11-106　绘制长方体 2

❼ 利用"圆角"命令，倒圆角。命令行提示与操作如下。

> 命令：FILLET ✓
> 当前设置：模式 = 修剪，半径 = 0.0000
> 选择第一个对象或 [放弃（U）/多段线（P）/半径（R）/修剪（T）/多个（M）]：(选择上一步所作长方体后面的一边) ✓
> 输入圆角半径：40 ✓
> 选择边或 [链（C）/半径（R）]：(选择上一步所作长方体后面的另一边) ✓
> 选择边或 [链（C）/半径（R）]：(选择上一步所作长方体后面的第三边) ✓
> 选择边或 [链（C）/半径（R）]：(选择上一步所作长方体后面的第四边) ✓
> 选择边或 [链（C）/半径（R）]：✓

结果如图11-107所示。

图 11-107　圆角处理长方体

❽ 单击"三维工具"选项卡"建模"面板中的"长方体"按钮📦，绘制一长方体，角点分别为（-160，-250，75）和（@320，10，310），如图11-108所示。

图 11-108　绘制长方体 3

❾ 单击"三维工具"选项卡"实体编辑"面板中的"差集"按钮📎，减去第❽步所作的长方体。命令行提示与操作如下。

> 命令：SUBTRACT ✓
> 选择要从中减去的实体、曲面或面域 . . .
> 选择对象：(选择第六步绘制的长方体) ✓
> 选择要减去的实体、曲面或面域 . .
> 选择对象：(选择第八步绘制的长方体) ✓

最终结果如图11-101所示。

11.5.3 干涉检查

干涉检查主要通过对比两组对象或一对一地检查所有建模来检查建模模型中的干涉（三维建模相交或重叠的区域）。系统将在建模相交处创建和亮显临时建模。

干涉检查常用于检查装配体立体图是否干涉，从而判断设计是否正确。

执行方式

命令行：INTERFERE（快捷命令：INF）。

菜单栏："修改"→"三维操作"→"干涉检查"。

功能区：单击"三维工具"选项卡"实体编辑"面板中的"干涉检查"按钮 ▣。

操作步骤

下面以图11-109所示的零件图为例进行干涉检查。命令行提示如下。

```
命令：INTERFERE ✓
选择第一组对象或 [嵌套选择（N）/设置（S）]：
选择图11-109（b）中的手柄
选择第一组对象或 [嵌套选择（N）/设置（S）]：
✓
选择第二组对象或 [嵌套选择(N)/检查第一组(K)]
<检查>：选择图11-109（b）中的套环
选择第二组对象或 [嵌套选择(N)/检查第一组(K)]
<检查>：✓
```

（a）零件图　　　　　（b）装配图

图11-109　干涉检查

系统打开"干涉检查"对话框，如图11-110所示。在该对话框中列出了找到的干涉对数量，并可以通过"上一个"和"下一个"按钮来亮显干涉

对，如图11-111所示。

图11-110　"干涉检查"对话框

图11-111　亮显干涉对

选项说明

（1）嵌套选择（N）：选择该选项，用户可以选择嵌套在块和外部参照中的单个建模对象。

（2）设置（S）：选择该选项，系统打开"干涉设置"对话框，如图11-112所示。在其中可以设置干涉的相关参数。

图11-112　"干涉设置"对话框

11.6 综合演练——饮水机

分析图11-113所示的饮水机，其绘制思路是：先利用长方体、圆角、布尔运算等命令绘制饮水机主体及水龙头放置口，利用平移网格命令、楔形表面等命令绘制放置台，然后利用长方体、圆柱体、剖切、拉伸、三维镜像等命令绘制水龙头，再利用锥面命令绘制水桶接口，接着利用旋转网格命令绘制水桶，最后进行渲染。

扫一扫

图 11-113　饮水机

11.6.1 饮水机机座

STEP 绘制步骤

❶ 启动 AutoCAD，新建一个空图形文件，在命令行输入"Limits"，输入图纸的左下角和右下脚的坐标（0，0）和（1200，1200）。

❷ 单击"三维工具"选项卡"建模"面板中的"长方体"按钮▇，输入起始点（100，100，0）。在命令行输入 L，然后输入长方体的长、宽和高分别为 450、350 和 1000，如图 11-114 所示。

图 11-114　绘制长方体 1

❸ 单击"视图"选项卡"视图"面板中的"西南等轴测"按钮◈，将视图方向设定为西南等轴测视图。然后单击"视图"→"显示"→"UCS 图标"→"开"菜单项，隐藏坐标轴，饮水机主体的外形如图 11-115 所示。

图 11-115　饮水机主体

❹ 单击"默认"选项卡"修改"面板中的"圆角"按钮▢，执行倒圆角命令。设置圆角半径为 40，然后选择除地面四条棱之外要倒圆角的各条棱。倒角完成后如图 11-116 所示。

图 11-116　倒圆角

❺ 单击"视图"选项卡"视觉样式"面板中的"隐藏"按钮▇，将已绘制的图形消隐，消隐后的效果如图 11-117 所示。

图 11-117　消隐后的效果 1

❻ 单击"三维工具"选项卡"建模"面板中的"长方体"按钮▇，绘制一个长、宽、高分别为 220、20 和 300 的长方体，如图 11-118 所示。

图 11-118　绘制长方体 2

❼ 单击"默认"选项卡"修改"面板中的"圆角"按钮▢，设置圆角半径为 10，然后选择倒圆角的各条棱。倒角完成后如图 11-119 所示。

图 11-119　倒角后生成长方体

❽ 打开状态栏上的"对象捕捉"按钮，单击"默认"选项卡"修改"面板中的"移动"按钮✛，执行移动命令，用对象捕捉命令选择刚生成的长

方体的一个顶点为移动的基点，将长方体移动至图 11-120 所示的位置。

图 11-120　移动长方体到合适位置

❾ 单击"三维工具"选项卡"实体编辑"面板中的"差集"按钮 🖳，执行差运算命令，选择大长方体为"从中减去的对象"，小长方体为"减去对象"，生成饮水机放置水龙头的空间。

❿ 单击"视图"选项卡"视觉样式"面板中的"隐藏"按钮 🐑，将已绘制的图形消隐，消隐后的效果如图 11-121 所示。

图 11-121　生成放置水龙头空间的消隐结果

⓫ 单击"视图"选项卡"视图"面板中的"前视"按钮 🖼，显示前视图，如图 11-122 所示。

图 11-122　切换到"前视"方向

⓬ 单击"默认"选项卡"绘图"面板中的"多段线"按钮 ⌐ᓚ，绘制长度分别为 64、260 和 64 的 3 段直线，如图 11-123 所示。

图 11-123　绘制多段线

⓭ 单击"视图"选项卡"视图"面板中的"右视"按钮 🗗，显示右视图。单击"默认"选项卡"绘图"面板中的"直线"按钮 ╱，绘制长度为 75 的直线。单击"视图"选项卡"视图"面板中的"西南等轴测"按钮 🧭，显示西南等轴测视图，如图 11-124 所示。

图 11-124　生成曲面及平移方向矢量

⓮ 选择菜单栏中的"绘图"→"建模"→"网格"→"平移网格"命令。命令行提示与操作如下。

命令：TABSURF ✓
当前线框密度：SURFTAB1=6
选择用作轮廓曲线的对象：（选择用"多段线"生成的图形）
选择用作方向矢量的对象：（选择用"直线"命令生成的直线）

平移后的效果如图 11-125 所示。

图 11-125　平移曲面

⓯ 单击"默认"选项卡"修改"面板中的"删除"按钮 ╱，删除作为平移方向矢量的直线。

⓰ 单击"三维工具"选项卡"建模"面板中的"楔体"按钮 ◣，绘制楔体。命令行提示与操作如下。

命令：_WEDGE ✓
指定第一个角点或 [中心（C）]：（适当指定一点）
指定其他角点或 [立方体（C）/长度（L）]：L
指定长度：150 ✓
指定宽度：260 ✓
指定高度或 [两点（2P）]：64

然后对图形进行抽壳处理，抽壳距离为 1。
结果如图 11-126 所示。

图 11-126　绘制楔体

⓱ 单击"默认"选项卡"修改"面板中的"移动"按钮 ✛，将楔形表面移动至图 11-127 所示的位置。

图 11-127 生成楔体表面

⓲ 单击"默认"选项卡"修改"面板中的"移动"按钮 ✛，将图 11-127 所示的图形移至图 11-128 所示的位置。

图 11-128 安装生成的表面

⓳ 单击"视图"选项卡"视觉样式"面板中的"隐藏"按钮 🔲，将已绘制的图形消隐，消隐后的效果如图 11-129 所示。

图 11-129 消隐后的效果 2

⓴ 单击"三维工具"选项卡"建模"面板中的"圆柱体"按钮 🔲，绘制直径为 25、高度为 12 的圆柱体作为饮水机水龙头开关，如图 11-130 所示。

图 11-130 绘制圆柱体

㉑ 单击"三维工具"选项卡"建模"面板中的"长

方体"按钮 🔲，绘制一个长、宽、高分别为 80、30 和 30 的长方体，如图 11-131 所示。

图 11-131 生成水管

㉒ 如图 11-132 所示，单击"默认"选项卡"修改"面板中的"移动"按钮 ✛，将圆柱体移动至图示位置。在移动圆柱体时，可以选择移动的基点为上表面或下表面的圆心。

图 11-132 生成水管开关

㉓ 选择菜单栏中的"修改"→"三维操作"→"剖切"命令，选择长方体为被剖切对象，指定三点确定剖切面，使剖切面与长方体表面成 45°角，并且剖切面经过长方体的一条棱。用鼠标选择保留一侧的任一点。剖切后的效果如图 11-133 所示。

图 11-133 剖切水管

㉔ 将水管左侧面所在的平面设置为当前 UCS 所在平面，单击"默认"选项卡"绘图"面板中的"多段线"按钮 ⌐，绘制多边形，其中多边形一条边与水管斜棱重合，如图 11-134 所示。

图 11-134 绘制多边形

㉕ 单击"三维工具"选项卡"建模"面板中的"拉

伸"按钮▉，指定拉伸高度30，也可以使用拉伸路径，用鼠标在垂直于多边形所在平面的方向上指定距离30的两点。指定拉伸的倾斜角度0°，生成水龙头的嘴，如图11-135所示。

图11-135 生成水龙头的嘴

㉖ 单击"默认"选项卡"修改"面板中的工具图标"移动"按钮✛，选择水龙头的嘴作为移动对象，选择拉伸面的一个顶点为基点，移动至图11-136所示的位置。

图11-136 安装水龙头后的效果

㉗ 单击"视图"选项卡"视觉样式"面板中的"隐藏"按钮◈，将已绘制的图形消隐，消隐后的效果如图11-137所示。

图11-137 消隐后的效果3

㉘ 选择菜单栏中的"工具"→"新建UCS"→"上一个"命令，将当前UCS转换到原来的UCS。

㉙ 选择菜单栏中的"修改"→"三维操作"→"三维镜像"命令，执行三维镜像命令mirror3d。选择水龙头作为镜像的对象，指定镜像平面为

YZ平面，打开对象捕捉功能，捕捉中点，作为YZ平面上的一点。保留镜像的源对象，如图11-138所示。

图11-138 镜像处理

㉚ 单击"默认"选项卡"绘图"面板中的"圆"按钮⊙，生成一个半径为12的圆，作为饮水机水开的指示灯。

㉛ 单击"默认"选项卡"修改"面板中的"移动"按钮✛，选择圆作为移动对象，将其移动至水龙头上方，如图11-139所示。

图11-139 移动指示灯

㉜ 单击"默认"选项卡"修改"面板中的"镜像"按钮⚊，选择指示灯作为镜像对象，选择饮水机前面两条棱的中点所在直线为镜像线。生成另外一个表示饮水机正在加热的指示灯，如图11-140所示。

图11-140 镜像指示灯

11.6.2 | 水桶

STEP 绘制步骤

❶ 在命令行输入 ISOLINES，设置线密度为 12。选择菜单栏中的"绘图"→"建模"→"圆锥体"命令，绘制水桶接口圆锥体。命令行提示与操作如下。

```
命令：_cone
指定底面的中心点或 [三点(3P)/两点(2P)/切点、
切点、半径(T)/椭圆(E)]：(适当指定一点)
指定底面半径或 [直径(D)] <50.0000>：
指定高度或 [两点(2P)/轴端点(A)/顶面半径(T)]
<64.0000>：t
指定顶面半径 <100.0000>：
指定高度或 [两点(2P)/轴端点(A)] <64.0000>：
```

结果如图 11-141 所示。

图 11-141　绘制圆锥体

然后对图形进行抽壳处理，抽壳距离为 1，结果如图 11-142 所示。

图 11-142　抽壳处理圆锥体

❷ 单击"默认"选项卡"修改"面板中的"移动"按钮✛，选择圆锥作为移动对象，将圆锥移到饮水机上，使圆锥底面与饮水机上表面的垂直距离为 50，如图 11-143 所示。

图 11-143　生成饮水机与水桶的接口

❸ 单击"默认"选项卡"绘图"面板中的"直线"按钮 ╱ ，绘制一条垂直于 *XY* 平面的直线。单击"默认"选项卡"绘图"面板中的"多段线"按钮 ⌐ ，绘制一条多段线。使多段线上面的水平线段长度为 140，垂直线段长度为 340，下面的水平线段为 25，如图 11-144 所示。

图 11-144　要生成水桶的多段线

❹ 单击菜单栏中的"绘图"→"建模"→"网格"→"旋转网格"命令，指定多段线为旋转对象，指定直线为旋转轴对象。指定起点角度为 0°，包含角为 360°，旋转生成水桶，如图 11-145 所示。

图 11-145　旋转曲面生成水桶

❺ 单击"默认"选项卡"修改"面板中的"移动"按钮✛，选择水桶作为移动对象，选择水桶的下底中点为基点。移动至水桶接口锥面下底中点位置。

❻ 单击"视图"选项卡"视觉样式"面板中的"隐藏"按钮 ▣ ，将已绘制的图形消隐，消隐后的效果如图 11-146 所示。

图 11-146　饮水机的消隐效果

❼ 单击"可视化"选项卡"材质"面板中的"材质浏览器"按钮 ▨ ，系统弹出"材质浏览器"工具板，选择适当的材质赋给饮水机，如图 11-147 所示。

图 11-147　"材质浏览器"工具板

❽ 单击"可视化"选项卡"渲染"面板中的"渲染到尺寸"按钮，进行渲染。渲染效果如图 11-113 所示。

11.7　上机实验

【实验1】绘制透镜

1. 目的要求

如图 11-148 所示，本实验所绘制的实例相对简单，主要用到一些基本三维建模命令和布尔运算命令。通过本例，要求读者掌握基本三维建模命令的使用方法。

图 11-148　透镜

2. 操作提示

（1）分别绘制圆柱体和球体。

（2）利用"并集"和"差集"命令进行处理。

【实验2】绘制绘图模板

1. 目的要求

如图 11-149 所示，本实验所绘制的实例相对简单，主要用到拉伸命令和布尔运算命令。通过本例，要求读者掌握拉伸命令的使用方法。

2. 操作提示

（1）绘制长方体。

（2）在长方体底面绘制一些平面图形并进行拉伸。

图 11-149　绘图模板

（3）利用"差集"命令进行处理。

【实验3】绘制接头

1. 目的要求

如图 11-150 所示，本实验所绘制的实例相对简单，主要用到基本三维建模命令和拉伸命令以及布尔运算命令。通过本例，要求读者掌握各种基本三维建模命令的使用方法。

图 11-150　接头

2. 操作提示

（1）绘制圆柱体。

（2）绘制矩形并进行拉伸。

（3）绘制长方体并进行复制。

（4）利用"差集"命令进行处理。

第12章

三维实体编辑

三维实体编辑主要是对三维物体进行编辑。主要内容包括编辑三维曲面，特殊视图、编辑实体、显示形式、渲染实体。

重点与难点

- ➲ 编辑三维曲面
- ➲ 编辑实体
- ➲ 显示形式
- ➲ 渲染实体

12.1 编辑三维曲面

12.1.1 三维阵列

执行方式

命令行：3DARRAY。

菜单栏："修改"→"三维操作"→"三维阵列"。

工具栏：单击"建模"工具栏中的"三维阵列"按钮 。

操作步骤

命令行提示如下。

命令：3DARRAY ✓
选择对象：选择要阵列的对象
选择对象：选择下一个对象或按 <Enter> 键
输入阵列类型 [矩形（R）/ 环形（P）]< 矩形 >：

选项说明

（1）矩形（R）。对图形进行矩形阵列复制，是系统的默认选项。选择该选项后，命令行提示与操作如下。

输入行数（———）<1>：输入行数
输入列数（||||）<1>：输入列数
输入层数（…）<1>：输入层数
指定行间距（———）：输入行间距
指定列间距（||||）：输入列间距
指定层间距（…）：输入层间距

（2）环形（P）。对图形进行环形阵列复制。选择该选项后，命令行提示与操作如下。

输入阵列中的项目数目：输入阵列的数目
指定要填充的角度（+= 逆时针，— = 顺时针）
<360>：输入环形阵列的圆心角
旋转阵列对象？[是（Y）/ 否（N）]< >：确定阵列上的每一个图形是否根据旋转轴线的位置进行旋转
指定阵列的中心点：输入旋转轴线上一点的坐标
指定旋转轴上的第二点：输入旋转轴线上另一点的坐标

图 12-1 所示为 3 层 3 行 3 列间距分别是 300 的圆柱的矩形阵列，图 12-2 所示为圆柱的环形阵列。

图 12-1 三维图形的矩形阵列

图 12-2 三维图形的环形阵列

实例教学

扫一扫

下面以图 12-3 所示的立体法兰盘为例，介绍一下三维阵列命令的使用方法。

图 12-3 法兰盘

STEP 绘制步骤

❶ 单击"默认"选项卡"绘图"面板中的"多段线"按钮 ⌐⌐，绘制立体法兰盘主体结构的轮廓线。在命令行提示下依次输入（40，0）、（@60，0）、（@0，20）、（@-40，0）、（@0，40）、（@-20，0）、C，如图 12-4 所示。

图 12-4 绘制轮廓线

❷ 单击"三维工具"选项卡"建模"面板中的"旋转"按钮 ⌐⌐，把第 ❶ 步的轮廓线旋转成立体法兰盘主体结构的主体轮廓。命令行提示与操作如下。

命令：REVOLVE ✓
当前线框密度：ISOLINES=4，闭合轮廓创建模式 = 实体

选择要旋转的对象或 [模式（MO）]：（选择上一步
所绘制的轮廓线）✓
选择要旋转的对象或 [模式（MO）]：✓
指定轴起点或根据以下选项之一定义轴 [对象（O）/
X/Y/Z] < 对象 >:Y ✓
指定旋转角度或 [起点角度（ST）/ 反转（R）/ 表
达式（EX）] <360>: ✓

结果如图 12-5 所示。

图 12-5　旋转轮廓线

❸ 单击"视图"选项卡"视图"面板中的"西北等
　轴测"按钮◈，改变视图。结果如图 12-6 所示。

图 12-6　旋转后的图形

❹ 在命令行输入"UCS"，变换坐标系。命令行
　提示与操作如下。

命令：UCS ✓
指定 UCS 的原点或 [面（F）/ 命名（NA）/ 对象
（OB）/ 上一个（P）/ 视图（V）/ 世界（W）/X/Y/
Z/Z 轴（ZA）] < 世界 >:X ✓
指定绕 X 轴的旋转角度 <90>: ✓

❺ 单击"三维工具"选项卡"建模"面板中的"圆
　柱体"按钮▥，绘制一个以（-80，0，0）为
　底面的中心点、底面半径为 6.5、高度为 -20
　的圆柱体，如图 12-7 所示。

图 12-7　绘制圆柱体

❻ 利用"三维阵列"命令，复制第❺步绘制的圆
　柱体。命令行提示与操作如下。

命令：3DARRAY ✓
选择对象：（选择上一步绘制的圆柱体）✓
选择对象：✓
输入阵列类型 [矩形（R）/ 环形（P）] < 矩形 >:P ✓
输入阵列中的项目数目：3 ✓
指定要填充的角度（+= 逆时针，-= 顺时针）
<360>: ✓
旋转阵列对象？[是（Y）/ 否（N）] <Y>: ✓
指定阵列的中心点 :0，0，0 ✓
指定旋转轴上的第二点 :0，0，-100 ✓

结果如图 12-8 所示。

图 12-8　阵列圆柱体

❼ 单击"三维工具"选项卡"实体编辑"面板中的
　"差集"按钮▱，减去第❻步所复制的圆柱体。
　命令行提示与操作如下。

命令：SUBTRACT ✓
选择要从中减去的实体、曲面或面域 …
选择对象：（选择法兰盘的主体结构的体轮廓）
选择要减去的实体、曲面或面域 …
选择对象：（依次选择所复制的三个圆柱体）✓
选择对象：✓

结果如图 12-9 所示。

图 12-9　差集处理后的图形

❽ 单击"可视化"选项卡"渲染"面板中的"渲
　染到尺寸"按钮▧，渲染图形。最终结果如
　图 12-3 所示。

12.1.2 三维镜像

命令行：MIRROR3D。

菜单栏："修改"→"三维操作"→"三维镜像"。

命令行提示如下。

命令：MIRROR3D↙
选择对象：选择要镜像的对象
选择对象：选择下一个对象或按 <Enter> 键
指定镜像平面（三点）的第一个点或
[对象（O）/ 最近的（L）/Z 轴（Z）/ 视图（V）/
XY 平面（XY）/YZ 平面（YZ）/ZX 平面（ZX）/
三点（3）] <三点>：
在镜像平面上指定第一点：

（1）点：输入镜像平面上点的坐标。该选项通过三个点确定镜像平面，是系统的默认选项。

（2）Z轴（Z）：利用指定的平面作为镜像平面。选择该选项后，命令行提示与操作如下。

在镜像平面上指定点：输入镜像平面上一点的坐标
在镜像平面的 Z 轴（法向）上指定点：输入与镜像平面垂直的任意一条直线上任意一点的坐标
是否删除源对象？[是（Y）/ 否（N）]：根据需要确定是否删除源对象

（3）视图（V）：指定一个平行于当前视图的平面作为镜像平面。

（4）XY（YZ、ZX）平面：指定一个平行于当前坐标系的XY（YZ、ZX）平面作为镜像平面。

 实例教学

下面以图 12-10 所示的泵轴为例，介绍一下三维镜像命令的使用方法。

扫一扫

图 12-10 泵轴

STEP 绘制步骤

❶ 在命令行输入 UCS，设置用户坐标系，将坐标

系绕 X 轴旋转 90°。

❷ 单击"三维工具"选项卡"建模"面板中的"圆柱体"按钮，以坐标原点为圆心，创建直径为 φ14、高为 66 的圆柱体；继续依次创建直径为 φ11 和高为 14，直径为 φ7.5 和高为 2、直径为 φ8 和高为 12 的圆柱体，如图 12-11 所示。

图 12-11 绘制圆柱体 1

❸ 单击"三维工具"选项卡"实体编辑"面板中的"并集"按钮，对创建的圆柱体进行并集运算。

❹ 单击"视图"选项卡"视觉样式"面板中的"消隐"按钮，进行消隐处理后的图形如图 12-12 所示。

图 12-12 创建外形圆柱

❺ 在命令行输入 UCS，设置用户坐标系，将坐标系 Y 轴旋转 -90°。单击"三维工具"选项卡"建模"面板中的"圆柱体"按钮，以（40，0）为圆心，绘制直径为 φ5、高为 7 的圆柱体；以（88，0）为圆心，绘制直径为 φ2、高为 4 的圆柱体，如图 12-13 所示。

图 12-13 创建圆柱体

❻ 绘制二维图形，并创建为面域。

（1）单击"默认"选项卡"绘图"面板中的"直线"按钮╱，从（70，0）到（@6，0）绘制直线，如图 12-14 所示。

图 12-14　绘制直线

（2）单击"默认"选项卡"修改"面板中的"偏移"按钮╚，将第（1）步绘制的直线分别向上、下偏移 2，如图 12-15 所示。

图 12-15　偏移直线

（3）单击"默认"选项卡"修改"面板中的"圆角"按钮╭，对两条直线进行倒圆角操作，圆角半径为 R2，如图 12-16 所示。

图 12-16　圆角处理

（4）单击"默认"选项卡"绘图"面板中的"面域"按钮◎，将二维图形创建为面域，如图 12-17所示。

图 12-17　创建内形圆柱与二维图形

❼ 单击"视图"选项卡"视图"面板中的"西南等

轴测"按钮◈，切换视图到西南等轴测图。利用"三维镜像"命令，将 φ5 及 φ2 圆柱以当前 XY 面为镜像面，进行镜像操作。命令行提示与操作如下。

```
命令：mirror3d✓
选择对象：（选择 φ5 及 φ2 圆柱）✓
选择对象：✓
指定镜像平面（三点）的第一个点或 [ 对象（O）/最
近的（L）/Z 轴（Z）/视图（V）/XY 平面（XY）/
YZ 平面（YZ）/ZX 平面（ZX）/三点（3）] ＜三
点＞：xy✓
指定 XY 平面上的点 ＜0，0，0＞：✓
是否删除源对象？[ 是（Y）/ 否（N）] ＜否＞：✓
```
结果如图 12-18 所示。

❽ 单击"三维工具"选项卡"建模"面板中的"拉伸"按钮▉，将创建的面域拉伸 2.5，如图 12-19所示。

图 12-18　镜像操作

图 12-19　拉伸面域

❾ 单击"默认"选项卡"修改"面板中的"移动"按钮✛，将拉伸实体移动（@0，0，3），如图12-20 所示。

图 12-20　移动实体

⑩ 单击"三维工具"选项卡"实体编辑"面板中的"差集"按钮，对外形圆柱与内形圆柱及拉伸实体进行差集运算，结果如图 12-21 所示。

图 12-21 差集后的实体

⑪ 创建螺纹。

（1）在命令行输入"UCS"，将坐标系切换到世界坐标系，然后绕 X 轴旋转 90°。单击"默认"选项卡"绘图"面板中的"螺旋"按钮，绘制螺纹轮廓。命令行提示与操作如下。

```
命令：_Helix
圈数 = 8.0000    扭曲 =CCW
指定底面的中心点：0, 0, 95 ✓
指定底面半径或 [直径（D）] <1.000>:4 ✓
指定顶面半径或 [直径（D）] <4>: ✓
指定螺旋高度或 [轴端点（A）/圈数（T）/圈高（H）/
扭曲（W）] <12.2000>: T ✓
输入圈数 <3.0000>:8 ✓
指定螺旋高度或 [轴端点（A）/圈数（T）/圈高（H）/
扭曲（W）] <12.2000>: -14 ✓
```

结果如图 12-22 所示。

图 12-22 绘制螺旋线

（2）在命令行输入"UCS"，命令行提示与操作如下。

```
命令：_ucs
当前 UCS 名称：*世界*
指定 UCS 的原点或 [面（F）/命名（NA）/对象
（OB）/上一个（P）/视图（V）/世界（W）/X/Y/
Z/Z 轴（ZA）] <世界>:（捕捉螺旋线的上端点）
指定 X 轴上的点或 <接受>:（捕捉螺旋线上一点）
指定 XY 平面上的点或 <接受>:
```

（3）在命令行输入"UCS"，将坐标系绕 Y 轴旋转 -90°，结果如图 12-23 所示。

图 12-23 切换坐标系

（4）选择菜单栏中的"视图"→"三维视图"→"平面视图"→"当前 UCS（c）"命令。

（5）单击"默认"选项卡"绘图"面板中的"直线"按钮，捕捉螺旋线的上端点绘制牙型截面轮廓，绘制一个正三角形，其边长为 1.5，如图 12-24 所示。

图 12-24 绘制截面轮廓

（6）单击"默认"选项卡"绘图"面板中的"面域"按钮，将其创建成面域，结果如图 12-25 所示。

图 12-25 创建面域

（7）单击"视图"选项卡"视图"面板中的"西南等轴测"按钮，将视图切换到西南等轴测视图。

（8）单击"三维工具"选项卡"建模"面板中的"扫掠"按钮，命令行提示与操作如下。

```
命令：_sweep
当前线框密度：ISOLINES=4，闭合轮廓创建模式
= 实体
选择要扫掠的对象或 [模式（MO）]：_MO 闭合轮
廓创建模式 [实体（SO）/曲面（SU）] <实体>:
_SO
选择要扫掠的对象或 [模式（MO）]：（选择三角牙
型轮廓）
```

选择要扫掠的对象或 ［模式（MO）］：✓
选择扫掠路径或 ［对齐（A）/基点（B）/比例（S）/
扭曲（T）］：（选择螺纹线）

结果如图 12-26 所示。

图 12-26 扫掠实体

（9）创建圆柱体。将坐标系切换到世界坐标系，然后将坐标系绕 *X* 轴旋转 90°。

（10）单击"三维工具"选项卡"建模"面板中的"圆柱体"按钮，以坐标点（0，0，94）为底面中心点、绘制半径为 6、高为 2 的圆柱体；以坐标点（0，0，82）为底面中心点、半径为 6、高为 -2 的圆柱体；以坐标点（0，0，82）为底面中心点、直径为 7.5、高为 -2 的圆柱体，结果如图 12-27 所示。

图 12-27 绘制圆柱体 2

（11）单击"三维工具"选项卡"实体编辑"面板中的"并集"按钮，对螺纹与主体进行并集处理。

（12）单击"三维工具"选项卡"实体编辑"面板中的"差集"按钮，从左端半径为 6 的圆柱体中减去半径为 3.5 的圆柱体，然后从螺纹主体中减去半径为 6 的圆柱体和差集后的实体，结果如图 12-28 所示。

图 12-28 布尔运算

⓬ 在命令行输入"UCS"命令，将坐标系切换到世界坐标系，然后将坐标系绕 *Z* 轴旋转 -90°。

⓭ 单击"三维工具"选项卡"建模"面板中的"圆柱体"按钮，以（24，0，0）为圆心、绘制直径为 5、高为 7 的圆柱体，如图 12-29 所示。

图 12-29 绘制圆柱体 3

⓮ 利用"三维镜像"命令，将第⓭步绘制的圆柱体以当前 *XY* 面为镜像面，进行镜像操作，结果如图 12-30 所示。

图 12-30 镜像圆柱体

⓯ 单击"三维工具"选项卡"实体编辑"面板中的"差集"按钮，对轴与镜像的圆柱体进行差集运算，对轴倒角。

⓰ 单击"默认"选项卡"修改"面板中的"倒角"按钮，对左轴端及 ϕ11 轴径进行倒角操作，倒角距离为 1。单击"视图"选项卡"视觉样式"面板中的"隐藏"按钮，对实体进行消隐，如图 12-31 所示。

图 12-31 消隐后的实体

⑰ 单击"可视化"选项卡"材质"面板中的"材质浏览器"按钮⊗，系统打开"材质浏览器"工具选项板，如图 12-32 所示。选择适当的材质，单击"可视化"选项卡"渲染"面板中的"渲染到尺寸"按钮🥤，对图形进行渲染，如图 12-33 所示。

图 12-32　"材质浏览器"选项板

图 12-33　渲染图形

12.1.3 | 对齐对象

执行方式

命令行：ALIGN（快捷命令：AL）。

菜单栏："修改"→"三维操作"→"对齐"。

操作步骤

命令行提示如下。

命令：ALIGN ✓
选择对象：选择要对齐的对象
选择对象：选择下一个对象或按 <Enter> 键
指定一对、两对或三对点，将选定对象对齐。
指定第一个源点：选择点 1
指定第一个目标点：选择点 2
指定第二个源点：✓

一对点对齐结果如图 12-34 所示。两对点和三对点与一对点的情形类似。

（a）对齐前　　　　（b）对齐后

图 12-34　一对点对齐

12.1.4 | 三维移动

执行方式

命令行：3DMOVE。

菜单栏："修改"→"三维操作"→"三维移动"。

工具栏：单击"建模"工具栏中的"三维移动"按钮🪟。

操作步骤

命令行提示与操作如下。

命令：3DMOVE ✓
选择对象：找到 1 个
选择对象：✓
指定基点或 [位移（D）] < 位移 >：指定基点
指定第二个点或 < 使用第一个点作为位移 >：指定第二点

其操作方法与二维移动命令类似，图 12-35 所示为将滚珠从轴承中移出的情形。

图 12-35　三维移动

 实例教学

下面以图 12-36 所示的阀盖为例，介绍一下三维移动命令的使用方法。

扫一扫

图 12-36　阀盖

STEP 绘制步骤

❶ 单击"视图"选项卡"视图"面板中的"西南等轴测"按钮❖，将当前视图方向设置为西南等轴测视图。

❷ 在命令行输入"UCS"，将坐标系原点绕 X 轴旋转 90 度。命令行提示与操作如下。

```
命令：UCS '
当前 UCS 名称：＊西南等轴测＊
UCS 的原点或 [面（F）/命名（NA）/对象（OB）/
上一个（P）/视图（V）/世界（W）/X/Y/Z/Z 轴
（ZA）] <世界>：X✓
指定绕 X 轴的旋转角度 <90>：✓
```

❸ 单击"三维工具"选项卡"建模"面板中的"圆柱体"按钮▣，以（0，0，0）为底面中心点，绘制半径为 18、高为 15 以及半径为 16、高为 26 的圆柱体，如图 12-37 所示。

图 12-37　绘制圆柱体 1

❹ 设置用户坐标系。

```
命令：ucs
当前 UCS 名称：＊世界＊
指定 UCS 的原点或 [面（F）/命名（NA）/对象
（OB）/上一个（P）/视图（V）/世界（W）/X/Y/
Z/Z 轴（ZA）] <世界>：0，0，32'
指定 X 轴上的点或 <接受>：'
```

❺ 单击"三维工具"选项卡"建模"面板中的"长方体"按钮▣，绘制以原点为中心点、长度为 75、宽度为 75、高度为 12 的长方体，如图 12-38 所示。

图 12-38　绘制长方体

❻ 单击"默认"选项卡"修改"面板中的"圆角"按钮⌐，圆角半径为 12.5，对长方体的 4 个 Z 轴方向边倒圆角，如图 12-39 所示。

图 12-39　圆角处理长方体

❼ 单击"三维工具"选项卡"建模"面板中的"圆柱体"按钮▣，捕捉圆角圆心为中心点，绘制直径为 φ10、高为 12 的圆柱体，如图 12-40 所示。

图 12-40　绘制圆柱体 2

❽ 单击"默认"选项卡"修改"面板中的"复制"按钮 ▦，将第❼步绘制的圆柱体以圆柱体的圆心为基点，复制到其余三个圆角圆心处，如图 12-41 所示。

图 12-41　复制圆柱体

❾ 单击"三维工具"选项卡"实体编辑"面板中的"差集"按钮 ▦，将第 3、8 步绘制的圆柱体从主体中减去，如图 12-42 所示。

图 12-42　差集后的图形 1

❿ 单击"三维工具"选项卡"建模"面板中的"圆柱体"按钮 ▦，以（0，0，0）为圆心，分别绘制直径为 $\phi53$、高为 7；直径为 $\phi50$、高为 12，及直径为 $\phi41$、高为 16 的圆柱体。

⓫ 单击"三维工具"选项卡"实体编辑"面板中的"并集"按钮 ▦，对所有图形进行并集运算，如图 12-43 所示。

图 12-43　并集后的图形

⓬ 单击"三维工具"选项卡"建模"面板中的"圆柱体"按钮 ▦，捕捉实体前端面圆心为中心点，分别绘制直径为 $\phi35$、高为 -7 及直径为 $\phi20$、高为 -48 的圆柱体；捕捉实体后端面圆心为中心点，绘制直径为 $\phi28.5$、高为 5 的圆柱体。

⓭ 单击"三维工具"选项卡"实体编辑"面板中的"差集"按钮 ▦，对实体与第 12 步绘制的圆柱体进行差集运算，如图 12-44 所示。

图 12-44　差集后的图形 2

⓮ 单击"默认"选项卡"修改"面板中的"圆角"按钮 ▦，设置圆角半径分别为 $R1$、$R3$、$R5$，对需要的边进行圆角，如图 12-45 所示。

图 12-45　圆角处理

⓯ 单击"默认"选项卡"修改"面板中的"倒角"

按钮 ⌐，倒角距离为 1.5，对实体后端面进行
倒角。

⓰ 单击"视图"选项卡"视图"面板中的"左视"
按钮 ⬚，将当前视图方向设置为左视图。

⓱ 单击"视图"选项卡"视觉样式"面板中的"隐藏"
按钮 ▣，对实体进行消隐。消隐处理后的图形，
如图 12-46 所示。

图 12-46　消隐后的效果

⓲ 绘制螺纹。

（1）单击"默认"选项卡"绘图"面板中的"多
边形"按钮 ⬠，在实体旁边绘制一个正三角形，
其边长为 2，如图 12-47 所示。

图 12-47　绘制正三角形

（2）单击"默认"选项卡"绘图"面板中的"构
造线"按钮 ⟋，过正三角形底边绘制水平辅助线，
如图 12-48 所示。

图 12-48　绘制构造线

（3）单击"默认"选项卡"修改"面板中的"偏
移"按钮 ⬰，将水平辅助线向上偏移 18，如图
12-49 所示。

图 12-49　偏移构造线

（4）单击"三维工具"选项卡"建模"面板中的
"旋转"按钮 ⬤，以偏移后的水平辅助线为

旋转轴，选择正三角形，将其旋转 360°，如
图 12-50 所示。

图 12-50　旋转处理

（5）单击"默认"选项卡"修改"面板中的"删
除"按钮 ✎，删除绘制的辅助线。

（6）选择菜单栏中的"修改"→"三位操作"→"三
维阵列"命令，对旋转形成的实体进行 1 行、8
列的矩形阵列，列间距为 2，如图 12-51 所示。

图 12-51　三维阵列实体

（7）单击"三维工具"选项卡"实体编辑"面
板中的"并集"按钮 ▰，对阵列后的实体进行并
集运算，如图 12-52 所示。

图 12-52　绘制的螺纹

⓳ 利用"三维移动"命令，命令行提示与操作如下。

命令：3DMOVE ↙
选择对象：（用鼠标选择绘制的螺纹）
选择对象：↙
指定基点或 ［位移（D）］ ＜位移＞：（用鼠标选择
螺纹左端面圆心）
指定第二个点或 ＜使用第一个点作为位移＞：（用鼠
标选择实体左端圆心）

结果如图 12-53 所示。

图 12-53　移动螺纹后的图形

⑳ 单击"三维工具"选项卡"实体编辑"面板中的"差集"按钮🔲，对实体与螺纹进行差集运算。

㉑ 用同样方法，为阀盖创建螺纹孔。最终结果如图 12-36 所示。

12.1.5 │ 三维旋转

执行方式

命令行：3DROTATE。

菜单栏："修改"→"三维操作"→"三维旋转"。

工具栏：单击"建模"工具栏中的"三维旋转"按钮⊕。

操作步骤

命令行提示与操作如下。

命令：3DROTATE ✓
UCS 当前的正角方向：ANGDIR= 逆时针　ANGBASE =0
选择对象：选择一个滚珠
选择对象：✓
指定基点：指定圆心位置
拾取旋转轴：选择如图 12-54 所示的轴
指定角的起点：选择如图 12-54 所示的中心点
指定角的端点：指定另一点

旋转结果如图 12-55 所示。

图 12-54　指定参数

图 12-55　旋转结果

实例教学

下面以图 12-56 所示的沙发为例，介绍一下三维旋转命令的使用方法。

图 12-56　沙发

STEP 绘制步骤

❶ 单击"视图"选项卡"视图"面板中的"西北等轴测"按钮◈，改变视图。

❷ 单击"三维工具"选项卡"建模"面板中的"长方体"按钮▢，以（0，0，5）为角点，绘制长为150、宽为60、高为10的长方体；以（0，0，15）和（@75，60，20）为角点绘制长方体；以（75，0，15）和（@75，60，20）为角点绘制长方体。结果如图 12-57 所示。

图 12-57　绘制长方体

❸ 单击"默认"选项卡"绘图"面板中的"直线"按钮╱，过（0，0，5）→（@0，0，55）→

（@-20，0，0）→（@0，0，-10）→（@10，0，0）→（@0，0，-45）→（c）绘制直线。结果如图 12-58 所示。

图 12-61　绘制长方体

⑧ 利用"三维旋转"命令，将第**⑦**步绘制的长方体旋转 -10°。命令行提示与操作如下。

```
命令：ROTATE3D ✓
当前正向角度：ANGDIR= 逆时针 ANGBASE=0
选择对象：（选择长方体）
选择对象：✓
指定轴上的第一个点或定义轴依据 [对象（O）/最
近的（L）/视图（V）/X 轴（X）/Y 轴（Y）/Z
轴（Z）/两点（2）]：0，60，5 ✓
指定轴上的第二点：75，60，5 ✓
指定旋转角度或 [参照（R）]：-10 ✓
```

结果如图 12-62 所示。

图 12-58　绘制多段线

④ 单击"默认"选项卡"绘图"面板中的"面域"按钮◎，并将所绘直线创建面域。

⑤ 单击"三维工具"选项卡"建模"面板中的"拉伸"按钮▊，将直线拉伸，拉伸高度为 60。结果如图 12-59 所示。

⑥ 单击"默认"选项卡"修改"面板中的"圆角"按钮⌒，将拉伸实体的棱边倒圆角，圆角半径为5。结果如图 12-60 所示。

图 12-62　三维旋转处理

⑨ 选择菜单栏中的"修改"→"三维操作"→"三维镜像"命令，将拉伸的实体和最后绘制的矩形以过（75，0，15）、（75，0，35）、（75，60，35）三点的平面为镜像面，进行镜像处理。结果如图 12-63 所示。

图 12-59　拉伸处理

图 12-60　圆角处理

⑦ 单击"三维工具"选项卡"建模"面板中的"长方体"按钮▊，以（0，60，5）和（@75，-10，75）为角点绘制长方体。结果如图 12-61 所示。

图 12-63　三维镜像处理

⑩ 单击"默认"选项卡"修改"面板中的"圆角"按钮⌒，进行圆角处理。座垫的圆角半径为10，靠背的圆角半径为3，其他边的圆角半径为1。结果如图12-64所示。

图12-64　圆角处理

⑪ 单击"默认"选项卡"绘图"面板中的"圆"按钮⊙，以（11，9，-9）为圆心，绘制半径为5的圆。单击"三维工具"选项卡"建模"面板中的"拉伸"按钮，拉伸圆，拉伸高度为15，拉伸角度为5。结果如图12-65所示。

⑫ 选择菜单栏中的"修改"→"三维操作"→"三维阵列"命令，对拉伸后的实体进行矩形阵列，阵列行数为2，列数为2，行偏移为42，列偏移为128。结果如图12-66所示。

⑬ 单击"可视化"选项卡"材质"面板中的"材质

浏览器"按钮◉，在材质浏览器选项板中选择适当的材质。单击"可视化"选项卡"渲染"面板中的"渲染到尺寸"按钮，对实体进行渲染。渲染后的效果如图12-56所示。

图12-65　绘制圆并拉伸

图12-66　三维阵列处理

12.2　编辑实体

12.2.1　拉伸面

执行方式

命令行：SOLIDEDIT。

菜单栏："修改"→"实体编辑"→"拉伸面"。

工具栏：单击"实体编辑"工具栏中的"拉伸面"按钮。

功能区：单击"三维工具"选项卡"实体编辑"面板中的"拉伸面"按钮。

操作步骤

命令行提示与操作如下。

```
命令：_solidedit
实体编辑自动检查：SOLIDCHECK=1
```

输入实体编辑选项 [面（F）/边（E）/体（B）/放弃（U）/退出（X）]＜退出＞：_face

输入面编辑选项[拉伸（E）/移动（M）/旋转（R）/偏移（O）/倾斜（T）/删除（D）/复制（C）/着色（L）/放弃（U）]＜退出＞：_extrude

选择面或 [放弃（U）/删除（R）]：选择要进行拉伸的面

选择面或 [放弃（U）/删除（R）/全部（ALL）]：指定拉伸高度或 [路径（P）]：

选项说明

（1）指定拉伸高度：按指定的高度值来拉伸面。指定拉伸的倾斜角度后，完成拉伸操作。

（2）路径（P）：沿指定的路径曲线拉伸面。图12-67所示为拉伸长方体顶面和侧面的结果。

（a）拉伸前的长方体　　（b）拉伸后的三维实体

图 12-67　拉伸长方体

 实例教学

下面以图 12-68 所示的顶针为例，介绍一下拉伸命令的使用方法。

扫一扫

图 12-68　顶针

STEP 绘制步骤

❶ 单击"视图"选项卡"视图"面板中的"西南等轴测"按钮◈，将当前视图设置为西南等轴测方向。

❷ 在命令行输入"UCS"，将坐标系绕 X 轴旋转 90°，以坐标原点为圆锥底面中心。

❸ 单击"三维工具"选项卡"实体编辑"面板中的"圆柱体"按钮◻，绘制半径为 R30、高为 -50 的圆锥。以坐标原点为圆心，绘制半径为 R30、高为 70 的圆柱。结果如图 12-69 所示。

图 12-69　绘制圆锥及圆柱

❹ 选择菜单栏中的"修改"→"三维操作"→"剖切"命令，选取圆锥，以 ZX 为剖切面，指定剖切面上的点为（0，10），对圆锥进行剖切，保留圆锥下部。结果如图 12-70 所示。

图 12-70　剖切圆锥

❺ 单击"三维工具"选项卡"实体编辑"面板中的"并集"按钮◻，选择圆锥与圆柱体并集运算。

❻ 利用"拉伸面"命令，选择图 12-71 所示的实体表面拉伸 -10。命令行提示与操作如下。

```
命令：_solidedit
实体编辑自动检查：SOLIDCHECK=1
输入实体编辑选项 [面（F）/边（E）/体（B）/放弃（U）/退出（X）] <退出>：_face
输入面编辑选项 [拉伸（E）/移动（M）/旋转（R）/偏移（O）/倾斜（T）/删除（D）/复制（C）/颜色（L）/材质（A）/放弃（U）/退出（X）] <退出>：_extrude
选择面或 [放弃（U）/删除（R）]：（选取如图 14-73 所示的实体表面）
指定拉伸高度或 [路径（P）]：-10
指定拉伸的倾斜角度 <0>：
已开始实体校验。
已完成实体校验。
输入面编辑选项 [拉伸（E）/移动（M）/旋转（R）/偏移（O）/倾斜（T）/删除（D）/复制（C）/颜色（L）/材质（A）/放弃（U）/退出（X）] <退出>：
实体编辑自动检查：SOLIDCHECK=1
输入实体编辑选项 [面（F）/边（E）/体（B）/放弃（U）/退出（X）] <退出>：
```

结果如图 12-72 所示。

图 12-71　选择拉伸面

图 12-72　拉伸后的实体

❼ 单击"视图"选项卡"视图"面板中的"左视"按钮◻，将当前视图设置为左视图方向，以

（10，30，-30）为圆心，绘制半径为 R20、
高为 60 的圆柱体；以（50，0，-30）为圆心，
绘制半径为 R10、高为 60 的圆柱体。结果如图
12-73 所示。

图 12-73　绘制圆柱体

❽ 单击"三维工具"选项卡"实体编辑"面板中的
按钮◢，对实体图形与两个圆柱体进行
差集运算。结果如图 12-74 所示。

图 12-74　差集圆柱后的实体

❾ 单击"三维工具"选项卡"建模"面板中的"长
方体"按钮▱，以（35，0，-10）为角点，绘
制长 300、宽 30、高 20 的长方体。然后对实
体与长方体进行差集运算。消隐后的实体如图
12-75 所示。

图 12-75　消隐后的实体

❿ 单击"可视化"选项卡"材质"面板中的"材质
浏览器"按钮❸，在材质选项板中选择适当的
材质。单击"可视化"选项卡"渲染"面板中的"渲
染到尺寸"按钮▧，对实体进行渲染，渲染后
的结果如图 12-68 所示。

⓫ 选择菜单栏中的"文件"→"保存"命令，将绘
制完成的图形以"顶针立体图 .dwg"为文件名
保存在指定的路径中。

12.2.2 删除面

执行方式

命令行：SOLIDEDIT。

菜单栏："修改"→"实体编辑"→"删除面"。
工具栏：单击"实体编辑"工具栏中的"删除
面"按钮▱。
功能区：单击"三维工具"选项卡"实体编辑"
面板中的"删除面"按钮▱。

选项说明

命令行提示如下。

```
命令：_solidedit
实体编辑自动检查：SOLIDCHECK=1
输入实体编辑选项 [面（F）/边（E）/体（B）/
放弃（U）/退出（X）] <退出>：_face
输入面编辑选项[拉伸（E）/移动（M）/旋转（R）/偏
移（O）/倾斜（T）/删除（D）/复制（C）/颜色（L）/
材质（A）/放弃（U）/退出（X）] <退出>：_erase
选择面或 [放弃（U）/删除（R）]：(选择要删除的面)
```

图 12-76 所示为删除长方体的一个圆角面后的
结果。

（a）倒圆角后的长方体　　（b）删除倒角面后的图形

图 12-76　删除圆角面

扫一扫

实例教学

下面以图 12-77 所示的镶块
为例，介绍一下删除面命令的使
用方法。

图 12-77　镶块

STEP 绘制步骤

❶ 单击"视图"选项卡"视图"面板中的"西南等
轴测"按钮◈，切换到西南等轴测图。

❷ 单击"三维工具"选项卡"建模"面板中的"长方体"
按钮▱，以坐标原点为角点，绘制长为 50，宽
为 100，高为 20 的长方体，如图 12-78 所示。

图 12-78　绘制长方体

❸ 单击"三维工具"选项卡"建模"面板中的"圆柱体"按钮，以长方体右侧面底边中点为圆心，绘制半径为 $R50$、高为 20 的圆柱体，如图 12-79 所示。

图 12-79　绘制圆柱体

❹ 单击"三维工具"选项卡"实体编辑"面板中的"并集"按钮，对长方体与圆柱体进行并集运算。结果如图 12-80 所示。

图 12-80　并集后的实体

❺ 选择菜单栏中的"修改"→"三维操作"→"剖切"命令，以 ZX 为剖切面，分别指定剖切面上的点为（0，10，0）及（0，90，0），对实体进行对称剖切，保留实体中部。结果如图 12-81 所示。

图 12-81　剖切后的实体

❻ 单击"默认"选项卡"修改"面板中的"复制"按钮，将剖切后的实体向上复制一个，如图 12-82 所示。

图 12-82　复制实体

❼ 单击"三维工具"选项卡"实体编辑"面板中的"拉伸面"按钮。选择实体前端面，拉伸高度为 -10，结果如图 12-83 所示。继续将实体后侧面拉伸 -10。结果如图 12-84 所示。

图 12-83　选择拉伸面

图 12-84　拉伸面操作后的实体

❽ 利用"删除面"命令，选择删除面，删除实体上的面，结果如图 12-85 所示。继续将实体后部对称侧面删除。结果如图 12-86 所示。

图 12-85　选择删除面

⑨ 单击"三维工具"选项卡"实体编辑"面板中的"拉伸面"按钮🔘，将实体顶面向上拉伸 40。结果如图 12-87 所示。

⑩ 单击"三维工具"选项卡"建模"面板中的"圆柱体"按钮🔘，以实体底面左边中点为圆心，创建半径为 R10、高 20 的圆柱。同理，以 R10 圆柱顶面圆心为中心点继续创建半径为 R40、高 40 及半径为 R25、高 60 的圆柱。

图 12-86　删除面操作后的实体

图 12-87　拉伸顶面操作后的实体

⑪ 单击"三维工具"选项卡"实体编辑"面板中的"差集"按钮🔘，对实体与三个圆柱进行差集运算。结果如图 12-88 所示。

图 12-88　差集后的实体

⑫ 在命令行输入"UCS"，将坐标原点移动到（0，50，40），并将其绕 Y 轴旋转 90°。

⑬ 单击"三维工具"选项卡"建模"面板中的"圆柱体"按钮🔘，以坐标原点为圆心，绘制半径为 R5、高为 100 的圆柱体。结果如图 12-89 所示。

图 12-89　绘制圆柱体

⑭ 单击"三维工具"选项卡"实体编辑"面板中的"差集"按钮🔘，对实体与圆柱进行差集运算。

⑮ 单击"可视化"选项卡"渲染"面板中的"渲染到尺寸"按钮🔘，渲染图形。渲染后的结果如图 12-77 所示。

12.2.3 旋转面

执行方式

命令行：SOLIDEDIT。

菜单栏："修改"→"实体编辑"→"旋转面"。

工具栏：单击"实体编辑"工具栏中的"旋转面"按钮🔘。

功能区：单击"三维工具"选项卡"实体编辑"面板中的"旋转面"按钮🔘。

选项说明

命令行提示如下。

```
命令：_solidedit
实体编辑自动检查：SOLIDCHECK=1
输入实体编辑选项 [面（F）/边（E）/体（B）/
放弃（U）/退出（X）] <退出>：_face
输入面编辑选项[拉伸（E）/移动（M）/旋转（R）/偏
移（O）/倾斜（T）/删除（D）/复制（C）/颜色（L）/
材质（A）/放弃（U）/退出（X）] <退出>：_rotate
选择面或 [放弃（U）/删除（R）]:（选择要旋转的面）
选择面或 [放弃（U）/删除（R）/全部（ALL）]:
（继续选择或按 Enter 键结束选择）
指定轴点或 [经过对象的轴（A）/视图（V）/X 轴
（X）/Y 轴（Y）/Z 轴（Z）] <两点>:（选择一种
确定轴线的方式）
指定旋转角度或 [参照（R）]:（输入旋转角度）
```

图 12-90（b）为将图 12-90（a）中开口槽的方向旋转 90°后的结果。

（a）旋转前　　　　　　（b）旋转后

图 12-90　开口槽旋转 90°前后的图形

 实例教学

　　下面以图 12-91 所示的轴支架为例，介绍一下旋转面命令的使用方法。

扫一扫

图 12-91　轴支架

STEP　绘制步骤

❶ 单击"视图"选项卡"视图"面板中的"西南等轴测"按钮◈，将当前视图方向设置为西南等轴测视图。

❷ 单击"三维工具"选项卡"建模"面板中的"长方体"按钮▱，以角点坐标为（0，0，0），长、宽、高分别为 80、60、10 绘制连接立板长方体，如图 12-92 所示。

图 12-92　绘制长方体

❸ 单击"默认"选项卡"修改"面板中的"圆角"

按钮⌒，选择要圆角的长方体进行圆角处理，如图 12-93 所示。

图 12-93　圆角处理

❹ 单击"三维工具"选项卡"建模"面板中的"圆柱体"按钮▱，绘制底面中心点为（10，10，0）、半径为 6、指定高度为 10 的圆柱体，如图 12-94 所示。

图 12-94　绘制圆柱体 1

❺ 单击"默认"选项卡"修改"面板中的"复制"按钮❀，选择第❹步绘制的圆柱体进行复制，如图 12-95 所示。

图 12-95　复制圆柱体

❻ 单击"三维工具"选项卡"实体编辑"面板中的"差集"按钮❑，对长方体和圆柱体进行差集运算。

❼ 设置用户坐标系，命令行提示与操作如下。

```
命令：UCS↙
当前 UCS 名称：*世界*
指定 UCS 的原点或 [面（F）/命名（NA）/对象
（OB）/上一个（P）/视图（V）/世界（W）/X/Y/
Z/Z 轴（ZA）]＜世界＞：40，30，60↙
指定 X 轴上的点或 ＜接受＞：↙
```

❽ 单击"三维工具"选项卡"建模"面板中的"长方体"按钮▱，以坐标原点为长方体的中心点，分别绘制长 40、宽 10、高 100 及长 10、宽 40、高 100 的长方体，如图 12-96 所示。

图 12-96 绘制长方体

❾ 在命令行输入"UCS",移动坐标原点到（0，0，50），并将其绕 Y 轴旋转 90°。

❿ 单击"三维工具"选项卡"建模"面板中的"圆柱体"按钮▣，以坐标原点为圆心，创建半径为 R20、高为 25 的圆柱体，如图 12-97 所示。

图 12-97 绘制圆柱体 2

⓫ 选择菜单栏中的"修改"→"三维操作"→"三维镜像"命令，选择圆柱绕 XY 轴进行选装，如图 12-98 所示。

图 12-98 镜像圆柱体

⓬ 单击"三维工具"选项卡"实体编辑"面板中的"并集"按钮▣，选择两个圆柱体与两个长方体进行并集运算。

⓭ 单击"三维工具"选项卡"建模"面板中的"圆柱体"按钮▣，捕捉 R20 圆柱的圆心为圆心，绘制半径为 R10、高为 50 的圆柱体，如图 12-99 所示。

图 12-99 绘制圆柱体 3

⓮ 单击"三维工具"选项卡"实体编辑"面板中的"差集"按钮▣，对并集后的实体与圆柱进行差集运算。消隐处理后的图形，如图 12-100 所示。

图 12-100 消隐后的实体

⓯ 利用"旋转面"命令，旋转支架上部十字形底面。命令行提示与操作如下。

```
命令：SOLIDEDIT ✓
实体编辑自动检查 :SOLIDCHECK=1
输入实体编辑选项 [面（F）/边（E）/体（B）/
放弃（U）/退出（X）]＜退出＞: F ✓
输入面编辑选项[拉伸（E）/移动（M）/旋转（R）/偏
移（O）/倾斜（T）/删除（D）/复制（C）/颜色（L）/
材质（A）/放弃（U）/退出（X）]＜退出＞: R✓
选择面或 [放弃（U）/删除（R）]:（如图12-99所示，
选择支架上部十字形底面）
指定轴点或 [经过对象的轴（A）/视图（V）/X 轴
（X）/Y 轴（Y）/Z 轴（Z）]＜两点＞: Y ✓
指定旋转原点 ＜0，0，0＞:_endp 于（捕捉十字形
底面的右端点）
指定旋转角度或 [参照（R）]: 30 ✓
```

结果如图 12-101 所示。

图 12-101　选择旋转面

⑯ 在命令行输入"Rotate3D"命令，旋转底板。命令行提示与操作如下。

> 命令：Rotate3D↙
> 选择对象：（选择底板）
> 指定轴上的第一个点或定义轴依据 [对象（O）/最近的（L）/视图（V）/X 轴（X）/Y 轴（Y）/Z 轴（Z）/两点（2）]：Y↙
> 指定 Y 轴上的点 <0，0，0>：_endp 于（捕捉十字形底面的右端点）
> 指定旋转角度或 [参照（R）]：30 ↙

⑰ 单击"视图"选项卡"视图"面板中的"前视"按钮🗔，将当前视图方向设置为主视图。

⑱ 单击"视图"选项卡"视觉样式"面板中的"隐藏"按钮🗄，对实体进行消隐。消隐处理后的图形，如图 12-102 所示。

⑲ 单击"可视化"选项卡"材质"面板中的"材质浏览器"按钮🗄，选择适当材料。单击"可视化"选项卡"渲染"面板中的"渲染到尺寸"按钮🗄，对图形进行渲染。渲染后的结果如图 12-91 所示。

图 12-102　旋转底板

12.2.4 倾斜面

执行方式

命令行：SOLIDEDIT。

菜单栏："修改"→"实体编辑"→"倾斜面"。

工具栏：单击"实体编辑"工具栏中的"倾斜面"按钮。

功能区：单击"三维工具"选项卡"实体编辑"面板中的"倾斜面"按钮🗄。

操作步骤

命令行提示如下。

> 命令：_solidedit
> 实体编辑自动检查：SOLIDCHECK=1
> 输入实体编辑选项 [面（F）/边（E）/体（B）/放弃（U）/退出（X）] <退出>：_face
> 输入面编辑选项 [拉伸（E）/移动（M）/旋转（R）/偏移（O）/倾斜（T）/删除（D）/复制（C）/颜色（L）/材质（A）/放弃（U）/退出（X）] <退出>：_taper
> 选择面或 [放弃（U）/删除（R）]：（选择要倾斜的面）
> 选择面或 [放弃（U）/删除（R）/全部（ALL）]：（继续选择或按 Enter 键结束选择）
> 指定基点：（选择倾斜的基点（倾斜后不动的点））
> 指定沿倾斜轴的另一个点：（选择另一点（倾斜后改变方向的点））
> 指定倾斜角度：（输入倾斜角度）

🖋 实例教学

下面以图 12-103 所示的回形窗为例，介绍一下倾斜面命令的使用方法。

扫一扫

图 12-103　回形窗

STEP 绘制步骤

❶ 单击"视图"选项卡"视图"面板中的"西南等轴测"按钮🗄，将当前视图方向设置为西南等轴测视图。

❷ 单击"默认"选项卡"绘图"面板中的"矩形"按钮 🗔，以（0，0）和（@40，80）为角点绘制矩形，再以（2，2）和（@36，76）为角点绘制矩形。结果如图 12-104 所示。

图 12-104　绘制矩形

❸ 单击"三维工具"选项卡"建模"面板中的"拉
伸"按钮 ■，拉伸矩形，拉伸高度为 10。结果
如图 12-105 所示。

图 12-105　拉伸处理

❹ 单击"三维工具"选项卡"实体编辑"面板中的
"差集"按钮 ■，对两个拉伸实体进行差集运算。

❺ 单击"默认"选项卡"绘图"面板中的"直线"
按钮 ╱，过（20，2）和（20，78）绘制直线。
结果如图 12-106 所示。

图 12-106　绘制直线

❻ 利用"倾斜面"命令，对第❸步拉伸的实体进
行倾斜面处理。命令行提示与操作如下。

```
命令:SOLIDEDIT ✓
实体编辑自动检查：SOLIDCHECK=1
输入实体编辑选项 [面（F）/边（E）/体（B）/
放弃（U）/退出（X）] <退出>:_face ✓
输入面编辑选项[拉伸（E）/移动（M）/旋转（R）/偏
移（O）/倾斜（T）/删除（D）/复制（C）/颜色（L）/
材质（A）/放弃（U）/退出（X）] <退出>:_taper ✓
选择面或 [放弃（U）/删除（R）]:（选择如图
12-107 所示的阴影面）
```

```
选择面或 [放弃（U）/删除（R）/全部（ALL）]:✓
指定基点:（选择上述绘制直线的左上方的角点）✓
指定沿倾斜轴的另一个点:（选择直线右下方角点）✓
指定倾斜角度：5 ✓
已开始实体校验。
已完成实体校验。
输入面编辑选项
[拉伸（E）/移动（M）/旋转（R）/偏移（O）/倾斜
（T）/删除（D）/复制（C）/颜色（L）/材质（A）/
放弃（U）/退出（X）] <退出>:✓
实体编辑自动检查：SOLIDCHECK=1
输入实体编辑选项 [面（F）/边（E）/体（B）/
放弃（U）/退出（X）] <退出>:✓
```

结果如图 12-108 所示。

图 12-107　倾斜对象

图 12-108　倾斜面处理

❼ 单击"默认"选项卡"绘图"面板中的"矩形"
按钮 ▭，以（4，7）和（@32，66）为角点
绘制矩形；以（6，9）和（@28，62）为角点
绘制矩形。结果如图 12-109 所示。

图 12-109　绘制矩形

❽ 单击"三维工具"选项卡"建模"面板中的"拉
伸"按钮 ■，拉伸矩形，拉伸高度为 8。结果
如图 12-110 所示。

图 12-110 拉伸处理

⑨ 单击"三维工具"选项卡"实体编辑"面板中的"差集"按钮⬚，对拉伸后的长方体进行差集运算。

⑩ 单击"三维工具"选项卡"实体编辑"面板中的"倾斜面"按钮◐，将差集后的实体倾斜 5°，然后删除辅助直线。结果如图 12-111 所示。

图 12-111 倾斜面处理

⑪ 单击"三维工具"选项卡"建模"面板中的"长方体"按钮⬚，以（0，0，15）和（@1，72，1）为角点绘制长方体。结果如图 12-112 所示。

⑫ 单击"默认"选项卡"修改"面板中的"复制"按钮⬚，复制长方体。

⑬ 选择菜单栏中的"修改"→"三维操作"→"三维旋转"命令，分别将两个长方体旋转 25° 和 −25°，结果如图 12-113 所示。

图 12-112 绘制长方体

图 12-113 旋转处理

⑭ 单击"默认"选项卡"修改"面板中的"移动"按钮✛，将旋转后的长方体移动。结果如图 12-114 所示。

图 12-114 复制并旋转长方体

⑮ 单击"可视化"选项卡"材质"面板中的"材质浏览器"按钮⊗，在材质选项板中选择适当的材质。单击"可视化"选项卡"渲染"面板中的"渲染到尺寸"按钮，对实体进行渲染。渲染后的效果如图 12-103 所示。

12.2.5 着色面

执行方式

命令行：SOLIDEDIT。

菜单栏："修改"→"实体编辑"→"着色面"。

工具栏：单击"实体编辑"工具栏中的"着色面"按钮。

功能区：单击"三维工具"选项卡"实体编辑"面板中的"着色面"按钮。

操作步骤

命令行提示如下。

```
命令：_solidedit
实体编辑自动检查：SOLIDCHECK=1
输入实体编辑选项 [面（F）/边（E）/体（B）/
放弃（U）/退出（X）] <退出>：_face
输入面编辑选项 [拉伸（E）/移动（M）/旋转（R）/
偏移（O）/倾斜（T）/删除（D）/复制（C）/颜色
（L）/材质（A）/放弃（U）/退出（X）] <退出>：
_color
选择面或 [放弃（U）/删除（R）]：（选择要着色的面）
选择面或 [放弃（U）/删除（R）/全部（ALL）]：
（继续选择或按 Enter 键结束选择）
```

选择好要着色的面后，AutoCAD 打开"选择颜色"对话框，根据需要选择合适颜色作为要着色面的颜色。操作完成后，该表面将被相应的颜色覆盖。

12.2.6 | 抽壳

执行方式

命令行：SOLIDEDIT。

菜单栏："修改"→"实体编辑"→"抽壳"。

工具栏：单击"实体编辑"工具栏中的"抽壳"按钮⬚。

功能区：单击"三维工具"选项卡"实体编辑"面板中的"抽壳"按钮⬚。

操作步骤

命令行提示如下。

```
命令：_solidedit
实体编辑自动检查：SOLIDCHECK=1
输入实体编辑选项［面（F）/边（E）/体（B）/放弃（U）/退出（X）］＜退出＞：_body
输入体编辑选项［压印（I）/分割实体（P）/抽壳（S）/清除（L）/检查（C）/放弃（U）/退出（X）］＜退出＞：_shell
选择三维实体：选择三维实体
删除面或［放弃（U）/添加（A）/全部（ALL）］：选择开口面
输入抽壳偏移距离：指定壳体的厚度值
```

图12-115所示为利用抽壳命令绘制的花盆。

（a）绘制初步轮廓　　（b）完成绘制　　（c）消隐结果

图12-115　花盆

实体编辑功能还有其他命令选项，如检查、分割、清除、压印边、着色边、复制面、偏移面、移动面等。这里不再赘述，读者可以自行练习体会。

注意 　抽壳是用指定的厚度创建一个空的薄层。可以为所有面指定一个固定的薄层厚度，通过选择面可以将这些面排除在壳外。一个三维实体只能有一个壳，通过将现有面偏移出其原位置来创建新的面。

实例教学

以图12-116所示的闪盘为例，介绍一下抽壳命令的使用方法。

图12-116　闪盘

STEP 　绘制步骤

❶ 单击"视图"选项卡"视图"面板中的"西南等轴测"按钮◈，转换视图。

❷ 单击"三维工具"选项卡"建模"面板中的"长方体"按钮⬚，在以原点为角点处绘制长为50、宽为20、高为9的长方体，如图12-117所示。

图12-117　绘制长方体1

❸ 单击"默认"选项卡"修改"面板中的"圆角"按钮⬚，对长方体进行倒圆角，圆角半径为3。此时窗口图形如图12-118所示。

图12-118　倒圆角后的长方体

❹ 单击"三维工具"选项卡"建模"面板中的"长方体"按钮⬚，在以（50，1.5，1）为角点处绘制长为3、宽为17、高为7的长方体，如图12-119所示。

图12-119　绘制长方体2

❺ 单击"三维工具"选项卡"实体编辑"面板中的"并集"按钮 ⬛，将上面绘制的两个长方体合并在一起。

❻ 选择菜单栏中的"修改"→"三维操作"→"剖切"命令，对合并后的实体进行剖切。命令行提示与操作如下。

```
命令：SLICE ✓
选择要剖切的对象：（选择合并的实体）
选择要剖切的对象：✓
指定 切面 的起点或 ［平面对象（O）/曲面（S）/Z 轴
（Z）/视图（V）/XY/YZ/ZX/三点（3）］＜三点＞：XY✓
指定 XY 平面上的点 ＜0，0，0＞：0，0，4.5 ✓
在要保留的一侧指定点或 ［保留两侧（B）］：B ✓
```

此时窗口图形如图 12-120 所示。

图 12-120　剖切后的实体

❼ 单击"三维工具"选项卡"建模"面板中的"长方体"按钮 ⬛，在以（53，4，2.5）处绘制长为 13、宽为 12、高为 4 的长方体，如图 12-121 所示。

图 12-121　绘制长方体 3

❽ 单击"视图"选项卡"视图"面板中的"西南等轴测"按钮 ◈，改变视图方向。

❾ 对第❼步绘制的长方体进行抽壳。利用"抽壳"命令，命令行提示与操作如下。

```
命令：_solidedit
实体编辑自动检查： SOLIDCHECK=1
输入实体编辑选项 ［面（F）/ 边（E）/ 体（B）/
放弃（U）/ 退出（X）］＜退出＞：_body
输入实体编辑选项［压印（I）/ 分割实体（P）/抽
壳（S）/清除（L）/检查（C）/放弃（U）/退出（X）］
＜退出＞：_shell
```

选择三维实体：（选择第❼步绘制的长方体）
删除面或 ［放弃（U）/ 添加（A）/ 全部（ALL）］：
（选择长方体的右顶面作为删除面）
删除面或 ［放弃（U）/ 添加（A）/ 全部（ALL）］：
✓
输入抽壳偏移距离：0.5✓
已开始实体校验。
已完成实体校验。
输入实体编辑选项［压印（I）/ 分割实体（P）/抽
壳（S）/清除（L）/检查（C）/放弃（U）/退出（X）］
＜退出＞：X✓
实体编辑自动检查： SOLIDCHECK=1
输入实体编辑选项 ［面（F）/ 边（E）/ 体（B）/
放弃（U）/ 退出（X）］＜退出＞：X ✓

此时窗口图形如图 12-122 所示。

图 12-122　抽壳后的实体

❿ 单击"三维工具"选项卡"建模"面板中的"长方体"按钮 ⬛，在以（60，7，4.5）处绘制长为 2、宽为 2.5、高为 10 的长方体，如图 12-123 所示。

图 12-123　绘制长方体 4

⓫ 单击"默认"选项卡"修改"面板中的"复制"按钮 ⬛，对第❿步绘制的长方体从（60，7，4.5）处复制到（@0，6，0）处，如图 12-124 所示。

图 12-124　复制长方体

⑫ 单击"三维工具"选项卡"实体编辑"面板中的"差集"按钮，将第⑩步和第⑪步的两个长方体从抽壳后的实体中减去。此时窗口图形如图 12-125 所示。

图 12-125　差集后的实体

⑬ 单击"三维工具"选项卡"建模"面板中的"长方体"按钮，在以（53.5，4.5，3）为角点处，绘制长为 12.5、宽为 11、高为 1.5 的长方体，如图 12-126 所示。

图 12-126　绘制长方体 5

⑭ 选择菜单栏中的"视图"→"三维动态观察器"命令，改变视图方向，将实体调整到易于观察的角度。

⑮ 单击"视图"选项卡"可视化"面板中的"隐藏"按钮，对实体进行消隐。此时窗口图形如图 12-127 所示。

图 12-127　旋转消隐后的图形

⑯ 单击"视图"选项卡"视图"面板中的"西南等轴测"按钮。

⑰ 单击"三维工具"选项卡"建模"面板中的"圆柱体"按钮，绘制一个椭圆柱体。命令行提示与操作如下。

```
命令：CYLINDER ✓
指定底面的中心点或 [三点（3P）/两点（2P）/切点、切点、半径（T）/椭圆（E）]：E ✓
指定第一个轴的端点或 [中心（C）]：C ✓
指定中心点：25，10，8 ✓
指定到第一个轴的距离：@15，0，0 ✓
指定第二个轴的端点：@0，8，0 ✓
指定高度或 [两点（2P）/轴端点（A）]：2 ✓
```
结果如图 12-128 所示。

图 12-128　绘制椭圆柱体

⑱ 单击"默认"选项卡"修改"面板中的"圆角"按钮，对椭圆柱体的上表面进行倒圆角，圆角半径是 1mm。

⑲ 单击"视图"选项卡"视觉样式"面板中的"隐藏"按钮，对实体进行消隐。此时窗口图形如图 12-129 所示。

图 12-129　倒圆角后的椭圆柱体

⑳ 单击"默认"选项卡"注释"面板中的"多行文字"按钮A，在椭圆柱体的上表面编辑文字。命令行提示与操作如下。

```
命令：MTEXT ✓
当前文字样式："Standard"　当前文字高度：2.5
指定第一角点：15，20，10 ✓
指定对角点或 [高度（H）/对正（J）/行距（L）/旋转（R）/样式（S）/宽度（W）]：40，-16 ✓
```
AutoCAD 弹出文字编辑框，其中"闪盘"的字体是宋体，文字高度是 2.5，"V.128M"的字体是 TXT，文字高度是 1.5。

㉑ 单击"视图"选项卡"视图"面板中的"俯视"按钮，改变视图方向。

㉒ 单击"视图"选项卡"视觉样式"面板中的"隐

藏"按钮，对实体进行消隐。此时窗口图形如图 12-130 所示。

图 12-130　闪盘俯视图

❷❸ 将闪盘的不同部分着上不同的颜色。用鼠标单击实体编辑工具栏的着色面，根据 AutoCAD 的提示完成对面的着色操作。命令行提示与操作如下。

```
命令 :SOLIDEDIT ✓
实体编辑自动检查： SOLIDCHECK=1
输入实体编辑选项 [面（F）/ 边（E）/ 体（B）/
放弃（U）/ 退出（X）] < 退出 >: F✓
[拉伸（E）/ 移动（M）/ 旋转（R）/ 偏移（O）/ 倾斜
（T）/ 删除（D）/ 复制（C）/ 颜色（L）/ 材质（A）/
放弃（U）/ 退出（X）] < 退出 >: L✓
选择面或 [放弃（U）/ 删除（R）/ 全部（ALL）]:
（选择 U 盘上适当一个面）
选择面或 [放弃（U）/ 删除（R）/ 全部（ALL）]:
ALL ✓
选择面或 [放弃（U）/ 删除（R）/ 全部（ALL）]: ✓
```

此时弹出"选择颜色"对话框，如图 12-131 所示。在其中选择所需要的颜色，然后单击"确定"按钮。

图 12-131　"选择颜色"对话框

命令行继续出现如下提示。

```
输入面编辑选项 [拉伸（E）/ 移动（M）/ 旋转（R）/ 偏
移（O）/ 倾斜（T）/ 删除（D）/ 复制（C）/ 颜色（L）/
材质（A）/ 放弃（U）/ 退出（X）] < 退出 >: X✓
实体编辑自动检查： SOLIDCHECK=1
输入实体编辑选项 [面（F）/ 边（E）/ 体（B）/
放弃（U）/ 退出（X）] < 退出 >: X
```

❷❹ 利用渲染选项中的渲染命令，选择适当的材质对图形进行渲染。渲染后的结果如图 12-116 所示。

12.2.7 复制边

执行方式

命令行：SOLIDEDIT。

菜单栏："修改"→"实体编辑"→"复制边"。

工具栏：单击"实体编辑"工具栏中的"复制边"按钮。

功能区：单击"三维工具"选项卡"实体编辑"面板中的"复制边"按钮。

操作步骤

命令行提示如下。

```
命令 : _solidedit
实体编辑自动检查： SOLIDCHECK=1
输入实体编辑选项 [面（F）/ 边（E）/ 体（B）/
放弃（U）/ 退出（X）] < 退出 >: _edge
输入边编辑选项 [复制（C）/ 着色（L）/ 放弃（U）/
退出（X）] < 退出 >: _copy
选择边或 [放弃（U）/ 删除（R）]:（选择曲线边）
选择边或 [放弃（U）/ 删除（R）]:（回车）
指定基点或位移:（单击确定复制基准点）
指定位移的第二点:（单击确定复制目标点）
```

图 12-132 所示为复制边的图形结果。

（a）选择边

（b）复制边

图 12-132　复制边

实例教学

下面以图 12-133 所示的泵盖为例，介绍一下复制边命令的使用方法。

扫一扫

图 12-133　泵盖

STEP 绘制步骤

❶ 单击"视图"选项卡"视图"面板中的"西南等轴测"按钮◎，将当前视图方向设置为西南等轴测视图。

❷ 单击"三维工具"选项卡"建模"面板中的"长方体"按钮▢，以（0，0，0）为角点，绘制长36、宽80、高12的长方体，如图12-134所示。

图 12-134　绘制长方体

❸ 单击"三维工具"选项卡"建模"面板中的"圆柱体"按钮▢，分别以（0，40，0）和（36，40，0）为底面中心点，绘制半径为R40、高为12的圆柱体。结果如图12-135所示。

图 12-135　绘制圆柱体 1

❹ 单击"三维工具"选项卡"实体编辑"面板中的"并集"按钮◎，对第❷步绘制的长方体以及第❸步绘制的两个圆柱体进行并集运算。结果如图12-136所示。

图 12-136　并集后的图形

❺ 利用"复制边"命令，复制实体底边。命令行提示与操作如下。

```
命令：SOLIDEDIT ✓实体编辑自动检查：SOLIDCHECK
=1
输入实体编辑选项 ［面（F）/ 边（E）/ 体（B）/
放弃（U）/ 退出（X）］ < 退出 >：_edge
```

```
输入边编辑选项 ［复制（C）/ 着色（L）/ 放弃（U）/
退出（X）］< 退出 >：_copy
选择边或 ［放弃（U）/ 删除（R）］：（用鼠标依次
选择并集实体底面边线）
选择边或 ［放弃（U）/ 删除（R）］：✓
指定基点或位移：0，0，0 ✓
指定位移的第二点：0，0，0 ✓
输入边编辑选项 ［复制（C）/ 着色（L）/ 放弃（U）/
退出（X）］< 退出 >：✓
实体编辑自动检查： SOLIDCHECK=1
输入实体编辑选项 ［面（F）/ 边（E）/ 体（B）/
放弃（U）/ 退出（X）］ < 退出 >：✓
```
结果如图 12-137 所示。

图 12-137　选择复制的边

❻ 单击"默认"选项卡"修改"面板中的"合并"按钮 ➝➝ ，用鼠标依次选择复制底边的4条线段，将其合并为一条样条曲线。

❼ 单击"默认"选项卡"修改"面板中的"偏移"按钮◎，偏移合并后的多段线。命令行提示与操作如下。

```
命令：OFFSET ✓
当前设置：删除源 = 否 图层 = 源 OFFSETGAPTYPE
=0
指定偏移距离或 ［通过（T）/ 删除（E）/ 图层（L）］
< 通过 >：22 ✓
选择要偏移的对象，或 ［退出（E）/ 放弃（U）］ <
退出 >：（用鼠标选择合并后的样条曲线）
指定要偏移的那一侧上的点，或 ［退出（E）/ 多个（M）/
放弃（U）］ < 退出 >：（单击样条曲线内部任意一点）
选择要偏移的对象，或 ［退出（E）/ 放弃（U）］ <
退出 >：✓
```
结果如图 12-138 所示。

图 12-138　偏移边线后的图形

⑧ 单击"三维工具"选项卡"建模"面板中的"拉伸"按钮![icon]，拉伸第**⑦**步偏移的直线。命令行提示与操作如下。

```
命令：EXTRUDE ✓
当前线框密度： ISOLINES=10，闭合轮廓创建模
式 = 实体
选择要拉伸的对象或 [模式（MO）]：_MO
闭合轮廓创建模式 [实体（SO）/曲面（SU）] <
实体 >：_SO
选择要拉伸的对象或 [模式（MO）]：（用鼠标选择
上一步偏移的直线）
选择要拉伸的对象或 [模式（MO）]：✓
指定拉伸的高度或 [方向（D）/路径（P）/倾斜角
（T）/表达式（E）]:24 ✓
```

结果如图 12-139 所示。

图 12-139　拉伸图形

⑨ 单击"三维工具"选项卡"建模"面板中的"圆柱体"按钮![icon]，捕捉拉伸形成的实体左边圆的圆心为中心点，绘制半径为 R18、高为 36 的圆柱。

⑩ 单击"三维工具"选项卡"实体编辑"面板中的"并集"按钮![icon]，对绘制的所有实体进行并集运算。结果如图 12-140 所示。

图 12-140　并集后的图形

⑪ 选择菜单栏中的"视图"→"三维视图"→"俯视"命令，将当前视图方向设置为俯视图。

⑫ 单击"默认"选项卡"修改"面板中的"偏移"按钮![icon]，将复制的边线向内偏移 11。结果如图 12-141 所示。

图 12-141　偏移边线

⑬ 单击"三维工具"选项卡"建模"面板中的"圆柱体"按钮![icon]，捕捉偏移形成的辅助线左边圆弧的象限点为中心点，绘制半径为 R4、高为 6 的圆柱体。结果如图 12-142 所示。

图 12-142　绘制圆柱体 2

⑭ 单击"视图"选项卡"视图"面板中的"西南等轴测"按钮![icon]，将当前视图方向设置为西南等轴测视图。

⑮ 单击"三维工具"选项卡"建模"面板中的"圆柱体"按钮![icon]，捕捉 R4 圆柱顶面圆心为中心点，绘制半径为 R7、高为 6 的圆柱体。

⑯ 单击"三维工具"选项卡"实体编辑"面板中的"并集"按钮![icon]，对绘制的 R4 与 R7 圆柱体进行并集运算。结果如图 12-143 所示。

图 12-143　并集处理

⑰ 单击"默认"选项卡"修改"面板中的"复制"按钮![icon]，复制第**⑯**步并集后的圆柱体。命令行提示与操作如下。

命令：COPY ✓
选择对象：（用鼠标选择并集后的圆柱体）
选择对象：✓
当前设置：复制模式 = 多个
指定基点或 [位移（D）/模式（O）] <位移>：（在对象捕捉模式下用鼠标选择圆柱体的圆心）
指定第二个点或 [阵列（A）] <使用第一个点作为位移>：（在对象捕捉模式下用鼠标选择圆弧的象限点）
指定第二个点或 [阵列（A）/退出（E）/放弃（U）] <退出>：✓

结果如图 12-144 所示。

图 12-144　复制圆柱体

⑱ 单击"三维工具"选项卡"实体编辑"面板中的"差集"按钮◎，将并集的圆柱体从并集的实体中减去。结果如图 12-145 所示。

图 12-145　差集处理

⑲ 单击"默认"选项卡"修改"面板中的"删除"按钮✐，删除多余线。命令行提示与操作如下。

命令：ERASE ✓
选择对象：（用鼠标选择复制及偏移的边线）
选择对象：✓

结果如图 12-146 所示。

图 12-146　删除多余线

⑳ 在命令行输入"UCS"，将坐标原点移动到 R18 圆柱体顶面中心点，设置用户坐标系。

㉑ 单击"三维工具"选项卡"建模"面板中的"圆柱体"按钮▢，以坐标原点为圆心，绘制直径为 φ17、高为 -60 的圆柱体；以（0，0，-20）为圆心，绘制直径为 φ25、高为 -7 的圆柱；以实体右边 R18 柱面顶部圆心为中心点，绘制直径为 φ17、高为 -24 的圆柱体。结果如图 12-147 所示。

图 12-147　绘制圆柱体 3

㉒ 单击"三维工具"选项卡"实体编辑"面板中的"差集"按钮◎，对实体与绘制的圆柱体进行差集运算。

㉓ 单击"视图"选项卡"视觉样式"面板中的"隐藏"按钮◉，对实体进行消隐。消隐处理后的图形，如图 12-148 所示。

图 12-148　差集后图形的消隐结果

㉔ 单击"默认"选项卡"修改"面板中的"圆角"按钮▢，命令行提示与操作如下。

命令：FILLET ✓
当前设置：模式 = 修剪，半径 = 0.0000
选择第一个对象或 [放弃（U）/多段线（P）/半径（R）/修剪（T）/多个（M）]：（用鼠标选择要圆角的对象）
输入圆角半径或 [表达式（E）]：4 ✓
选择边或 [链（C）/环（L）/半径（R）]：（用鼠标选择要圆角的边）
已拾取到边。
选择边或 [链（C）/环（L）/半径（R）]：（依次用鼠标选择要圆角的边）
选择边或 [链（C）/环（L）/半径（R）]：✓

㉕ 单击"默认"选项卡"修改"面板中的"倒角"按钮，命令行提示与操作如下。

```
命令：CHAMFER ✓
（"修剪"模式）当前倒角距离 1 = 0.0000，距
离 2 = 0.0000
选择第一条直线或[放弃（U）/多段线（P）/距离
（D）/角度（A）/修剪（T）/方式（E）/多个（M）]：
（用鼠标选择要倒角的直线）
基面选择 ...
输入曲面选择选项 [下一个（N）/当前（OK）] <
当前 >：✓
指定 基面 倒角距离或 [表达式（E）]：2 ✓
指定 其他曲面 倒角距离或 [表达式（E）]
<2.0000>：✓
选择边或 [环（L）]：（用鼠标选择要倒角的边）
选择边或 [环（L）]：✓
```

㉖ 单击"视图"选项卡"视觉样式"面板中的"隐藏"按钮⬡，对实体进行消隐。消隐处理后的图形，如图 12-149 所示。

图 12-149 倒角后图形的消隐结果

㉗ 渲染处理。单击"可视化"选项卡"材质"面板中的"材质浏览器"按钮⬡，选择适当的材质，单击"可视化"选项卡"渲染"面板中的"渲染到尺寸"按钮⬡，对图形进行渲染。渲染后的效果如图 12-133 所示。

12.2.8 | 夹点编辑

利用夹点编辑功能，可以很方便地对三维实体进行编辑，与二维对象夹点编辑功能相似。

其方法很简单，单击要编辑的对象，系统显示编辑夹点，选择某个夹点，按住鼠标拖曳，则三维对象随之改变。选择不同的夹点，可以编辑对象的不同参数，红色夹点为当前编辑夹点，如图 12-150 所示。

图 12-150 圆锥体及其夹点编辑

12.3 显示形式

在 AutoCAD 中，三维实体有多种显示形式，包括二维线框、三维线框、三维消隐、真实、概念、消隐显示等。

12.3.1 | 消隐

执行方式

命令行：HIDE（快捷命令：HI）。

菜单栏："视图"→"消隐"。

工具栏：单击"渲染"工具栏中的"隐藏"按钮⬡。

功能区：单击"视图"选项卡"视觉样式"面板中的"隐藏"按钮⬡。

执行上述操作后，系统将被其他对象挡住的图线隐藏起来，以增强三维视觉效果。结果如图 12-151 所示。

（a）消隐前　　　　　（b）消隐后

图 12-151 消隐结果

12.3.2 | 视觉样式

执行方式

命令行：VSCURRENT。

菜单栏："视图"→"视觉样式"→"二维线框"。

工具栏：单击"视觉样式"工具栏中的"二维线框"按钮 🗗 。

功能区：单击"可视化"选项卡"视觉样式"面板中"视觉样式"下拉列表中的"二维线框"。

操作步骤

命令行提示与操作如下。

```
命令：VSCURRENT ✓
输入选项 [二维线框（2）/线框（W）/隐藏（H）/
真实（R）/概念（C）/着色（S）/带边缘着色（E）
/灰度（G）/勾画（SK）/X射线（X）/其他（O）]
<二维线框>：
```

选项说明

（1）二维线框（2）：用直线和曲线表示对象的边界。光栅和 OLE 对象、线型和线宽都是可见的。即使将 COMPASS 系统变量的值设置为 1，它也不会出现在二维线框视图中。图 12-152 所示为 UCS 坐标和手柄的二维线框图。

图 12-152　UCS 坐标和手柄的二维线框图

（2）线框（W）（三维）：显示对象时利用直线和曲线表示边界。显示一个已着色的三维 UCS 图标。光栅和 OLE 对象、线型及线宽不可见。可将 COMPASS 系统变量设置为 1 来查看坐标球，将显示应用到对象的材质颜色。图 12-153 所示为 UCS 坐标和手柄的三维线框图。

图 12-153　UCS 坐标和手柄的三维线框图

（3）隐藏（H）（三维消隐）：显示用三维线框表示的对象并隐藏表示后向面的直线。图 12-154 所示为 UCS 坐标和手柄的消隐图。

图 12-154　UCS 坐标和手柄的消隐图

（4）真实（R）：着色多边形平面间的对象，并使对象的边平滑化。如果已为对象附着材质，将显示已附着到对象材质。图 12-155 所示为 UCS 坐标和手柄的真实图。

图 12-155　UCS 坐标和手柄的真实图

（5）概念（C）：着色多边形平面间的对象，并使对象的边平滑化。着色使用冷色和暖色之间的过渡，结果缺乏真实感，但是可以更方便地查看模型的细节。图 12-156 所示为 UCS 坐标和手柄的概念图。

图 12-156　UCS 坐标和手柄的概念图

（6）其他（O）：选择该选项，命令行提示如下。

输入视觉样式名称 [？]：

可以输入当前图形中的视觉样式名称或输入"？"，以显示名称列表并重复该提示。

12.3.3 视觉样式管理器

执行方式

命令行：VISUALSTYLES。

菜单栏："视图"→"视觉样式"→"视觉样式管理器"或"工具"→"选项板"→"视觉样式"。

工具栏：单击"视觉样式"工具栏中的"管理视觉样式"按钮 ⊗ 。

图 12-157　"视觉样式管理器"选项板

功能区：单击"可视化"选项卡"视觉样式"面板中心的"对话框启动器"按钮 ⤵

执行上述操作后，系统打开"视觉样式管理器"选项板，可以对视觉样式的各参数进行设置，如图 12-157 所示。图 12-158 所示为按图 12-157 所示设置的概念图显示结果，读者可以与图 12-156 进行比较，感觉它们之间的差别。

图 12-158　显示结果

12.4 渲染实体

渲染是对三维图形对象加上颜色和材质因素，或灯光、背景、场景等因素的操作，能够更真实地表达图形的外观和纹理。渲染是输出图形前的关键步骤，尤其是在结果图的设计中。

12.4.1 设置光源

执行方式

命令行：LIGHT。

菜单栏："视图"→"渲染"→"光源"（见图 12-159）。

图 12-159　光源子菜单

工具栏：单击"渲染"工具栏中的"新建光源"按钮 （见图 12-160）。

图 12-160　渲染工具栏

操作步骤

命令：LIGHT ✓
输入光源类型　[点光源（P）/聚光灯（S）/光域网（W）/目标点光源（T）/自由聚光灯（F）/自由光域（B）/平行光（D）] <自由聚光灯>：
利用该命令，可以设置各种需要的光源。

12.4.2 渲染环境

执行方式

命令行：RENDERENVIRONMENT。
菜单栏："视图"→"渲染"→"渲染环境"。

功能区：单击"可视化"选项卡"渲染"面板中的"渲染环境和曝光"按钮 🐾 。

命令：RENDERENVIRONMENT↙

执行该命令后，AutoCAD弹出如图12-161所示的"渲染和曝光环境"选项板。可以从中设置渲染环境的有关参数。

图12-161　"渲染和曝光环境"选项板

12.4.3 贴图

贴图的功能是在实体附着带纹理的材质后，调整实体或面上纹理贴图的方向。当材质被映射后，调整材质以适应对象的形状，将合适的材质贴图类型应用到对象中，可以使之更加适合对象。

执行方式

命令行：MATERIALMAP。

菜单栏："视图"→"渲染"→"贴图"（见图12-162）。

图12-162　贴图子菜单

工具栏："渲染"→"贴图"按钮（见图12-163）或"贴图"工具栏中的按钮（见图12-164）。

图12-163　渲染工具栏

图12-164　贴图工具栏

操作步骤

命令行提示与操作如下。

命令：MATERIALMAP ↙
选择选项 [长方体（B）/平面（P）/球面（S）/柱面（C）/复制贴图至（Y）/重置贴图（R）]<长方体>：

选项说明

（1）长方体（B）：将图像映射到类似长方体的实体上。该图像将在对象的每个面上重复使用。

（2）平面（P）：将图像映射到对象上，就像将其从幻灯片投影器投影到二维曲面上一样，图像不会失真，但是会被缩放以适应对象。该贴图最常用于面。

（3）球面（S）：在水平和垂直两个方向上同时使图像弯曲。纹理贴图的顶边在球体的"北极"压缩为一个点；同样，底边在"南极"压缩为一个点。

（4）柱面（C）：将图像映射到圆柱形对象上，水平边将一起弯曲，但顶边和底边不会弯曲。图像的高度将沿圆柱体的轴进行缩放。

（5）复制贴图至（Y）：将贴图从原始对象或面应用到选定对象。

（6）重置贴图（R）：将UV坐标重置为贴图的默认坐标。

图12-165所示是球面贴图实例。

（a）贴图前　　　　　　　（b）贴图后

图12-165　球面贴图

12.4.4 材质

1. 附着材质

AutoCAD 2019将常用的材质都集成到工具选

项板中。具体附着材质的步骤如下。

执行方式

命令行：MATBROWSEROPEN。

菜单栏："视图"→"渲染"→"材质浏览器"。

工具栏：单击"渲染"工具栏中的"材质浏览器"按钮⊗。

功能区：单击"视图"选项卡"选项板"面板中的"材质浏览器"按钮⊗（见图12-166）或单击"可视化"选项卡"材质"面板中的"材质浏览器"按钮⊗（见图12-167）。

图12-166　"选项板"面板

图12-167　"材质"面板

操作步骤

命令：`MATBROWSEROPEN ✓`

执行该命令后，AutoCAD弹出如图12-168所示的"材质浏览器"选项板。通过该选项板，可以对材质的有关参数进行设置。

具体附着材质的步骤如下。

（1）选择菜单栏中的"视图"→"渲染"→"材质浏览器"命令，打开"材质浏览器"选项板对话框。

（2）选择需要的材质类型，直接拖曳到对象上，如图12-169所示。这样材质就附着了。当将视觉样式转换成"真实"时，显示出附着材质后的图形，如图12-170所示。

图12-168　"材质浏览器"选项板

图12-169　指定对象

图12-170　附着材质后

2. 设置材质

执行方式

命令行：mateditoropen。

菜单栏："视图"→"渲染"→"材质编辑器"。

工具栏：单击"渲染"工具栏中的"材质编辑器"按钮⊗。

功能区：单击"视图"选项卡"选项板"面板中的"材质编辑器"按钮⊗。

操作步骤

命令：mateditoropen↙

执行该命令后，AutoCAD弹出如图12-171所示的"材质编辑器"选项板。

图 12-171　"材质编辑器"选项板

选项说明

（1）"外观"选项卡：包含用于编辑材质特性的控件。可以更改材质的名称、颜色、光泽度、反射度、透明等。

（2）"信息"选项卡：包含用于编辑和查看材质的关键字信息的所有控件。

12.4.5 | 渲染

1. 高级渲染设置

执行方式

命令行：RPREF（快捷命令：RPR）。

菜单栏："视图"→"渲染"→"高级渲染设置"。

工具栏：单击"渲染"工具栏中的"高级渲染设置"按钮 。

功能区：单击"视图"选项卡"选项板"面板中的"高级渲染设置"按钮 。

执行上述操作后，系统打开如图12-172所示的"高级渲染设置"选项板。通过该选项板，可以对渲染的有关参数进行设置。

图 12-172　"高级渲染设置"选项板

2. 渲染到尺寸

执行方式

命令行：RENDER（快捷命令：RR）。

功能区：单击"可视化"选项卡"渲染"面板中的"渲染到尺寸"按钮 。

执行上述操作后，系统打开如图12-173所示的"渲染"对话框，显示渲染结果和相关参数。

图 12-173　"渲染"对话框

 在AutoCAD 2019中，渲染代替了传统的建筑、机械和工程图形使用水彩、有色蜡笔和油墨等生成最终演示的渲染结果图。渲染图形的过程一般分为以下4步。

（1）准备渲染模型，包括遵从正确的绘图技术，删除消隐面，创建光滑的着色网格和设置视图的分辨率。

（2）创建和放置光源以及创建阴影。

（3）定义材质并建立材质与可见表面间的联系。

（4）进行渲染，包括检验渲染对象的准备、照明和颜色的中间步骤。

 实例教学

扫一扫

下面以图12-174所示的小纽扣为例，介绍一下渲染命令的使用方法。

图 12-174　小纽扣

STEP **绘制步骤**

❶ 单击"视图"选项卡"视图"面板中的"西南等轴测"按钮◈，设置视图方向。

❷ 单击"三维工具"选项卡"建模"面板中的"球体"按钮◯，绘制一个圆心在原点、直径为40的球体，如图 12-175 所示。

图 12-175　绘制球体

❸ 单击"三维工具"选项卡"实体编辑"面板中的"抽壳"按钮▦，对球体进行抽壳，抽壳距离是2mm。命令行提示与操作如下。

```
命令：_solidedit
实体编辑自动检查： SOLIDCHECK=1
输入实体编辑选项 [面（F）/边（E）/体（B）/
放弃（U）/退出（X）] <退出>：_body
输入实体编辑选项[压印（I）/分割实体（P）/抽
壳（S）/清除（L）/检查（C）/放弃（U）/退出（X）]
<退出>：_shell
```

```
选择三维实体：（选择球体）✓
删除面或 [放弃（U）/添加（A）/全部（ALL）]：
✓
输入抽壳偏移距离：2 ✓
已完成实体校验。
已完成实体校验。
输入实体编辑选项
[压印（I）/分割实体（P）/抽壳（S）/清除（L）/
检查（C）/放弃（U）/退出（X）] <退出>：X
实体编辑自动检查： SOLIDCHECK=1
输入实体编辑选项 [面（F）/边（E）/体（B）/
放弃（U）/退出（X）] <退出>：
```

结果如图12-176所示。

图 12-176　抽壳后的球体

❹ 单击"三维工具"选项卡"建模"面板中的"圆柱体"按钮▣，绘制底面中心点为原点、直径为15、高为-30的圆柱体，如图 12-177 所示。

图 12-177　绘制圆柱体 1

❺ 单击"三维工具"选项卡"实体编辑"面板中的"交集"按钮▣，求抽壳后的球体和圆柱体的交集。

❻ 单击"视图"选项卡"视觉样式"面板中的"隐藏"按钮▦，对实体进行消隐。结果如图 12-178 所示。

图 12-178　求交集后实体的消隐结果

❼ 单击"三维工具"选项卡"建模"面板中的"圆环体"按钮 ◎，绘制一个圆环体作为纽扣的边缘。命令行提示与操作如下。

```
命令：TORUS ✓
当前线框密度： ISOLINES=4
指定中心点或 [三点（3P）/两点（2P）/切点、切点、
半径（T）]:0，0，-16 ✓
指定半径或 [直径（D）]: D ✓
指定直径： 13 ✓
指定圆管半径或 [两点（2P）/直径（D）]: D ✓
指定直径： 2 ✓
```

结果如图 12-179 所示。

❽ 单击"三维工具"选项卡"实体编辑"面板中的"并集"按钮 ⬤，将上面绘制的所有实体合并在一起。

图 12-179　绘制圆环体

❾ 单击"视图"选项卡"视觉样式"面板中的"隐藏"按钮 ⬤，对实体进行消隐。结果如图 12-180 所示。

图 12-180　小纽扣主体消隐结果

❿ 单击"三维工具"选项卡"建模"面板中的"圆柱体"按钮 ⬤，绘制中心在（3，0，0）、直径为 1.5、高为 -30 的圆柱体，如图 12-181 所示。

图 12-181　绘制圆柱体 2

⓫ 单击"默认"选项卡"修改"面板中的"环形阵列"按钮 ⬚，对直径为 1.5 的圆柱体进行阵列，设置项目数为 4，填充角度为 360°，如图 12-182 所示。

图 12-182　阵列圆柱体

⓬ 选择菜单栏中的"视图"→"三维动态观察器"命令，改变视图观察方向，将视图旋转到易于观察的角度。

⓭ 单击"视图"选项卡"视觉样式"面板中的"隐藏"按钮 ⬤，对实体进行消隐。结果如图 12-183 所示。

图 12-183　圆柱体阵列图消隐结果

⓮ 单击"三维工具"选项卡"实体编辑"面板中的"差集"按钮 ⬤，将四个圆柱体从纽扣主体中减去。

⓯ 单击"视图"选项卡"视觉样式"面板中的"隐藏"按钮 ⬤，对实体进行消隐。结果如图 12-184 所示。

图 12-184　绘制穿针孔消隐图

⑯ 单击"可视化"选项卡"材质"面板中的"材质浏览器"按钮 ⊗，打开"材质浏览器"选项板，如图 12-185 所示。在"材质浏览器"窗口中，单击样品下按钮条中的"在文档中创建新材质"按钮 ⊙、，在下拉列表中选择"新建常规材质"，同时弹出如图 12-186 所示的"材质编辑器"选项板。

图 12-185　"材质浏览器"选项板

图 12-186　"材质编辑器"选项板

在"材质编辑器"选项板中，"常规"菜单下，"高光"下拉列表框中选择"金属"材质。在"颜色"下拉列表框中单击，弹出"选择颜色"对话框，如图 12-187 所示，关闭"材质编辑器"选项卡。

图 12-187　"选择颜色"对话框

在"材质浏览器"选项卡中，选择"默认通用"图标，单击右键在弹出的快捷菜单中选择"将材质应用到对象"命令，在系统提示下选择绘制的对象"纽扣"，回车后关闭"材质浏览器"选项板。

⑰ 选择菜单栏中的"视图"→"渲染"→"高级渲染设置"命令，打开"渲染预设管理器"选项板，如图 12-188 所示。可在其中设置相关的渲染参数。

图 12-188　"渲染预设管理器"选项板

⑱ 单击"渲染预设管理器"选项板中的"渲染"按钮 ，对实体进行渲染。渲染后的结果如图 12-174 所示。

12.5 综合演练——壳体

本例制作的壳体，如图 12-189 所示。本例主要采用的绘制方法是拉伸绘制实体的方法与直接利用三维实体绘制实体的方法。本例设计思路：先通过上述两种方法建立壳体的主体部分，然后逐一建立壳体上的其他部分，最后对壳体进行圆角处理。要求读者对前几节介绍的绘制实体的方法有明确的认识。

扫一扫

图 12-189 壳体

12.5.1 绘制壳体主体

STEP 绘制步骤

❶ 启动系统。启动 AutoCAD，使用默认设置画图。

❷ 单击"视图"选项卡"视图"面板中的"西南等轴测"按钮◈，切换视图到西南等轴测图。

❸ 绘制底座圆柱。

（1）单击"三维工具"选项卡"建模"面板中的"圆柱体"按钮▣，以（0，0，0）为圆心，绘制直径为 $\phi84$、高为 8 的圆柱体，如图 12-190 所示。

图 12-190 绘制圆柱体 1

（2）单击"默认"选项卡"绘图"面板中的"圆"按钮⊘，以（0，0）为圆心，绘制直径为 $\phi76$ 的辅助圆，如图 12-191 所示。

图 12-191 绘制圆

（3）单击"三维工具"选项卡"建模"面板中的"圆柱体"按钮▣，捕捉 $\phi76$ 圆的象限点为圆心，绘制直径为 $\phi16$、高为 8 及直径为 $\phi7$、高为 6 的圆柱体；捕捉 $\phi16$ 圆柱顶面圆心为中心点，绘制直径为 $\phi16$、高为 -2 的圆柱体，如图 12-192 所示。

图 12-192 绘制圆柱体 2

（4）单击"默认"选项卡"修改"面板中的"环形阵列"按钮▒，对创建的 3 个圆柱进行环形阵列，阵列角度为 360°，阵列数目为 4，阵列中心为坐标原点，如图 12-193 所示。

图 12-193 阵列圆柱体

（5）单击"三维工具"选项卡"实体编辑"面板中的"并集"按钮▰，对 $\phi84$ 与高 8 的 $\phi16$ 进行并集运算；单击"三维工具"选项卡"实体编辑"面板中的"差集"按钮▰，对实体与其余圆柱体进行差集运算。单击"视图"选项卡"视觉样式"面板中的"隐藏"按钮▣，对实体进行消隐。消隐后的结果如图 12-194 所示。

图 12-194 壳体底板消隐结果

（6）单击"三维工具"选项卡"建模"面板中的"圆柱体"按钮🛢，以（0，0，0）为圆心，分别绘制直径为 $\phi60$、高为 20 及直径为 $\phi40$、高为 30 的圆柱体，如图 12-195 所示。

（7）单击"三维工具"选项卡"实体编辑"面板中的"并集"按钮🖿，对所有实体进行并集运算。

图 12-195 绘制圆柱体 3

（8）单击"默认"选项卡"修改"面板中的"删除"按钮✐，删除辅助圆。单击"视图"选项卡"视觉样式"面板中的"隐藏"按钮🗔，对实体进行消隐。消隐后的结果如图 12-196 所示。

图 12-196 壳体底座消隐结果

❹ 绘制壳体中间部分。

（1）单击"三维工具"选项卡"建模"面板中的"长方体"按钮🛢，在实体旁边，绘制长 35、宽 40、高 6 的长方体，如图 12-197 所示。

图 12-197 绘制长方体

（2）单击"三维工具"选项卡"建模"面板中的"圆柱体"按钮🛢，以长方体底面右边中点为圆心，绘制直径为 $\phi40$、高为 -6 的圆柱体，如图 12-198 所示。

图 12-198 绘制圆柱体 4

（3）单击"三维工具"选项卡"实体编辑"面板中的"并集"按钮🖿，对实体进行并集运算。如图 12-199 所示。

图 12-199 壳体中部

（4）单击"默认"选项卡"修改"面板中的"复制"按钮🛠，以创建的壳体中部实体底面圆心为基点，将其复制到壳体底座顶面的圆心处，如图 12-200 所示。

图 12-200 复制图形

（5）单击"三维工具"选项卡"实体编辑"面板中的"并集"按钮🖿，对壳体底座与复制的壳体中部进行并集运算，如图 12-201 所示。

图 12-201 并集壳体中部后的实体

❺ 绘制壳体上部。

（1）选择菜单栏中的"修改"→"实体编辑"→"拉伸面"命令，将绘制的壳体中部，顶面拉伸30，左侧面拉伸20，如图12-202所示。

图12-202　拉伸面操作后的实体

（2）单击"三维工具"选项卡"建模"面板中的"长方体"按钮，以实体左下角点为角点，创建长5、宽28、高36的长方体。

（3）单击"默认"选项卡"修改"面板中的"移动"按钮✛，以长方体左边中点为基点，将其移动到实体左边中点处，如图12-203所示。

图12-203　移动长方体

（4）单击"三维工具"选项卡"实体编辑"面板中的"差集"按钮，对实体与长方体进行差集运算。

（5）单击"默认"选项卡"绘图"面板中的"圆"按钮⊙，捕捉实体顶面圆心为圆心，绘制半径为 R22 的辅助圆，如图12-204所示。

图12-204　绘制辅助圆

（6）单击"三维工具"选项卡"建模"面板中的"圆柱体"按钮，捕捉 R22 圆的右象限点为圆心，绘制半径为 R6、高为 −16 的圆柱体。

（7）单击"三维工具"选项卡"实体编辑"面板中的"并集"按钮，对实体进行并集运算，如图12-205所示。

图12-205　并集圆柱后的实体

（8）单击"默认"选项卡"修改"面板中的"删除"按钮，删除辅助圆，如图12-206所示。

图12-206　删除辅助圆

（9）单击"默认"选项卡"修改"面板中的"移动"按钮✛，以实体底面圆心为基点，将其移动到壳体顶面圆心处，如图12-207所示。

图12-207　移动图形

（10）单击"三维工具"选项卡"实体编辑"面板中的"并集"按钮，对实体进行并集运算，如图12-208所示。

图12-208　并集壳体上部后的实体

❻ 绘制壳体顶板。

（1）单击"三维工具"选项卡"建模"面板中的"长方体"按钮▤，在实体旁边，绘制长为 55、宽为 68、高为 8 的长方体，如图 12-209 所示。

图 12-209　绘制长方体

（2）单击"三维工具"选项卡"建模"面板中的"圆柱体"按钮▢，以长方体底面右边中点为圆心，绘制直径为 ϕ68、高为 8 的圆柱体，如图 12-210 所示。

图 12-210　绘制圆柱体 5

（3）单击"三维工具"选项卡"实体编辑"面板中的"并集"按钮▰，对实体进行并集运算，如图 12-211 所示。

图 12-211　并集运算

（4）单击"三维工具"选项卡"实体编辑"面板中的"复制边"按钮▱，如图 12-212 所示。选择实体底边，在原位置进行复制。

图 12-212　选择复制的边线

（5）单击"默认"选项卡"修改"面板中的"编辑多段线"按钮▱，将复制的实体底边合并成一条多段线。

（6）单击"默认"选项卡"修改"面板中的"偏移"按钮▱，将多段线向内偏移 7，如图 12-213 所示。

图 12-213　偏移多段线

（7）单击"默认"选项卡"绘图"面板中的"构造线"按钮▱，过多段线圆心绘制竖直辅助线及 45° 辅助线，如图 12-214 所示。

图 12-214　绘制构造线

（8）单击"默认"选项卡"修改"面板中的"偏移"按钮▱，将竖直辅助线分别向左偏移 12 及 40，如图 12-215 所示。

图 12-215　偏移辅助线

（9）单击"三维工具"选项卡"建模"面板中的"圆柱体"按钮▢，捕捉辅助线与多段线的交点为圆心，分别绘制直径为 ϕ7、高为 8 及直径为 ϕ14、高为 2 的圆柱体；选择菜单栏中的"修改"→"三维操作"→"三维镜像"命令，将圆柱体以 ZX 面为镜像面，以底面圆心为 ZX 面上的点，进行镜像操作；单击"三维工具"选项卡"实体编辑"面板中的"差集"按钮▱，对实体与镜像后的圆柱体进行差集运算，如图 12-216 所示。

图 12-216　绘制圆柱体并差集运算

（10）单击"默认"选项卡"修改"面板中的"删除"按钮，删除辅助线，如图 12-217 所示；单击"默认"选项卡"修改"面板中的"移动"按钮✛，以壳体顶板底面圆心为基点，将其移动到壳体顶面圆心处，如图 12-218 所示。

图 12-217　删除辅助线

图 12-218　移动图形

（11）单击"三维工具"选项卡"实体编辑"面板中的"并集"按钮，对实体进行并集运算，如图 12-219 所示。

图 12-219　并集壳体顶板后的实体

❼ 单击"三维工具"选项卡"建模"面板中的"拉伸面"按钮，选择壳体表面，拉伸 -8，如图 12-220 所示。单击"视图"选项卡"视觉样式"面板中的"隐藏"按钮，对实体进行消隐，消隐后的结果如图 12-221 所示。

图 12-220　选择拉伸面

图 12-221　拉伸面后的壳体

12.5.2 | 绘制壳体的其他部分

STEP 绘制步骤

❶ 绘制壳体竖直内孔。

（1）单击"三维工具"选项卡"建模"面板中的"圆柱体"按钮，以（0，0，0）为圆心，分别绘制直径为 $\phi18$、高为 14 及直径为 $\phi30$、高为 80 的圆柱体；以（-25，0，80）为圆心，绘制直径为 $\phi12$、高为 -40 的圆柱体；以（22，0，80）为圆心，绘制直径为 $\phi6$、高为 -18 的圆柱体，如图 12-222 所示。

图 12-222　绘制圆柱体 1

（2）单击"三维工具"选项卡"实体编辑"面板中的"差集"按钮，对壳体与内形圆柱进行差集运算，如图 12-223 所示。

图 12-223 差集运算

❷ 绘制壳体前部凸台及孔。

（1）在命令行输入"UCS"，将坐标原点移动到（-25，-36，48），并将其绕 X 轴旋转 90°。

（2）单击"三维工具"选项卡"建模"面板中的"圆柱体"按钮，以（0，0，0）为圆心，分别绘制直径为 φ30、高为 -16，直径为 φ20、高为 -12 及直径为 φ12、高为 -36 的圆柱体，如图 12-224 所示。

图 12-224 绘制圆柱体 2

（3）单击"三维工具"选项卡"实体编辑"面板中的"并集"按钮，对壳体与 φ30 圆柱进行并集运算，如图 12-225 所示。

（4）单击"三维工具"选项卡"实体编辑"面板中的"差集"按钮，对壳体与其余圆柱进行差集运算，如图 12-226 所示。

图 12-225 并集运算

图 12-226 壳体凸台及内孔

❸ 绘制壳体水平内孔。

（1）在命令行输入"UCS"，将坐标原点移动到（-25，10，-36），并绕 Y 轴旋转 90°。

（2）单击"三维工具"选项卡"建模"面板中的"圆柱体"按钮，以（0，0，0）为圆心，分别绘制直径为 φ12、高为 8 及直径为 φ8、高为 25 的圆柱体；以（0，10，0）为圆心，绘制直径为 φ6、高为 15 的圆柱体，如图 12-227 所示。

图 12-227 绘制圆柱体 3

（3）选择菜单栏中的"修改"→"三维操作"→"三维镜像"命令，将 φ6 圆柱以当前 ZX 面为镜像面，进行镜像操作，如图 12-228 所示。

（4）单击"三维工具"选项卡"实体编辑"面板中的"差集"按钮，对壳体与内形圆柱体进行差集运算，如图 12-229 所示。

图 12-228　镜像圆柱体

图 12-229　差集水平内孔后的壳体

❹ 绘制壳体肋板。

（1）切换视图到前视图。

（2）单击"默认"选项卡"绘图"面板中的"多段线"按钮，从点 1（中点）→点 2（垂足）→点 3（垂足）→点 4（垂足）→点 5（@0，-4）→点 1，绘制闭合多段线，如图 12-230 所示。

图 12-230　绘制多段线

（3）单击"三维工具"选项卡"建模"面板中的"拉伸"按钮，将闭合的多段线拉伸。

（4）选择菜单栏中的"修改"→"三维操作"→"三维镜像"命令，拉伸实体，以当前 XY 面为镜像面，进行镜像操作。

（5）单击"三维工具"选项卡"实体编辑"面板中的"并集"按钮，对壳体与肋板进行并集运算，如图 12-231 所示。

图 12-231　并集运算

12.5.3 倒角与渲染视图

STEP 绘制步骤

❶ 单击"默认"选项卡"修改"面板中的"圆角"按钮和单击"修改"工具栏中的"倒角"按钮，对壳体进行倒角及倒圆角处理，图 12-232 所示。

图 12-232　圆角与倒角处理

❷ 单击"可视化"选项卡"渲染"面板中的"渲染到尺寸"按钮，选择适当的材质对图形进行渲染。渲染后的效果如图 12-189 所示。

12.6 上机实验

【实验 1】绘制三通管

1. 目的要求

如图 12-233 所示，三维图形具有形象逼真的优点，但是三维图形的绘制比较复杂，需要读者掌握的知识比较多。本例要求读者熟悉三维模型绘制的步骤，掌握三维模型的绘制技巧。

图 12-233　三通管

2. 操作提示

（1）绘制 3 个圆柱体。

（2）镜像和旋转圆柱体。

（3）圆角处理。

【实验 2】绘制轴

1. 目的要求

如图 12-234 所示，轴是最常见的机械零件。本例需要绘制的轴集中了很多典型的机械结构形式，如轴体、孔、轴肩、键槽、螺纹、退刀槽、倒角等，因此需要用到的三维命令也比较多。通过本例的练习，可以使读者进一步熟悉三维绘图的技能。

图 12-234　轴

2. 操作提示

（1）顺次绘制直径不等的 4 个圆柱体。

（2）对 4 个圆柱体进行并集处理。

（3）转换视角，绘制圆柱孔。

（4）镜像并拉伸圆柱孔。

（5）对轴体和圆柱孔进行差集处理。

（6）采用同样的方法绘制键槽结构。

（7）绘制螺纹结构。

（8）对轴体进行倒角处理。

（9）渲染处理。

【实验 3】绘制建筑拱顶

1. 目的要求

如图 12-235 所示，拱顶是常见的建筑结构。本例需要绘制的拱顶用到的三维命令比较多。通过本例的练习，可以使读者进一步熟悉三维绘图的技能。

图 12-235　六角形拱顶

2. 操作提示

（1）绘制正六边形并拉伸。

（2）绘制直线和圆弧。

（3）旋转曲面。

（4）绘制圆并拉伸。

（5）阵列处理。

（6）绘制圆锥体和球体。

（7）渲染处理。

第 3 篇　综合实例

第 13 章

机械工程实例

在本章中，通过对球阀的零件图和装配图的绘制，读者将掌握 AutoCAD 绘制完整零件图和装配图的基础知识以及绘制方法和技巧。

重点与难点

- ➲ 完整零件图绘制方法
- ➲ 零件图的绘制方法及绘制实例
- ➲ 完整装配图绘制方法
- ➲ 减速器装配图

13.1 完整零件图绘制方法

零件图是设计者用以表达对零件设计意图的一种技术文件。

13.1.1 零件图内容

零件图是表示零件的结构形状、大小和技术要求的工程图样，并根据它加工制造零件。一幅完整零件图应包括以下内容。

一组视图：表达零件的形状与结构。

一组尺寸：标出零件上结构的大小、结构间的位置关系。

技术要求：标出零件加工、检验时的技术指标。

标题栏：注明零件的名称、材料、设计者、审核者、制造厂家等信息的表格。

13.1.2 零件图绘制过程

零件图的绘制过程包括草绘和绘制工作图，

AutoCAD一般用作绘制工作图，下面是绘制零件图的基本步骤。

（1）设置作图环境：作图环境的设置一般包括以下两方面。

① 选择比例：根据零件的大小和复杂程度选择比例，尽量采用1：1。

② 选择图纸幅面：根据图形、标注尺寸、技术要求所需图纸幅面，选择标准幅面。

（2）确定作图顺序，选择尺寸转换为坐标值的方式。

（3）标注尺寸，标注技术要求，填写标题栏。标注尺寸前要关闭剖面层，以免剖面线在标注尺寸时影响端点捕捉。

（4）校核与审核。

13.2 零件图绘制实例

本节将选择一些典型的机械零件，讲解其设计思路和具体绘制方法。

扫一扫

13.2.1 圆柱齿轮

圆柱齿轮零件是机械产品中经常使用的一种典型零件，它的主视剖面图呈对称形状，左视图则由一组同心圆构成，如图13-1所示。

图13-1 圆柱齿轮

由于圆柱齿轮的1：1全尺寸平面图大于A3图幅，因此为了绘制方便，需要先隐藏"标题栏层"和"图框层"，在绘图窗口中隐去标题栏和图框。按照1：1全尺寸绘制圆柱齿轮的主视图和左视图，与前面章节类似，绘制过程中充分利用多视图互相投影对应关系。

STEP 绘制步骤

❶ 配置绘图环境。单击"快速访问"工具栏中的"新建"按钮🗋，弹出"选择样板"对话框，用户在该对话框中选择需要的样板图。本例选用A3横向样板图，其中样板图左下端点坐标为（0，0）。

❷ 绘制圆柱齿轮。

（1）绘制中心线与隐藏图层。

① 切换图层。将"中心线层"设定为当前图层。

② 绘制中心线。单击"默认"选项卡"绘图"面板中的"直线"按钮╱，绘制直线{（25，170），（410，170）}、直线{（75，47），（75，292）}和直线{（270，47），（270，292）}，如图 13-2 所示。

图 13-2 绘制中心线

注意 由于圆柱齿轮尺寸较大，因此先按照1:1的比例绘制圆柱齿轮，绘制完成后，再利用"图形缩放"命令使其缩小放入A3图纸里。为了绘制方便，隐藏"标题栏层"和"图框层"，隐去标题栏和图框，以使版面干净，利于绘图。

③ 隐藏图层。单击"默认"选项卡"图层"面板中的"图层特性"按钮🗏，关闭"标题栏层"和"图框层"，如图 13-3 所示。

图 13-3 关闭图层后的绘图窗口

（2）绘制圆柱齿轮主视图。

① 将当前图层从"中心线层"切换到"实体层"。单击"默认"选项卡"绘图"面板中的"直线"按钮╱，利用 FROM 选项绘制两条直线，结果如图 13-4 所示，命令行提示与操作如下：

```
命令：LINE '
指定第一点：from '
基点：（利用对象捕捉选择左侧中心线的交点）
＜偏移＞：@ -41，0 '
指定下一点或 [放弃（U）]：@ 0，120 '
指定下一点或 [放弃（U）]：@ 41，0 '
指定下一点或 [闭合◎/ 放弃（U）]：'
```

图 13-4 绘制边界线

② 单击"默认"选项卡"修改"面板中的"偏移"按钮⊆，将最左侧的直线向右偏移，偏移量为33，再将最上部的直线向下偏移，偏移量依次为8、20、30、60、70和91。偏移中心线，向上偏移量依次为75和116。结果如图 13-5 所示。

图 13-5 绘制偏移线

③ 单击"默认"选项卡"修改"面板中的"倒角"按钮 ⌐，角度，距离模式，对齿轮的左上角处倒直角 4×45°；C4；凹槽端口和孔口处倒直角 C4；利用"圆角" ⌐ 命令，对中间凹槽倒圆角，半径为 5mm；然后进行修剪，绘制倒圆角轮廓线。结果如图 13-6 所示。

图 13-6 图形倒角

 在执行"倒圆角"命令时，需要对不同情况交互使用"修剪"模式和"不修剪"模式。若使用"不修剪"模式，还需利用"修剪"命令进行修剪编辑。

④ 单击"默认"选项卡"修改"面板中的"偏移"按钮 ⊂，将中心线向上偏移 8，并将偏移后的直线放置在实体层。然后单击"默认"选项卡"修改"面板中的"修剪"按钮 ⸾，进行修剪，结果如图 13-7 所示。

图 13-7 绘制键槽

⑤ 单击"默认"选项卡"修改"面板中的"镜像"按钮 ⚏，分别以两条中心线为镜像轴进行镜像操作，结果如图 13-8 所示。

图 13-8 镜像成型

⑥ 切换到"剖面线图层"，单击"默认"选项卡"绘图"面板中的"图案填充"按钮 ▨，打开"图案填充创建"选项卡，设置"ANSI31"图案作为填充图案，选择填充区域，完成圆柱齿轮主视图绘制，如图 13-9 所示。

图 13-9 圆柱齿轮主视图

（3）绘制圆柱齿轮左视图。

 圆柱齿轮左视图由一组同心圆和环形分布的圆孔组成。左视图是在主视图的基础上生成的，因此需要借助主视图的位置信息确定同心圆的半径或直径数值，这时就需要从主视图引出相应的辅助定位线，利用"对象捕捉"确定同心圆。6个减重圆孔利用"环形阵列"进行绘制。

① 单击"默认"选项卡"绘图"面板中的"构造线"按钮 ⟋，利用"对象捕捉"在主视图中确定直线起点，再利用"正交"功能保证引出线水平，终点位置任意，绘制结果如图 13-10 所示。

图 13-10　绘制辅助定位线

② 单击"默认"选项卡"绘图"面板中的"圆"按钮⊙，以右侧中心线交点为圆心，半径依次捕捉辅助定位线与中心线的交点，绘制 9 个圆；单击"默认"选项卡"绘图"面板中的"圆"按钮⊙，绘制减重圆孔，删除辅助线，修剪后的结果如图 13-11 所示。注意，分度圆和减重圆孔的中心线圆属于"中心线层"。

图 13-11　绘制同心圆和减重圆孔

③ 单击"默认"选项卡"修改"面板中的"环形阵列"按钮⊙，以同心圆的圆心为阵列中心点，选择图 13-11 中所绘制的减重圆孔及其中心线为阵列对象，输入阵列个数为 6，阵列度数 360，如图 13-12 所示，得到环形分布的减重圆孔。单击"默认"选项卡"修改"面板中的"打断"按钮⊡，修剪阵列减重孔过长的中心线如图 13-12 所示。

图 13-12　环形分布的减重圆孔

④ 单击"默认"选项卡"修改"面板中的"偏移"按钮⊏，向左偏移同心圆的竖直中心线，偏移量为 33.3；水平中心线上下偏移量分别为 8；并更改其图层属性为"实体层"，绘制键槽边界线如图 13-13 所示。

图 13-13　绘制键槽边界线

⑤ 单击"默认"选项卡"修改"面板中的"修剪"按钮₩，对键槽进行修剪编辑，得到圆柱齿轮左视图，如图 13-14 所示。

图 13-14　圆柱齿轮左视图

 注意　为了方便对键槽的标注，需要把圆柱齿轮左视图中的键槽图形复制出来单独放置，单独标注尺寸和形位公差。

⑥ 单击"默认"选项卡"修改"面板中的"复制"按钮⊙，选择键槽轮廓线和中心线，复制键槽，如图 13-15 所示。

图 13-15　键槽轮廓线

⑦单击"默认"选项卡"修改"面板中的"缩放"按钮⊡，将所有图形缩小为原来的一半。

如果视图缩放比例不好，在提取复制对象时可能比较困难，由于"缩放"和"平移"命令都属于透明命令，即可以在运行其他命令过程中利用这两个命令。所以在提取复制对象前，可先调整视图，而不至于取消"复制"命令。

❸ 标注圆柱齿轮。

（1）无公差尺寸标注。

① 切换图层并修改标注样式。将当前图层切换到"尺寸标注层"。单击"默认"选项卡"注释"面板中的"标注样式"按钮 ，打开"标注样式管理器"对话框，将"机械制图"标注样式置为当前。单击"修改"按钮，系统打开"修改标注样式"对话框，打开"主单位"选项卡，将"比例因子"设为2，如图13-16所示。单击"确定"按钮后退出，并将"机械制图"样式设置为当前使用的标注样式。

图13-16 修改标注样式

 《机械制图》的国家标准中规定，标注的尺寸值必须是零件的实际值，而不是在图形上的值。这里之所以修改标注样式，是因为上节最后一步操作时将图形整个缩小了一半。在此将比例因子设置为2，标注出的尺寸数值刚好恢复为原来绘制时的数值。

② 单击"默认"选项卡"注释"面板中的"线性"按钮 ，标注同心圆使用特殊符号表示法，如"%%C"表示"φ"，"%%C50"表示"φ50"；

标注其他无公差尺寸，如图13-17所示。

图13-17 无公差尺寸标注

（2）带公差尺寸标注。

① 设置带公差标注样式。单击"默认"选项卡"注释"面板中的"标注样式"按钮 ，打开"创建新标注样式"对话框，建立一个名为"副本机械制图标注（带公差）"的样式，"基础样式"为"机械制图"，如图13-18所示。在"新建标注样式"对话框中，设置"公差"选项卡，如图13-19所示。并把"副本机械制图标注（带公差）"的样式设置为当前使用的标注样式。

图13-18 创建新标注样式

图13-19 "公差"选项卡设置

② 单击"默认"选项卡"注释"面板中的"线性"
按钮┠╌┨，标注带公差的尺寸。

③ 单击"默认"选项卡"修改"面板中的"分解"
按钮￼，分解所有的带公差尺寸标注系。

 注意 公差尺寸的分解需要使用两次"分解"
命令：第一次分解尺寸线与公差文字；
第二次分解公差文字中的主尺寸文字与极限偏差
文字。只有这样，才能单独利用"编辑文字"命
令对上下极限偏差文字进行编辑修改。

④ 选择需要编辑的尺寸的极限偏差分别为，
ϕ58：+0.030 和 0；ϕ240：0 和 −0.027；
16：+0.022 和 −0.022；62.3：+0.20 和 0，
如图 13-20 所示。

图 13-20 标注公差尺寸

（3）形位公差标注。

① 利用"多行文字"命令、"矩形"命令、"图
案填充"命令和"圆"命令绘制基准符号，如
图 13-21 所示。

图 13-21 基准符号

② 利用 QLEADER 命令标注形位公差，如
图 13-22 和图 13-23 所示。

 注意 若发现形位公差符号选择有错误，可以
再次单击"符号"选项重新进行选择，
也可以单击"符号"选项，选择对话框右下角
"空白"选项，取消当前选择。

图 13-22 形位公差

图 13-23 标注圆柱齿轮的形位公差

③ 单击"默认"选项卡"图层"面板中的"图
层特性"按钮￼，打开"图层特性管理器"对话框，
单击"标题栏层"和"图框层"属性中呈灰暗
色的"打开/关闭图层"按钮🔅，使其呈鲜亮色
🔆，在绘图窗口中显示图幅边框和标题栏。

④ 单击"默认"选项卡"修改"面板中的"移
动"按钮✛，分别移动圆柱齿轮主视图、左视图
和键槽，使其均布于图纸版面里。单击"默认"
选项卡"修改"面板中的"打断"按钮￼，删
掉过长的中心线，圆柱齿轮绘制完毕。

❹ 标注粗糙度、参数表与技术要求。

（1）粗糙度标注。

① 将"尺寸标注层"设置为当前图层。

② 制作粗糙度图块，结合"多行文字"命令标
注粗糙度，得到的效果如图 13-24 所示。

（2）参数表标注。

① 将"注释层"设置为当前图层。

② 单击"默认"选项卡"注释"面板中的"表
格样式"按钮￼，打开"表格样式"对话框，
如图 13-25 所示。

图 13-24　粗糙度标注

图 13-25　"表格样式"对话框

③ 单击"修改"按钮，打开"修改表格样式"对话框，如图 13-26 所示。在该对话框中进行如下设置：数据文字样式为"Standard"，文字高度为 4.5，文字颜色为"ByBlock"，填充颜色为"无"，对齐方式为"正中"；在"边框特性"选项组中单击第一个按钮，栅格颜色为"洋红"；表格方向向下，水平单元边距和垂直单元边距都为"1.5"。

图 13-26　"修改表格样式"对话框

④ 设置好文字样式后，确定退出。

⑤ 单击"默认"选项卡"注释"面板中的"表格"按钮▦，打开"插入表格"对话框，如图 13-27 所示。设置插入方式为"指定插入点"，设置第一行和第二行单元样式为"数据"，行和列设置为 8 行 3 列，列宽为 8，行高为 1。确定后，在绘图平面指定插入点，则插入图 13-28 所示的空表格，并显示"文字编辑器"选项卡，不输入文字，直接在多行文字编辑器中单击"确定"按钮退出。

图 13-27　"插入表格"对话框

图 13-28　"文字编辑器"选项卡

⑥ 单击第 1 列某一个单元格，然后右击，利用特性命令调整列宽，使列宽变成 65，用同样方法，将第 2 列和第 3 列的列宽拉成约 20 和 40，结果如图 13-29 所示。

图 13-29　改变列宽

⑦ 双击单元格，重新打开多行文字编辑器，在各单元格中输入相应的文字或数据，结果如图 13-30 所示。

模数	m	4
齿数	z	29
齿形角	α	20°
齿顶高系数	h	1
径向变位系数	x	0
精度等级		7-GB10095-88
公法线平均长度及偏差	Wkßw	$61.283^{-0.088}_{-0.176}$
公法线长度变动公差	Fw	0.036
径向综合公差	Fi″	0.090
一齿径向综合公差	fi″	0.032
齿向公差	Fβ	0.011

图13-30 参数表

（3）技术要求标注。

① 将"注释层"设置为当前图层。

② 单击"默认"选项卡"注释"面板中的"多行文字"按钮 **A** ，标注技术要求，如图13-31所示。

技术要求
1.轮齿部位渗碳淬火，允许全部渗碳，渗碳层深度和硬度
a.轮齿表面磨削后深度0.8～1.2，硬度HRC≥59
b.非磨削渗碳表面（包括轮齿表面黑斑）深度≤1.4，硬度（必须渗碳表面）HRC≥60
c.芯部硬度HRC35～45
2.在齿顶上检查齿面硬度
3.齿顶圆直径仅在热处理前检查
4.所有未注跳动公差的表面对基准A的跳动为0.2
5.当无标准齿轮时，允许检查下列三项代替检查径向综合公差和一齿径向综合公差
a.齿圈径向跳动公差Fr为0.056
b.齿形公差ff为0.016
c.基节极限偏差±fpb为0.018
6.用带凸角的刀具加工齿轮，但齿根不允许有凸台，允许下凹，下凹深度不大于0.2
7.未注倒角C4

图13-31 技术要求

⑤ 填写标题栏

（1）将"标题栏层"设置为当前图层。

（2）在标题栏中输入相应文本。圆柱齿轮设计最终效果如图13-1所示。

> **注意** 在标题栏"比例"一栏中应输入比例为1：2。

13.2.2 减速器箱体

本节将以图13-32所示的减速器箱体平面图为例说明其绘制过程。本例的绘制思路：依次绘制减速器箱体俯视图、主视图和左视图，充分利用多视图投影对应关系，绘制辅助定位直线。对于箱体本身，从上至下划分为3个组成部分，即箱体顶面、箱体中间膛体和箱体底座，每一个视图的绘制也都围绕这3个部分分别进行。另外，在箱体绘制过程中也充分应用了局部剖视图。

扫一扫

图13-32 减速器箱体

STEP 绘制步骤

❶ 配置绘图环境。

（1）建立新文件。启动 AutoCAD 2019 应用程序，单击"快速访问"工具栏中的"新建"按钮🗋，打开"选择样板"对话框，用户在该对话框中选择需要的样板图。本例选用 A1 样板图，其中样板图左下端点坐标为（655，5），将新文件命名为"减速器箱体 .dwg"并保存。

（2）设置图形界限。选择菜单栏中的"格式"→"图形界限"命令，使用 A1 图纸，设置两角点坐标分别为（0，0）和（841，594）。

（3）创建新图层。单击"默认"选项卡"图层"面板中的"图层特性"按钮🔳，打开"图层特性管理器"对话框，新建并设置每一个图层，如图 13-33 所示。

（4）设置文字标注样式。单击"默认"选项卡"注释"面板中的"文字样式"按钮🅰，打开"文字样式"对话框。创建"技术要求"文字样式，在"字体名"下拉列表框中选择"仿宋 _GB2312"，"字体样式"设置为"常规"，在"高度"文本框中输入 5.0000，设置完成后，单击"应用"按钮，完成"技术要求"文字标注格式的设置。

图 13-33　"图层特性管理器"对话框

（5）创建新标注样式。单击"默认"选项卡"注释"面板中的"标注样式"按钮🔧，打开"标注样式管理器"对话框，创建"机械制图标注"样式，各属性与前面章节设置相同，并将其设置为当前使用的标注样式。

注意　《机械制图》国家标准中规定中心线应超出轮廓线 2～5mm。

❷ 绘制中心线。

（1）切换图层。将"中心线层"设置为当前图层。

（2）绘制中心线。单击"默认"选项卡"绘图"面板中的"直线"按钮╱，绘制 3 条水平直线{（50，150），（500，150）}、{（50，360），（800，360）}和{（50，530），（800，530）}；绘制 5 条竖直直线{（65，50），（65，550）}、{（490，50），（490，550）}、{（582，350），（582，550）}、{（680，350），（680，550）}和{（778，350），（778，550）}，如图 13-34 所示。

图 13-34　绘制中心线

❸ 绘制减速器箱体俯视图。

（1）切换图层。将当前图层从"中心线层"切换到"实体层"。

（2）绘制矩形。单击"默认"选项卡"绘图"面板中的"矩形"按钮▢，利用给定矩形两个角点的方法分别绘制矩形 1{（65，52），（490，248）}、矩形 2{（100，97），（455，203）}、矩形 3{（92，54），（463，246）}、矩形 4{（92，89），（463，211）}。矩形 1 和矩形 2 构成箱体顶面轮廓线，矩形 3 表示箱体底座轮廓线，矩形 4 表示箱体中间膛轮廓线，如图 13-35 所示。

图 13-35　绘制矩形

（3）更改图形对象的颜色。选择矩形 3，选择"默认"选项卡"特性"面板中"对象颜色"下拉列表，如图 13-36 所示。在其中选择一种颜色赋予矩形 3。使用同样的方法更改矩形 4 的线条颜色。

图 13-36　颜色下拉列表

（4）绘制轴孔。绘制轴孔中心线，单击"默认"选项卡"修改"面板中的"偏移"按钮，选择左端直线，从左向右偏移量为 110 和 255；绘制轴孔，重复"偏移"命令，绘制左轴孔直径为 68，右轴孔直径为 90，绘制结果如图 13-37 所示。

图 13-37　绘制轴孔

（5）细化顶面轮廓线。单击"默认"选项卡"修改"面板中的"偏移"按钮，分别选择上下轮廓线，向内偏移 5，分别选择两轴孔轮廓线，向外偏移 12。单击"默认"选项卡"修改"面板中的"修剪"按钮，进行相关图线的修剪，绘制结果如图 13-38 所示。

图 13-38　绘制偏移直线

（6）顶面轮廓线倒圆角。单击"默认"选项卡"修改"面板中的"圆角"按钮，将偏移量

为 5 的直线与矩形 1 的两条竖直线形成的 4 个直角的圆角半径为 10，其他处倒圆角半径为 5，矩形 2 的 4 个直角的圆角半径为 5。单击"默认"选项卡"修改"面板中的"修剪"按钮，进行相关图线的修剪，单击"默认"选项卡"修改"面板中的"倒角"按钮，对轴孔进行倒角，倒角距离为 C2，结果如图 13-39 所示。

图 13-39　顶面轮廓线倒圆角

（7）绘制螺栓孔和销孔中心线。单击"默认"选项卡"修改"面板中的"偏移"按钮，进行图 13-39 所示的偏移操作，竖直偏移量和水平偏移量如图上标注，单击"默认"选项卡"修改"面板中的"修剪"按钮，进行相关图线的修剪，绘制结果如图 13-40 所示。

图 13-40　绘制螺栓孔和销孔中心线

（8）绘制螺栓孔和销孔。单击"默认"选项卡"绘图"面板中的"圆"按钮，在上下两侧绘制 6 个 ϕ13 的螺栓孔；重复"圆"命令，在右侧绘制 2 个 ϕ11 通孔；重复"圆"命令，在左右两侧绘制 2 个 ϕ10 和 ϕ8 的销孔。单击"默认"选项卡"修改"面板中的"修剪"按钮，进行相关图线的修剪。绘制结果如图 13-41 所示。

（9）细化轴孔。单击"默认"选项卡"修改"面板中的"倒角"按钮，角度、距离模式：45°、2，结果如图 13-41 所示。

（10）箱体底座轮廓线（矩形 3）倒圆角。单击"默认"选项卡"修改"面板中的"圆角"

按钮，对底座轮廓线（矩形 3）倒圆角，半径为 10。进行修剪，完成减速器箱体俯视图的绘制，结果如图 13-42 所示。

图 13-41　绘制螺栓孔和销孔

图 13-42　减速器箱体俯视图

❹ 绘制减速器箱体主视图。

（1）绘制箱体主视图定位线。单击"默认"选项卡"绘图"面板中的"直线"按钮，按下状态栏中的"对象捕捉"按钮和"正交模式"按钮，从俯视图绘制投影定位线。单击"默认"选项卡"修改"面板中的"偏移"按钮，上面的中心线向下偏移量为 12，下面的中心线向上偏移量为 20。结果如图 13-43 所示。

图 13-43　绘制箱体主视图定位线

（2）绘制主视图轮廓线。单击"默认"选项卡"修改"面板中的"修剪"按钮，对主视图进行修剪，形成箱体顶面、箱体中间膛和箱体底座的轮廓线，结果如图 13-44 所示。

（3）绘制轴孔和端盖安装面。单击"默认"选项卡"绘图"面板中的"圆"按钮，以两条

竖直中心线与顶面线交点为圆心，分别绘制左侧一组同心圆 ϕ68、ϕ72、ϕ92 和 ϕ98，右侧一组同心圆 ϕ90、ϕ94、ϕ114 和 ϕ120，并进行修剪，结果如图 13-45 所示。

图 13-44　绘制主视图轮廓线

图 13-45　绘制轴孔和端盖安装面

（4）绘制偏移直线。单击"默认"选项卡"修改"面板中的"偏移"按钮，顶面向下偏移量为 40，进行修剪，补全左右轮廓线，结果如图 13-46 所示。补全左右轮廓线，利用"延伸"命令完成。

图 13-46　绘制偏移直线

（5）绘制左右耳片。单击"默认"选项卡"绘图"面板中的"圆"按钮，绘制耳片半径为 8，深度为 15，单击"默认"选项卡"修改"面板中的"修剪"按钮，进行修剪，结果如图 13-47 所示。

图 13-47　绘制左右耳片

（6）绘制左右肋板。单击"默认"选项卡"修改"面板中的"偏移"按钮 ⊂，绘制偏移直线，肋板宽度为 12，与箱体中间膛的相交宽度为 16，对图形进行修剪，结果如图 13-48 所示。

图 13-48　绘制左右肋板

（7）倒圆角。单击"默认"选项卡"修改"面板中的"圆角"按钮 ⌒，采用不修剪、半径模式，对主视图进行圆角操作，箱体的铸造圆角半径为 5。倒圆角后再对图形进行修剪，结果如图 13-49 所示。

图 13-49　图形倒圆角

（8）绘制样条曲线。单击"默认"选项卡"绘图"面板中的"样条曲线拟合"按钮 ∿，在两个端盖安装面之间绘制曲线构成剖切平面，如图 13-50 所示。

图 13-50　绘制样条曲线

（9）绘制螺栓通孔。在剖切平面中，绘制螺栓通孔 $\phi13\times38$ 和安装沉孔 $\phi24\times2$。单击"默认"选项卡"绘图"面板中的"图案填充"按钮 ▨，绘制图层切换到"剖面层"，绘制剖面线。用同样的方法，绘制销通孔 $\phi10\times12$、螺栓通孔 $\phi11\times10$ 和安装沉孔 $\phi15\times2$。绘制结果如图 13-51 所示。

图 13-51　绘制螺栓通孔

（10）绘制油标尺安装孔轮廓线。单击"默认"选项卡"修改"面板中的"偏移"按钮 ⊂，箱底向上偏移量为 100。以偏移线与箱体右侧线交点为起点绘制直线，命令行提示与操作如下。

> 命令：LINE ✓
> 指定第一个点：按下状态栏中的"对象捕捉"按钮 ▢，捕捉偏移线与箱体右侧线交点
> 指定下一点或 [放弃（U）]：@30<-45 ✓
> 指定下一点或 [放弃（U）]：@30<-135 ✓
> 指定下一点或 [闭合（C）/放弃（U）]：✓

绘制结果如图 13-52 所示。

图 13-52　绘制油标尺安装孔轮廓线

（11）绘制云线和偏移直线。单击"默认"选项卡"绘图"面板中的"样条曲线拟合"按钮 ∿，绘制油标尺安装孔剖面界线如图 13-53 所示。单击"默认"选项卡"修改"面板中的"偏移"按钮 ⊂，分别选择箱体外轮廓线，水平偏移量为 8，向上偏移量依次为 5 和 8。单击"默认"选项卡"绘图"面板中的"圆弧"按钮 ⌒，绘制 R3 圆弧角，圆滑连接向上偏移量为 5 直线和地面直线。单击"默认"选项卡"修改"面板中的"修剪"按钮 ▾，修剪掉多余图线，完成箱体内壁轮廓线的绘制，如图 13-54 所示。

图 13-53　绘制云线和偏移直线

图 13-54　修剪后的结果

（12）绘制油标尺安装孔。单击"默认"选项卡"绘图"面板中的"直线"按钮／和"修改"面板中的"偏移"按钮 ⊆，绘制孔径为 $\phi12$、安装沉孔为 $\phi20\times1.5$ 的油标尺安装孔，结果如图 13-55 所示。

图 13-55　绘制油标尺安装孔

（13）绘制剖面线。单击"默认"选项卡"绘图"面板中的"图案填充"按钮 ▨，绘制图层切换到"剖面层"，绘制剖面线。完成减速器箱体主视图的绘制，绘制结果如图 13-56 所示。

图 13-56　减速器箱体主视图

（14）绘制端盖安装孔。将"中心线"层设置为当前层，单击"默认"选项卡"绘图"面板中的"直线"按钮／，分别以（ a，b）为起点，绘制端点为（@60<-30）直线。单击"默认"选项卡"绘图"面板中的"圆"按钮 ⊙，以 a 点为圆心绘制半径为 41 的圆，再以 b 点为圆心绘制半径为 52 的圆；重复"圆"命令，以中心线和中心圆的交点为圆心，绘制半径为 2.5 和 3 的圆，并对绘制的圆进行修剪和图层设置。单击"默认"选项卡"修改"面板中的"环形阵列"按钮 ❄，将绘制的同心圆进行环形阵列，阵列个数为 3，项目间角度为 60°，填充角度为 -120°，结果如图 13-57 所示。

图 13-57　绘制端盖安装

❺ 绘制减速器箱体左视图。

（1）绘制箱体左视图定位线。单击"默认"选项卡"修改"面板中的"偏移"按钮 ⊆，对称中心线左右各偏移 61 和 96，结果如图 13-58 所示。

图 13-58　绘制箱体左视图定位线

（2）绘制左视图轮廓线。单击"默认"选项卡"绘图"面板中的"直线"按钮／，单击状态栏中的"对象捕捉"按钮 ⊡ 和"正交模式"按钮 ⌊，从主视图和俯视图绘制投影定位线，形成左视图的外轮廓线。单击"默认"选项卡"修改"面板中的"修剪"按钮 ⊀，对图形进行修剪，形成箱体顶面、箱体中间膛和箱体底座的轮廓线，如图 13-59 所示。

图 13-59　绘制左视图轮廓线

（3）绘制顶面水平定位线。单击"默认"选项卡"绘图"面板中的"直线"按钮／，以主视图中特征点为起点，利用"正交"功能绘制水平定位线，结果如图 13-60 所示。

图 13-60　绘制顶面水平定位线

（4）绘制顶面竖直定位线。单击"默认"选项卡"修改"面板中的"延伸"按钮━━→，将左右两侧轮廓线延伸。单击"默认"选项卡"修改"面板中的"偏移"按钮⬳，左右偏移量为 5，结果如图 13-61 所示。

图 13-61　绘制顶面竖直定位线

（5）图形修剪。单击"默认"选项卡"修改"面板中的"修剪"按钮ⵗ，修剪结果如图 13-62 所示。

图 13-62　图形修剪

（6）绘制肋板。单击"默认"选项卡"修改"面板中的"偏移"按钮⬳，左右偏移量为 5；单击"默认"选项卡"修改"面板中的"修剪"按钮ⵗ，修剪多余图线，结果如图 13-63 所示。

图 13-63　绘制肋板

（7）倒圆角。单击"默认"选项卡"修改"面

板中的"圆角"按钮⌒，圆角半径为 5，结果如图 13-64 所示。

图 13-64　图形倒圆角

（8）绘制底座凹槽。单击"默认"选项卡"修改"面板中的"偏移"按钮⬳，中心线左右偏移量均为 50，底面线向上偏移量为 5，绘制底座凹槽。单击"默认"选项卡"修改"面板中的"圆角"按钮⌒，圆角半径为 5。单击"默认"选项卡"修改"面板中的"修剪"按钮ⵗ，修剪多余图线，结果如图 13-65 所示。

图 13-65　绘制底座凹槽

（9）绘制底座螺栓通孔。绘制方法与主视图中螺栓通孔的绘制方法相同，绘制定位中心线，绘制螺栓通孔，绘制剖切线。并利用"直线"按钮╱、"圆角"按钮⌒、"修剪"按钮ⵗ等工具绘制中间耳钩图形，结果如图 13-66 所示。

图 13-66　绘制底座螺栓通孔及耳钩

（10）修剪俯视图绘制剖视图。单击"默认"选项卡"修改"面板中的"删除"按钮✐，删除俯视图中箱体中间膛轮廓线，删除左视图右半部分多余的线段，单击"默认"选项卡"修改"面板中的"偏移"按钮⬳，将竖直中心线向右

偏移53,将下边的线向上偏移8,利用"修剪""延伸"和"圆角"命令,整理图形如图 13-67 所示。

图 13-67　绘制剖视图

（11）绘制螺纹孔。利用"直线""偏移"和"修剪"命令,绘制螺纹孔,将底面直线向上偏移118,再将偏移后的直线分别向两侧偏移 2.5 和 3,并将偏移 118 后的直线放置在中心线层,最右侧直线向左偏移 16 和 20;再利用直线命令绘制 120°顶角,结果如图 13-68 所示。

图 13-68　绘制螺纹孔

（12）填充图案。单击"默认"选项卡"绘图"面板中的"图案填充"按钮▨,对剖视图填充图案,结果如图 13-69 所示。

图 13-69　填充图案

（13）修剪俯视图。单击"默认"选项卡"修改"面板中的"删除"按钮🖋,删除俯视图中的箱体中间膛轮廓线（矩形 4）。最终完成减速器箱体的设计,如图 13-70 所示。

图 13-70　减速器箱体设计

❻ 俯视图尺寸标注。

（1）切换图层。将当前图层从"实体层"切换到"尺寸标注层"。单击"默认"选项卡"注释"面板中的"标注样式"按钮┡,将"机械制图标注"样式设置为当前使用的标注样式。

（2）俯视图尺寸标注。单击"默认"选项卡"注释"面板中的"线性"按钮┝、"半径"按钮✦和"直径"按钮◯,对俯视图进行尺寸标注,结果如图 13-71 所示。

图 13-71　俯视图尺寸标注

❼ 主视图尺寸标注。

（1）主视图无公差尺寸标注。单击"默认"选项卡"注释"面板中的"线性"按钮┝、"半径"按钮✦和"直径"按钮◯,对主视图进行无公差尺寸标注,结果如图 13-72 所示。

图 13-72　主视图无公差尺寸标注

（2）新建带公差标注样式。单击"默认"选项卡"注释"面板中的"标注样式"按钮，打开"标注样式管理器"对话框，创建一个名为"副本机械制图样式（带公差）"的标注样式，"基础样式"为"机械制图样式"。单击"继续"按钮，打开"新建标注样式"对话框，设置"公差"选项卡，并把"副本机械制图样式（带公差）"设置为当前使用的标注样式。

（3）主视图带公差尺寸标注。单击"默认"选项卡"注释"面板中的"线性"按钮、"半径"按钮和"直径"按钮，对主视图进行带公差的尺寸标注。使用前面章节介绍的带公差尺寸标注方法，进行公差编辑修改，标注结果如图 13-73 所示。

图 13-73　主视图带公差尺寸标注

❽ 左视图尺寸标注。

（1）切换当前标注样式。将"机械制图样式"设置为当前使用的标注样式。

（2）左视图无公差尺寸标注。单击"默认"选项卡"注释"面板中的"线性"按钮和"直径"按钮，对左视图进行无公差尺寸标注，结果如图 13-74 所示。

❾ 标注技术要求。

（1）设置文字标注格式。单击"默认"选项卡"注释"面板中的"文字样式"按钮，打开"文字样式"对话框，在"字体名"下拉列表框中选择"仿宋 _GB2312"，单击"应用"按钮，

将其设置为当前使用的文字样式。

图 13-74　左视图尺寸标注

（2）文字标注。单击"默认"选项卡"注释"面板中的"多行文字"按钮，打开"文字编辑器"选项卡，在其中填写技术要求，如图 13-75 所示。

图 13-75　填写技术要求

❿ 标注粗糙度。制作粗糙度图块，结合"多行文字"命令标注粗糙度。

将"标题栏层"设置为当前图层，在标题栏中填写"减速器箱体"。减速器箱体设计最终效果如图 13-32 所示。

> 对于标题栏的填写，比较方便的方法是把已经填写好的文字复制，再进行修改，这样不仅简便，而且可以简单解决文字对齐的问题。

13.3　完整装配图绘制方法

装配图表达了部件的设计构思、工作原理和装配关系，也表达出各零件间的相互位置、尺寸及结构形状。它是绘制零件工作图、部件组装、调试及维护等的技术依据。设计装配工作图时要综合考虑工作要求、材料、强度、刚度、磨损、加工、装拆、调整、润滑和维护以及经济诸因素，并要用足够的视图表达清楚。

13.3.1 装配图内容

（1）一组图形。用一般表达方法和特殊表达方法，正确、完整、清晰和简便地表达装配体的工作原理，零件之间的装配关系、连接关系和零件的主要结构形状。

（2）必要的尺寸。在装配图上必须标注出表示装配体的性能、规格以及装配、检验、安装时所需的尺寸。

（3）技术要求。用文字或符号说明装配体的性能、装配、检验、调试、使用等方面的要求。

（4）标题栏、零件的序号和明细表。按一定的格式，将零件、部件进行编号，并填写标题栏和明细表，以便读图。

13.3.2 装配图绘制过程

画装配图时应注意检验、校正零件的形状、尺寸，纠正零件草图中的不妥或错误之处。

（1）设置绘图环境。

绘图前应当进行必要的设置，如绘图单位、图幅大小、图层线型、线宽、颜色、字体格式、尺寸格式等。设置方法见前述章节，为了绘图方便，比例选择为1：1。或者调入事先绘制的装配图标题栏及有关设置。

（2）绘图步骤。

① 根据零件草图，装配示意图绘制各零件图，各零件的比例应当一致，零件尺寸必须准确，可以暂不标尺寸，将每个零件用WBLOCK命令定义为DWG文件。定义时，必须选好插入点，插入点应当是零件间相互有装配关系的特殊点。

② 调入装配干线上的主要零件（如轴）。然后沿装配干线展开，逐个插入相关零件。插入后，若需要剪断不可见的线段，应当炸开插入块。插入块时应当注意确定它的轴向和径向定位。

③ 根据零件之间的装配关系，检查各零件的尺寸是否有干涉现象。

④ 根据需要对图形进行缩放、布局排版，然后根据具体情况设置尺寸样式，标注好尺寸及公差，最后填写标题栏，完成装配图。

13.4 减速器装配图

本实例的制作思路：先将减速器箱体图块插入预先设置好的装配图纸中，起到为后续零件装配定位的作用；然后分别插入上一章中保存过的各个零件图块，利用"移动"命令使其安装到减速器箱体中合适的位置；再修剪装配图，删除图中多余的作图线，补绘漏缺的轮廓线；最后，标注装配图配合尺寸，给各个零件编号，填写标题栏和明细表。减速器装配图如图13-76所示。

图 13-76　减速器装配图

13.4.1 配置绘图环境

STEP 绘制步骤

❶ 新建文件。单击"快速访问"工具栏中的"新建"按钮，弹出"选择样板"对话框，用户在该对话框中选择需要的样板图。本例选用 A1 样板图，其中样板图左下端点坐标为（655，5）。

❷ 创建新图层。单击"默认"选项卡"图层"面板中的"图层特性"按钮，打开"图层特性管理器"对话框，新建并设置每一个图层，如图 13-77 所示。

图 13-77 "图层特性管理器"对话框

13.4.2 拼装装配图

❶ 配置绘图环境。

（1）插入"减速器箱体图块"。单击"默认"选项卡"块"面板中的"插入"按钮，打开"插入"对话框，如图 13-78 所示。单击"浏览"按钮，弹出"选择图形文件"对话框，选择"减速器箱体图块 .dwg"。单击"打开"按钮，返回"插入"对话框。设定"插入点"坐标为（360，300，0），"缩放比例"和"旋转"使用默认设置。单击"确定"按钮，结果如图 13-79 所示。

图 13-78 "插入"对话框

（2）继续执行插入块操作，打开"插入"对话框。单击"浏览"按钮，弹出"选择图形文件"对话框，选择"小齿轮轴图块 .dwg"。设定插入属性，"插入点"设置为"在屏幕上指定"，

"旋转"角度设置为 90°，"缩放比例"使用默认设置，单击"确定"按钮。

图 13-79 插入减速器箱体图块

（3）单击"默认"选项卡"修改"面板中的"移动"按钮，选择"小齿轮轴图块"，将小齿轮轴安装到减速器箱体中，使小齿轮轴最下面的台阶面与箱体的内壁重合，如图 13-80 所示。

图 13-80 安装小齿轮轴

（4）继续执行插入块操作，打开"插入"对话框。单击"浏览"按钮，弹出"选择图形文件"对话框，选择"大齿轮轴图块 .dwg"。设定插入属性，"插入点"设置为"在屏幕上指定"，"旋转"角度设置为 -90°，"缩放比例"使用默认设置，单击"确定"按钮。

（5）单击"默认"选项卡"修改"面板中的"移动"按钮，选择"大齿轮轴图块"，选择移动基点为大齿轮轴的最上面的台阶面的中点，将大齿轮轴安装到减速器箱体中，使大齿轮轴最上面的台阶面与加速器箱体的内壁重合，结果如图 13-81 所示。

（6）单击"默认"选项卡"块"面板中的"插入"按钮，打开"插入"对话框。单击"浏览"按钮，弹出"选择图形文件"对话框，选择"大齿轮图块 .dwg"。设定插入属性，"插入点"设置为"在屏幕上指定"，"旋转"角度设置

为 90°，单击"确定"按钮。

图 13-81　安装大齿轮轴

　图块的旋转角度设置规则为：以水平向右即为转动0°，逆时针旋转为正角度值，顺时针旋转为负角度值。

（7）移动图块。单击"默认"选项卡"修改"面板中的"移动"按钮✛，选择"大齿轮图块"，选择移动基点为大齿轮的上端面的中点，将大齿轮安装到减速器箱体中，使大齿轮的上端面与大齿轮轴的台阶面重合，结果如图 13-82 所示。

图 13-82　安装大齿轮

（8）安装其他减速器零件。仿照上面的方法，安装大轴承以及 4 个箱体端盖，结果如图 13-83 所示。

图 13-83　安装现有零件

❷ 补全装配图。

（1）单击"默认"选项卡"修改"面板中的"复制"按钮🔾，复制"大轴承"图块，并将其移动到大齿轮轴上合适的位置。绘制小齿轮轴上的两个轴承，尺寸为内径ϕ40mm、外径ϕ68mm、宽度 14mm。绘制结果如图 13-84 所示。

图 13-84　绘制大、小轴承

（2）在轴承与端盖、轴承与齿轮之间绘制定距环，结果如图 13-85 所示。

图 13-85　绘制定距环

13.4.3｜修剪装配图

❶ 单击"默认"选项卡"修改"面板中的"分解"按钮🗗，选择所有图块进行分解。

❷ 单击"默认"选项卡"修改"面板中的"修剪"按钮✄、"删除"按钮✐与"打断于点"按钮⊡等，对装配图进行细节修剪，结果如图 13-86 所示。

图 13-86 修剪装配图

图 13-87 标注装配图

> **注意** 修剪规则：装配图中两个零件接触表面只绘制一条实线，非接触表面以及非配合表面绘制两条实线；两个或两个以上零件的剖面图相互连接时，需要使其剖面线各不相同，以便区分，但同一个零件在不同位置的剖面线必须保持一致。

13.4.4 标注装配图

❶ 单击"默认"选项卡"注释"面板中的"标注样式"按钮，打开"标注样式管理器"对话框，创建"机械制图标注（带公差）"样式，各属性与前面章节设置相同，将其设置为当前使用的标注样式，并将"尺寸标注"图层设置为当前图层。

❷ 单击"默认"选项卡"注释"面板中的"线性"按钮，标注小齿轮轴与小轴承的配合尺寸、小轴承与箱体轴孔的配合尺寸、大齿轮轴与大齿轮的配合尺寸、大齿轮轴与大轴承的配合尺寸，以及大轴承与箱体轴孔的配合尺寸。

❸ 标注零件号：在命令行中输入 QLEADER 命令，从装配图左上角开始，沿装配图外表面按顺时针顺序依次给各个减速器零件进行编号，结果如图 13-87 所示。

> **注意** 根据装配图的作用，不需要标出每个零件的全部尺寸。因此，在装配图中需要标注的尺寸通常只有以下几种：规格（性能）尺寸、装配尺寸、外形尺寸、安装尺寸、其他重要尺寸，如齿轮分度圆直径等。以上5种尺寸，并不是每张装配图上都有的。有时同一尺寸有几种含义，因此在标注装配图尺寸时，首先要对所表示的机器或部件进行具体分析，再标注尺寸。对于装配图中零部件序号也有其编排方法和规则，一般装配图中所有零部件都必须编写序号，每一个零部件只写一个序号，同一装配图中相同的零部件应编写同样的序号，装配图中的零部件序号应与明细表中的序号一致。

13.4.5 填写标题栏和明细表

❶ 填写标题栏：将"标题层"图层设置为当前图层，在标题栏中填写"装配图"。

❷ 单击"默认"选项卡"块"面板中的"插入"按钮，打开"插入"对话框，如图 13-88 所示。单击"浏览"按钮，弹出"选择图形文件"对话框，如图 13-89 所示，选择"明细表标题栏图块.dwg"，单击"打开"按钮，返回"插入"对话框。设定"插入点"坐标为（835，45，0），"缩放比例"和"旋转"使用默认设置，单击"确定"按钮，结果如图 13-90 所示。

图 13-88 "插入"对话框

图 13-89 "选择图形文件"对话框

图 13-90 插入"明细表标题栏图块"

❸ 单击"默认"选项卡"块"面板中的"插入"按钮，打开"插入"对话框。单击"浏览"按钮，弹出"选择图形文件"对话框，选择"明细表内容栏图块 .dwg"。设定插入属性，"插入点"坐标设置为(835，52，0)，"缩放比例"和"旋转"都使用默认设置，单击"确定"按钮，插入图块，单击"默认"选项卡"注释"面板中的"多行文字"按钮 A，填写明细表。

❹ 重复上面的步骤，填写明细表。需要指出的是，每插入一次"明细表内容栏图块"，插入点的 X 坐标不变，Y 坐标递增 7mm。最后，完成明细表的绘制，并标注技术要求。至此，装配图绘制完毕。

13.5 上机实验

【实验 1】绘制阀体零件图

1. 目的要求

如图 13-91 所示，本例主要讲述阀体零件图的绘制方法。通过本实例，帮助读者在前面学习的基础上，进一步熟练掌握零件图的绘制方法。

2. 操作提示

（1）配置绘图环境。

（2）组装已有零件。

（3）填写标题栏和明细表。

【实验 2】绘制球阀装配图

1. 目的要求

如图 13-92 所示，本实例主要讲述球阀装配图的绘制方法。通过本实例，帮助读者在前面学习的基础上，进一步熟练掌握装配图的绘制方法。

2. 操作提示

（1）配置绘图环境。

（2）绘制零件。

（3）装配零件。

（4）填写标题栏和明细表。

图 13-91 阀体零件图

图 13-92 球阀装配平面图

第14章

建筑设计工程实例

建筑设计是 AutoCAD 应用的一个重要的专业领域。本章以别墅的建筑设计为例，详细介绍建筑施工图的设计，以及 CAD 绘制方法与相关技巧，包括平面图、立面图、剖面图和详图等图样的绘制方法和技巧。

重点与难点

- 建筑绘图概述
- 别墅建筑图绘制

14.1 建筑绘图概述

将一个要建造的建筑物的内外形状和大小，以及各个部分的结构、构造、装修、设备等内容，按照现行国家标准，用正投影法，详细准确地绘制出图样，绘制的图样称为"房屋建筑图"。由于该图样主要用于指导建筑施工，所以一般叫作"建筑施工图"。

建筑施工图是按照正投影法绘制出来的。正投影法就是在两个或两个以上相互垂直的、分别平行于建筑物主要侧面的投影面上，绘出建筑物的正投影，并把所得正投影按照一定规则绘制在同一个平面上。这种由两个或两个以上的正投影组合而成，用来确定空间建筑物形体的一组投影图，叫作正投影图。

建筑物根据使用功能和使用对象的不同分为很多种类。一般说来，建筑物的第一层称为底层，也称为一层或首层。从底层往上数，称为二层、三层……顶层。一层下面有基础，基础和底层之间有防潮层。对于大的建筑物而言，可能在基础和底层之间还有地下一层、地下二层等。建筑物一层一般有台阶、大门、一层地面等。各层均有楼面、走道、门窗、楼梯、楼梯平台、梁柱等。顶层还有屋面、女儿墙、天沟等。其他的一些构件有雨水管、雨篷、阳台、散水等。其中，屋面、楼板、梁柱、墙体、基础主要起直接或间接支撑来自建筑物本身和外部载荷的作用；门、走廊、楼梯、台阶起着沟通建筑物内外和上下交通的作用；窗户和阳台起着通风和采光的作用；天沟、雨水管、散水、明沟起着排水的作用。其中一些构件的示意图如图14-1所示。

图14-1 建筑物组成示意图

14.1.1 建筑设计概述

建筑设计是指建筑物在建造之前，设计者按照建设任务，把施工过程中和使用过程中所存在的或可能发生的问题，事先做好通盘的设想，拟定好解决这些问题的办法、方案，用图纸和文件表达出来。建筑设计是为人类建立生活环境的综合艺术和科学，是一门涵盖极广的专业。建筑设计一般从总体上说由三大阶段构成，即方案设计、初步设计和施工图设计。方案设计主要是构思建筑的总体布局，包括各个功能空间的设计、高度、层高、外观造型等内容；初步设计是对方案设计的进一步细化，确定建筑的具体尺度和大小，包括建筑平面图、建筑剖面图和建筑立面图等；施工图设计则是将建筑构思变成图纸的重要阶段，是建造建筑的主要依据，除包括建筑平面图、建筑剖面图和建筑立面图外，还包括各个建筑大样图、建筑构造节点图，以及其他专业设计图纸，如结构施工图、电气设备施工图、暖通空调设备施工图等。总地来说，建筑施工图越详细越好，要准确无误。

在建筑设计中，需按照国家规范及标准进行设计，确保建筑安全、经济、适用等，需遵守的国家建筑设计规范主要有如下各项。

（1）《房屋建筑制图统一标准》（GB/T 50001—2017）。

（2）《建筑制图标准》（GB/T 50104—2010）。

（3）《建筑内部装修设计防火规范》（GB 50222—2017）。

（4）《建筑工程建筑面积计算规范》（GB/T 50353—2013）。

（5）《民用建筑设计通则》（GB 50352—2005）。

（6）《建筑设计防火规范》（GB 50016—2014）。

（7）《建筑采光设计标准》（GB 50033—2013）。

（8）《建筑照明设计标准》（GB 50034—2013）。

（9）《汽车库、修车库、停车场设计防火规范》（GB 50067—2014）。

（10）《自动喷水灭火系统设计规范》（GB 50084—2017）（2005年版）。

（11）《公共建筑节能设计标准》（GB 50189—2015）等。

 注意 建筑设计规范中GB是国家标准，此外还有行业规范、地方标准等。

建筑设计是为人们工作、生活与休闲提供环境空间的综合艺术和科学。建筑设计与人们日常生活息息相关，从住宅到商场大楼，从写字楼到酒店，从教学楼到体育馆等，无处不与建筑设计紧密联系。

14.1.2　建筑设计特点

建筑设计是根据建筑物的使用性质、所处环境和相应标准，运用物质技术手段和建筑美学原理，创造功能合理、舒适优美、满足人们物质和精神生活需要的室内外空间环境。设计构思时，需要运用物质技术手段，即各类装饰材料和设施设备等；还需要遵循建筑美学原理，综合考虑使用功能、结构施工、材料设备、造价标准等多种因素。

如从设计者的角度来分析建筑设计的方法，主要有以下几点。

1. 总体与细部深入推敲

总体推敲，即是建筑设计应考虑的基本观点，有一个设计的全局观念。细处着手是指具体进行设计时，必须根据建筑的使用性质，深入调查，收集信息，掌握必要的资料和数据，从最基本的人体尺度、人流动线、活动范围和特点、家具与设备等的尺寸和使用它们必需的空间等着手。

2. 里外、局部与整体协调统一

建筑室内空间环境需要与建筑整体的性质、标准、风格，与室外环境相协调统一，它们之间有着相互依存的密切关系，设计时需要从里到外、从外到里多次反复协调，使其更趋完善合理。

3. 立意与表达

设计的构思、立意至关重要。可以说，一项设计，没有立意就等于没有"灵魂"，设计的难度也往往在于要有一个好的构思。一个较为成熟的构思，往往需要足够的信息量，有商讨和思考的时间，在设计前期和出方案过程中使立意、构思逐步明确，形成一个好的构思。

建筑设计根据设计的进程，通常可以分为4个阶段，即准备阶段、方案阶段、施工图阶段和实施阶段。

（1）准备阶段。

设计准备阶段主要是接受委托任务书，签订合同，或者根据标书要求参加投标；明确设计任务和要求，如建筑设计任务的使用性质、功能特点、设计规模、等级标准、总造价，根据任务的使用性质所需创造的建筑室内外空间环境氛围、文化内涵或艺术风格等。

（2）方案阶段。

方案设计阶段是在设计准备阶段的基础上，进一步收集、分析、运用与设计任务有关的资料与信息，构思立意，进行初步方案设计，深入设计，进行方案的分析与比较。确定初步设计方案，提供设计文件；如平面图、立面图、透视效果图等。图14-2所示是某个项目建筑设计方案效果图。

图14-2　建筑设计方案

（3）施工图阶段。

施工图设计阶段是提供有关平面、立面、构造节点大样，以及设备管线图等施工图纸，满足施工的需要。图14-3所示是某个项目建筑平面施工图。

图14-3　建筑平面施工图（局部）

（4）实施阶段。

设计实施阶段也即是工程的施工阶段。建筑工程在施工前，设计人员应向施工单位进行设计意图说明及图纸的技术交底；工程施工期间需按图纸要求核对施工实况，有时还需根据现场实况提出对图纸的局部修改或补充；施工结束时，会同质检部门和建设单位进行工程验收。图14-4所示是正在施工中的建筑（局部）。

图 14-4　施工中的建筑（局部）

一套工业与民用建筑的建筑施工图通常包括的图纸主要有如下几大类。

（1）建筑平面图（简称平面图）：是按一定比例绘制的建筑的水平剖切图。通俗地讲，就是将一幢建筑窗台以上部分切掉，再将切面以下部分用直线和各种图例、符号直接绘制在纸上，以直观地表示建筑在设计和使用上的基本要求和特点。建筑平面图一般比较详细，通常采用较大的比例，如1∶200、1∶100和1∶50，并标出实际的详细尺寸，图14-5所示为某建筑标准层平面图。

图 14-5　建筑平面图

（2）建筑立面图（简称立面图）：主要用来表达建筑物各个立面的形状和外墙面的装修等，即按照一定比例绘制建筑物的正面、背面和侧面的形状图。它表示的是建筑物的外部形式，说明建筑物长、宽、高的尺寸，表现楼地面标高、屋顶的形式、阳台位置和形式、门窗洞口的位置和形式、外墙装饰的设计形式、材料及施工方法等，图14-6所示为

某建筑的立面图。

图 14-6　建筑立面图

（3）建筑剖面图（简称剖面图）：是按一定比例绘制的建筑竖直方向剖切前视图，它表示建筑内部的空间高度、室内立面布置、结构和构造等情况。在绘制剖面图时，应包括各层楼面的标高、窗台、窗上口、室内净尺寸等，剖切楼梯应表明楼梯分段与分级数量；建筑主要承重构件的相互关系，画出房屋从屋面到地面的内部构造特征，如楼板构造、隔墙构造、内门高度、各层梁和板位置、屋顶的结构形式与用料等；注明装修方法，楼、地面做法，所用材料加以说明，标明屋面做法及构造；各层的层高与标高，标明各部位高度尺寸等，图14-7所示为某建筑的剖面图。

图 14-7　建筑剖面图

（4）建筑大样图（简称详图）：主要用以表达建筑物的细部构造、节点连接形式以及构件、配件的形状大小、材料、做法等。详图要用较大比例绘制（如1∶20、1∶5等），尺寸标注要准确齐全，文

字说明要详细。图14-8所示为墙身（局部）详图。

图14-8 建筑大样图（局部）

（5）建筑效果图：除上述类型图形外，在实际工程实践中还经常绘制建筑透视图，尽管其不是施工图所要求的。由于建筑透视图表示建筑物内部空间或外部形体与实际所能看到的建筑本身相类似的主体图像，它具有强烈的三维空间透视感，可以非常直观地表现出建筑的造型、空间布置、色彩和外部环境等多方面内容，因此常在建筑设计和销售时作为辅助使用。从高处俯视的透视图又叫作"鸟瞰图"或"俯视图"。建筑透视图一般要严格地按比例绘制，并进行绘制上的艺术加工，这种图通常被称为建筑表现图或建筑效果图。一幅绘制精美的建筑表现图就是一件艺术作品，具有很强的艺术感染力。图14-9所示为某别墅三维外观透视图。

图14-9 建筑透视图

 目前普遍采用计算机绘制效果图，其特点是透视效果逼真，可以复制多份。

14.1.3 建筑总平面图概述

1. 总平面图概述

作为新建建筑施工定位、土方施工以及施工总平面设计的重要依据，一般情况下总平面图应该包括以下内容。

（1）测量坐标系或施工坐标系。测量坐标网采用"x, y"表示，施工坐标系采用"A, B"来表示。

（2）新建建筑物的定位坐标、名称、建筑层数以及室内外的标高。

（3）附近的有关建筑物、拆除建筑物的位置和范围。

（4）附近的地形地貌。包括等高线、道路、桥梁、河流、池塘以及土坡等。

（5）指北针和风玫瑰图。

（6）绿化规定和管道的走向。

（7）补充图例和说明等。

以上各项内容，不是任何工程设计都缺一不可的。在实际的工程中，要根据具体情况和工程的特点来确定取舍。对于较为简单的工程，可以不画等高线、坐标系、管道、绿化等。一个总平面图的示例如图14-10所示。

朝阳大楼总平面图 1：500

图14-10 总平面图示例

2. 总平面图中的图例说明

（1）新建建筑物。采用粗实线来表示，如图14-11所示。当有需要时可以在右上角用点数或数字来表示建筑物的层数，如图14-12和图14-13所示。

图 14-11　新建建筑物图例

图 14-12　以点表示层数（4 层）

图 14-13　以数字表示层数（16 层）

（2）旧有建筑物。采用细实线来表示，如图 14-14 所示。同新建建筑物图例一样，也可以在右上角用点数或数字来表示建筑物的层数。

图 14-14　旧有建筑物图例

（3）计划扩建的预留地或建筑物。采用虚线来表示，如图 14-15 所示。

图 14-15　计划中的建筑物图例

（4）拆除的建筑物。采用打上叉号的细实线来表示，如图 14-16 所示。

图 14-16　拆除的建筑物图例

（5）测量坐标与施工坐标图例，如图 14-17 和图 14-18 所示。注意两种不同坐标的表示方法。

图 14-17　测量坐标图例

图 14-18　施工坐标图例

（6）新建道路，如图 14-19 所示。其中，"R8"表示道路的转弯半径为 8m，"30.10"为路面中心的标高。

图 14-19　新建道路图例

（7）旧有道路，如图 14-20 所示。

图 14-20　旧有道路图例

（8）计划扩建的道路，如图 14-21 所示。

图 14-21　计划扩建的道路图例

（9）拆除的道路，如图 14-22 所示。

图 14-22　拆除的道路图例

3．详解阅读总平面图

（1）了解图样比例、图例和文字说明。总平面图的范围一般都比较大，所以要采用比较小的比例。对于总平面图来说，1：500 算是很大的比例，也可以使用 1：1000 或 1：2000 的比例。总平面图上的尺寸标注，要以"m"为单位。

（2）了解工程的性质和地形地貌。例如从等高线的变化可以知道地势的走向高低。

（3）可以了解建筑物周围的情况。

（4）明确建筑物的位置和朝向。房屋的位置可以用定位尺寸或坐标来确定。定位尺寸应标出与原建筑物或道路中心线的距离。当采用坐标来表示建筑物位置时，宜标出房屋的 3 个角的坐标。建筑物的朝向可以根据图中的风玫瑰图来确定。风玫瑰图中有箭头的方向为北向。

（5）从底层地面和等高线的标高，可知该区域内的地势高低、雨水排向，并可以计算挖填土方的具体数量。总平面图中的标高均为绝对标高。

4. 标高投影知识

总平面图中的等高线就是一种空间形体的标高投影。所谓标高投影，就是在形体的水平投影上，以数字标注出各处的高度来表示空间形体状的一种图示方法。

众所周知，地形对建筑物的布置和施工都有很大影响。一般情况下都要对地形进行人工改造，例如平整场地和修建道路等。所以要在总平面图中把建筑物周围的地形表示出来。如果还是采用原来的正投影、轴测投影等方法来表示，则无法表示出地形的复杂形状。在这种情况下，就采用标高投影法来表示这种复杂的地形。

总平面图中的标高是绝对标高。所谓绝对标高就是以我国青岛市外的黄海海平面作为零点来测定的高度尺寸。在标高投影图中，通常都绘出立体表面（平面或曲面）的等高线来表示该立体。山地一般都是不规则的曲面，以一系列整数标高的水平面与山地相截，把所截得的等高截交线正投影到水平面上来，得到一系列不规则形状的等高线，标注上相应的标高值即可，所得图形称为地形图。图14-23所示就是地形图的一部分。

图14-23　地形图的一部分

5. 绘制指北针和风玫瑰图

指北针和风玫瑰图是总平面图中两个重要的指示符号。指北针的作用是在图纸上标出正北方向，如图14-24所示。风玫瑰图不仅能表示出正北方向，还能表示出全年该地区的风向频率大小，如图14-25所示。

图14-24　绘制指北针

图14-25　风玫瑰图最终效果

14.1.4 | 建筑平面图概述

建筑平面图就是假想使用一水平的剖切面沿门窗洞的位置将房屋剖切后，对剖切面以下部分所作的水平剖面图。建筑平面图简称平面图，主要反映房屋的平面形状、大小和房间的布置，墙柱的位置、厚度和材料，门窗类型和位置等。建筑平面图是建筑施工图中最基本的图样之一。一个建筑平面图的示例如图14-26所示。

1. 建筑平面图的图示要点

（1）每个平面图对应一个建筑物楼层，并注有相应的图名。

（2）可以表示多层的一张平面图称为标准层平面图。标准层平面图各层的房间数量、大小和布置都必须一样。

（3）建筑物左右对称时，可以将两层平面图绘制在同一张图纸上，左右分别绘制其中一层的一半，同时中间要注上对称符号。

（4）如果建筑平面较大时，可以分段绘制。

2. 建筑平面图的图示内容

（1）表示墙、柱、门、窗的位置和编号，房间名称或编号，轴线编号等。

（2）标注出室内外的有关尺寸及室内楼、地面的标高。建筑物的底层，标高为±0.000。

（3）表示出电梯、楼梯的位置以及楼梯的上下方向和主要尺寸。

（4）表示阳台、雨篷、踏步、斜坡、雨水管道、排水沟等的具体位置以及大小尺寸。

（5）绘出卫生器具、水池、工作台以及其他重要的设备位置。

（6）绘出剖面图的剖切符号以及编号。根据绘图习惯，一般只在底层平面图绘制。

别墅一层建筑平面图 1：100

图 14-26 平面图示例

（7）标出有关部位上节点详图的索引符号。

（8）绘制出指北针。根据绘图习惯，一般只在底层平面图绘出指北针。

14.1.5 建筑立面图概述

建筑物给人的外表美感主要来自其立面的造型和装修。建筑立面图就是用来研究建筑立面造型和装修的。反映主要入口或建筑物外貌特征的一面立面图叫作正立面图，其余面的立面图相应地称为背立面图和侧立面图。如果按房屋的朝向来分，可以称为南立面图、东立面图、西立面图和北立面图。如果按轴线编号来分，也可以有①～⑥立面图、Ⓐ～Ⓜ立面图等。建筑立面图使用大量图例来表现很多细部，这些细部的构造和做法一般都另有详图。如果建筑物有一部分立面不平行于投影面，可以将这部分立面展开到与投影面平行的位置，再绘制其立面图，然后在其图名后注写"展开"字样。一个建筑立面图的示例如图 14-27 所示。

建筑立面图的图示内容主要包括以下几个方面。

（1）室内外地面线、房屋的勒脚、台阶、门窗、阳台、雨篷；室外的楼梯、墙和柱；外墙的预留孔洞、檐口、屋顶、雨水管、墙面修饰构件等。

侧立面图 1：100

图 14-27 建筑立面图示例

（2）外墙各个主要部位的标高。

（3）建筑物两端或分段的轴线和编号。

（4）标出各部分构造、装饰节点详图的索引符号。使用图例和文字说明外墙面的装饰材料和做法。

14.1.6 建筑剖面图概述

建筑剖面图就是假想用一个或多个垂直于外墙轴线的铅垂剖切面，将建筑物剖开后所得的投影图，简称剖面图。剖面图的剖切方向一般是横向（平行于侧面）的，当然这不是绝对的要求。剖切位置一般选择在能反映出建筑物内部构造比较复杂和有典型部位的位置，并应通过门窗。多层建筑物应该选择在楼梯间或层高不同的位置。剖面图上的图名应与平面图上所标注的剖切符号编号一致。剖面图的断面处理和平面图的处理相同。一个建筑剖面图示例如图14-28所示。

图14-28 建筑剖面图示例

剖面图的数量是根据建筑物具体情况和施工需要来确定的，其图示内容主要包括以下几个方面。

（1）墙、柱及其定位轴线。

（2）室内底层地面、地沟，各层的楼面、顶棚、屋顶、门窗、楼梯、阳台、雨篷、墙洞、防潮层、室外地面、散水、脚踢板等能看到的内容。习惯上可以不画基础的大放脚。

（3）各个部位完成面的标高：包括室内外地面、各层楼面、各层楼梯平台、檐口或女儿墙顶面、楼梯间顶面、电梯间顶面的标高。

（4）各部位的高度尺寸：包括外部尺寸和内部尺寸。外部尺寸包括门、窗洞口的高度、层间高度以及总高度。内部尺寸包括地坑深度、隔断、隔板、平台、室内门窗的高度。

（5）楼面、地面的构造。一般采用引出线指向所说明的部位，按照构造的层次顺序，逐层加以文字说明。

（6）详图的索引符号。

14.1.7 │ 建筑详图概述

建筑详图就是对建筑物的细部结构、配件采用较大的比例将其形状、大小、做法以及材料详细表示出来的图样。建筑详图简称详图。

详图的特点：一是大比例；二是图示详尽清楚；三是尺寸标注全。一般说来，墙身剖面图只需要一个剖面详图就能表示清楚，而楼梯间、卫生间就可能需要增加平面详图，门窗就可能需要增加立面详图。详图的数量与建筑物的复杂程度以及平、立、剖面图的内容及比例相关。需要根据具体情况来选择，其标准就是要达到能完全表达详图的特点。一个建筑详图示例如图14-29所示。

楼梯踏步详图 1：10

图14-29 建筑详图示例

14.2 别墅建筑图绘制

本例别墅是设计建造于某城市郊区的一座独院别墅，砖混结构，地下一层、地上两层，共三层。地下层主要布置活动室，一层布置客厅、卧室、餐厅、厨房、卫生间、工人房、棋牌室、洗衣房、车库、游泳池，二层布置卧室、书房、卫生间、室外观景平台。

14.2.1 | 绘制别墅平面图

本节以别墅平面图为例介绍平面图的一般绘制方法。别墅是练习建筑绘图的理想实例,因为其规模不大、不复杂,易接受,而且包含的建筑构配件也比较齐全。下面将主要介绍地下层平面图的绘制。

扫一扫

STEP 绘制步骤

❶ 设置绘图环境。

（1）利用 LIMITS 命令设置图幅为 420×297。

（2）单击"默认"选项卡"图层"面板中的"图层特性"按钮，打开"图层特性管理器"对话框。单击"新建图层"按钮，创建轴线、墙线、标注、标高、楼梯、室内布局等图层，然后修改各图层的颜色、线型和线宽等，结果如图 14-30 所示。

图 14-30 设置图层

❷ 绘制轴线网。

（1）将当前图层设置为"轴线"图层。

（2）单击"默认"选项卡"绘图"面板中的"构造线"按钮，绘制一条水平构造线和一条竖直构造线，组成"十"字构造线，如图 14-31 所示。

图 14-31 绘制"十"字构造线

（3）单击"默认"选项卡"修改"面板中的"偏移"

按钮，将水平构造线分别向上偏移 1200、3600、1800、2100、1900、1500、1100、1600 和 1200，得到水平方向的辅助线。将竖直构造线分别向右偏移 900、1300、3600、600、900、3600、3300 和 600，得到竖直方向的辅助线，它们和水平辅助线一起构成正交的辅助线网。得到地下层的辅助线网格，结果如图 14-32 所示。

图 14-32 地下层辅助线网格

❸ 绘制墙体。

（1）将当前图层设置为"墙线"图层。

（2）选择菜单栏中的"格式"→"多线样式"命令，打开"多线样式"对话框，如图 14-33 所示。单击"新建"按钮，打开"创建新的多线样式"对话框，在"新样式名"文本框中输入 240，如图 14-34 所示。然后单击"继续"按钮，打开"新建多线样式：240"对话框，将"图元"列表框中的元素偏移量设为 120 和 -120，如图 14-35 所示。

图 14-33 "多线样式"对话框

图 14-34 "创建新的多线样式"对话框

图 14-35 "新建多线样式:240"对话框

（3）单击"确定"按钮，返回"多线样式"对话框，将多线样式"240"置为当前层，完成"240"墙体多线的设置。

（4）选择菜单栏中的"绘图"→"多线"命令，根据命令提示把对正方式设为"无"，把多线比例设为"1"，注意多线的样式为"240"，完成多线样式的调节。

（5）选择菜单栏中的"绘图"→"多线"命令，根据辅助线网格绘制墙线。

（6）单击"默认"选项卡"修改"面板中的"分解"按钮 ，将多线分解，然后单击"默认"选项卡"修改"面板中的"修剪"按钮 和"绘图"面板中的"直线"按钮 ，使绘制的全部墙体看起来都是光滑连贯的，结果如图 14-36 所示。

图 14-36 绘制墙线结果

❹ 绘制混凝土柱。

（1）将当前图层设置为"混凝土柱"图层。

（2）单击"默认"选项卡"绘图"面板中的"矩形"按钮 ，捕捉内外墙线的两个角点作为矩形对角线上的两个角点，绘出土柱边框如图 14-37 所示。

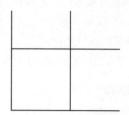

图 14-37 绘制土柱边框

（3）单击"默认"选项卡"绘图"面板中的"图案填充"按钮 ，打开"图案填充创建"选项卡，设置填充图案为"SOLID"，如图 14-38 所示，填充柱子图形，结果如图 14-39 所示。

图 14-38 "图案填充创建"选项卡

图 14-39 图案填充

（4）单击"默认"选项卡"修改"面板中的"复制"按钮 ，将混凝土柱图案复制到相应的位置上。注意复制时灵活应用对象捕捉功能，这样会很方便定位。结果如图 14-40 所示。

图 14-40 复制混凝土柱

❺ 绘制楼梯。

（1）将当前图层设置为"楼梯"图层。

（2）单击"默认"选项卡"修改"面板中的"偏移"按钮 ⊂，将楼梯间右侧的轴线向左偏移 720，将上侧的轴线向下依次偏移 1380、290 和 600。单击"默认"选项卡"修改"面板中的"修剪"按钮 ▼ 和"绘图"面板中的"直线"按钮 ╱，将偏移后的直线进行修剪和补充，然后将其设置为"楼梯"图层，结果如图 14-41 所示。

图 14-41　偏移轴线并修剪

（3）将楼梯承台位置的线段颜色设置为黑色，并将其线宽改为 0.6，结果如图 14-42 所示。

图 14-42　修改楼梯承台线段

（4）单击"默认"选项卡"修改"面板中的"偏移"按钮 ⊂，将内墙线向左偏移 1200，将楼梯承台的斜边向下偏移 1200，然后将偏移后的直线设置为"楼梯"图层，结果如图 14-43 所示。

图 14-43　偏移直线并修改

（5）单击"默认"选项卡"绘图"面板中的"直线"按钮 ╱，绘制台阶边线，结果如图 14-44 所示。

图 14-44　绘制台阶边线

（6）单击"默认"选项卡"修改"面板中的"偏移"按钮 ⊂，将台阶边线分别向两侧偏移，偏移距离均为 250，完成楼梯踏步的绘制，结果如图 14-45 所示。

图 14-45　绘制楼梯踏步

（7）单击"默认"选项卡"修改"面板中的"偏移"按钮 ⊂，将楼梯边线向左偏移 60，绘制楼梯扶手，然后单击"默认"选项卡"绘图"面板中的"直线"按钮 ╱ 和"圆弧"按钮 ╱，细化踏步和扶手，结果如图 14-46 所示。

图 14-46　绘制楼梯扶手

（8）单击"默认"选项卡"绘图"面板中的"直线"按钮 ╱，绘制倾斜折断线，然后单击"默认"选项卡"修改"面板中的"修剪"按钮 ▼，修剪多余线段，结果如图 14-47 所示。

图 14-47　绘制折断线

（9）单击"默认"选项卡"绘图"面板中的"多段线"按钮⮑和"多行文字"按钮 **A**，绘制楼梯箭头，完成地下层楼梯的绘制，结果如图 14-48 所示。

图 14-48　绘制楼梯箭头

❻ 室内布置。

（1）将当前图层设置为"室内布局"图层。

（2）单击"视图"选项卡"选项板"面板中的"设计中心"按钮▦，在"文件夹"列表框中选择 X: \Program Files\AutoCAD 2019\Sample\Zh-cn\DesignCenter\Home-Space Planner.dwg 中的"块"选项，右侧的列表框中出现桌子、椅子、床、钢琴等室内布置样例，如图 14-49 所示，将这些样例拖到"工具选项板"的"建筑"选项卡中，如图 14-50 所示。

图 14-49　"设计中心"选项板

在使用图库插入家具模块时，经常会遇到家具尺寸太大或太小、角度与实际要求不一致，或在家具组合图块中，部分家具需要更改等情况。

这时，可以调用"比例""旋转"等修改工具来调整家具的比例和角度，如有必要，还可以将图形模块先进行分解，再对家具的样式或组合进行修改。

图 14-50　工具选项板

（3）单击"视图"选项卡"选项板"面板中的"工具选项板"按钮▦，在"建筑"选项卡中双击"钢琴"图块，命令行提示与操作如下：

命令：　忽略块　钢琴　-　小型卧式钢琴　的重复定义指定插入点或　[基点（B）/比例（S）/x/y/z/旋转（R）]：

确定合适的插入点和缩放比例，将钢琴放置在室内合适的位置，结果如图 14-51 所示。

图 14-51　插入钢琴

（4）单击"默认"选项卡"块"面板中的"插入"按钮⮑，将沙发、茶几、音箱、台球桌、棋牌桌等插入到合适位置，完成地下层平面图的室内布置，结果如图 14-52 所示。

图 14-52 地下层平面图的室内布置

 图块是CAD操作中比较核心的工作，许多程序员与绘图工作者都创建了各种各样的图块。他们的工作给我们的绘图操作提供了很大的方便，我们能像砖瓦一样使用这些图块。如工程制图中创建各个规格的齿轮与轴承；建筑制图中创建一些门、窗、楼梯、台阶等以便在绘制时方便调用。

❼ 尺寸标注和文字说明。

（1）将当前图层设置为"标注"图层。

（2）单击"默认"选项卡"注释"面板中的"多行文字"按钮 **A**，进行文字说明，主要包括房间及设施的功能用途等，结果如图 14-53 所示。

图 14-53 文字说明

（3）单击"默认"选项卡"绘图"面板中的"直线"按钮／和"多行文字"按钮 **A**，标注室内标高，结果如图 14-54 所示。

图 14-54 标注标高

（4）将"轴线"层置为当前图层，修改轴线网，结果如图 14-55 所示。

图 14-55 修改轴线网

（5）单击"默认"选项卡"注释"面板中的"标注样式"按钮 ，打开"标注样式管理器"对话框，新建"地下层平面图"标注样式，进入"线"选项卡，在"延伸线"选项组中设置"超出尺寸线"为200。进入"符号和箭头"选项卡，设定"箭头"为"／建筑标记"，"箭头大小"为200。进入"文字"选项卡，设置"文字高度"为300，在"文字位置"选项组中设置"从尺寸线偏移"量为100。

（6）单击"默认"选项卡"注释"面板中的"线性"按钮 和"连续"按钮 ，标注第一道尺寸，文字高度为300，结果如图 14-56 所示。

（7）重复上述命令，进行第二道尺寸和最外围尺寸的标注，结果如图 14-57 和图 14-58 所示。

图 14-56　标注第一道尺寸

图 14-57　第二道尺寸标注

图 14-58 外围尺寸标注

（8）轴线号标注。根据规范要求，横向轴线号一般用阿拉伯数字 1、2、3……标注，纵向轴线号用字母 A、B、C……标注。
单击"默认"选项卡"绘图"面板中的"圆"按钮⊙，在轴线端绘制一个直径为 600 的圆，单击"默认"选项卡"注释"面板中的"多行文字"按钮 A，在圆的中央标注一个数字"1"，字高为 300，如图 14-59 所示。单击"默认"选项卡"修改"面板中的"复制"按钮⅋，将该轴线号图例复制到其他轴线端头，双击数字，修改其他轴线号中的数字，完成轴线号的标注，

结果如图 14-60 所示。
（9）单击"默认"选项卡"注释"面板中的"多行文字"按钮 A，打开"文字格式"对话框。设置文字高度为 700，在文本框中输入"地下层平面图"，最终完成地下层平面图的绘制，结果如图 14-61 所示。

图 14-59 轴线号 1

注意 在图库中，图形模块的名称通常很简要，除汉字外经常包含英文字母或数字，一般来说，这些名称都是用来表明家具特性或尺寸的。例如，前面使用过的图形模块"组合沙发-002P"，其名称中"组合沙发"表示家具的性质；"002"表示该家具模块是同类型家具中的第 2 个；字母"P"则表示该家具的平面图形。例如，一个床模块名称为"单人床9×20"，表示该单人床宽度为900mm、长度为2000mm。有了这些简单又明了的名称，绘图者就可以依据自己的实际需要方便地选择所需的图形模块，而无须费神地辨认和测量了。

图14-60　标注轴线号

地下层平面图

图14-61　地下层平面图绘制

综合上述步骤继续绘制如图 14-62 ~图 14-64 所示的一层平面图、二层平面图、屋顶平面图。

一层平面图

图 14-62 一层平面图

图 14-63 二层平面图

图 14-64　屋顶平面图

14.2.2 | 绘制别墅立面图

由于此别墅前、后、左、右4个立面图各不相同，而且均比较复杂，因此必须绘制4个立面图。首先绘制南立面图。

扫一扫

STEP 绘制步骤

❶ 设置绘图环境。

（1）利用 LIMITS 命令设置图幅为 420×297。

（2）利用 LAYER 命令创建"立面"图层。

❷ 绘制定位辅助线。

（1）将当前图层设置为"立面"图层。

（2）复制一层平面图，并将暂时不用的图层关闭。单击"默认"选项卡"绘图"面板中的"多线段"按钮，将多线段的线宽设置为 100，在一层平面图下方绘制一条地坪线，地坪线上方需留出足够的绘图空间。

（3）单击"默认"选项卡"绘图"面板中的"直线"按钮，由一层平面图向下引出定位辅助线，包括墙体外墙轮廓、墙体转折处，以及柱轮廓线等，如图 14-65 所示。

图 14-65　绘制一层竖向定位辅助线

（4）单击"默认"选项卡"修改"面板中的"偏移"按钮⊆，根据室内外高差、各层层高、屋面标高等，确定楼层定位辅助线，结果如图14-66所示。

图 14-66 绘制楼层定位辅助线

（5）复制二层平面图，单击"默认"选项卡"绘图"面板中的"直线"按钮╱，绘制二层竖向定位辅助线，如图14-67所示。

图 14-67 绘制二层竖向定位辅助线

❸ 绘制一层立面图。

（1）绘制台阶和门柱。单击"默认"选项卡"绘图"面板中的"直线"按钮╱和"修改"面板中的"偏移"按钮⊆，绘制台阶，台阶的踏步高度为150，如图14-68所示。再根据门柱的定位辅助线，单击"默认"选项卡"绘图"面板中的"直线"按钮╱和"修改"面板中的"修剪"按钮┺，绘制门柱，如图14-69所示。

图 14-68 绘制台阶

（2）绘制大门。单击"默认"选项卡"修改"面板中的"偏移"按钮⊆，由二层室内楼面定位线依次向下偏移500和450，确定门的水平定位直线，结果如图14-70所示。然后单击"默认"选项卡"绘图"面板中的"直线"按钮╱和"修改"面板中的"修剪"按钮┺，绘制门框和门扇，如图14-71所示。

图 14-69 绘制门柱

图 14-70 大门水平定位直线

图 14-71 绘制门框和门扇

（3）绘制坎墙。单击"默认"选项卡"修改"面板中的"修剪"按钮┺，修剪坎墙的定位辅助线，完成坎墙的绘制，结果如图14-72所示。

图 14-72 绘制坎墙

（4）绘制砖柱。单击"默认"选项卡"修改"面板中的"偏移"按钮⊆和"修剪"按钮⅍，根据砖柱的定位辅助线绘制砖柱，如图 14-73 所示。

图 14-73　绘制砖柱

（5）绘制栏杆。单击"默认"选项卡"修改"面板中的"偏移"按钮⊆，将坎墙线依次向上偏移 100、100、600 和 100，然后单击"默认"选项卡"绘图"面板中的"直线"按钮／，绘制两条竖直线，并单击"默认"选项卡"修改"面板中的"矩形阵列"按钮▦，将竖直线阵列，完成栏杆的绘制，绘制结果如图 14-74 所示。

图 14-74　绘制栏杆 1

（6）绘制窗户。单击"默认"选项卡"绘图"面板中的"直线"按钮／、"修改"面板中的"偏移"按钮⊆和"修剪"按钮⅍，绘制窗户，如图 14-75 所示。然后进一步细化窗户，绘制窗户的外围装饰，如图 14-76 所示。

图 14-75　绘制窗户 1

图 14-76　细化窗户

（7）绘制一层屋檐。单击"默认"选项卡"绘图"面板中的"直线"按钮／、"修改"面板中的"偏移"按钮⊆和"修剪"按钮⅍，根据定位辅助直线，绘制一层屋檐。最终完成一层立面图的绘制，如图 14-77 所示。

❹ 绘制二层立面图。

（1）绘制砖柱。单击"默认"选项卡"修改"

图 14-77　一层立面图

面板中的"偏移"按钮⊆和"修剪"按钮⅍，根据砖柱的定位辅助线绘制砖柱，如图 14-78 所示。

图 14-78　绘制砖柱

（2）绘制栏杆。单击"默认"选项卡"修改"面板中的"复制"按钮❀，将一层立面图中的栏杆复制到二层立面图中并修改，如图 14-79 所示。

图 14-79　绘制栏杆 2

（3）绘制窗户。单击"默认"选项卡"修改"面板中的"复制"按钮❀，将一层立面图中大门右侧的 4 个窗户复制到二层立面图中。然后单击"默认"选项卡"绘图"面板中的"直线"按钮／和"修改"面板中的"偏移"按钮⊆，绘制左侧的两个窗户，如图 14-80 所示。

图 14-80　绘制窗户 2

（4）绘制二层屋檐。单击"默认"选项卡"绘图"面板中的"直线"按钮／、"修改"面板中的"偏移"按钮⊆和"修剪"按钮⅍，根据定位辅助直线，绘制二层屋檐，完成二层立面体的绘制，如图 14-81 所示。

图 14-81 二层立面体

❺ 文字说明和标注。单击"默认"选项卡"绘图"面板中的"直线"按钮 ╱ 和"多行文字"按钮 **A**，进行标高标注和文字说明，最终完成南立面图的绘制，如图 14-82 所示。

 选择菜单栏中的"文件"→"图形实用工具"→"清理"命令，对图形和数据内容进行清理时，要确认该元素在当前图纸中确实毫无作用，避免丢失一些有用的数据和图形元素。对于一些暂时无法确定是否该清理的图层，可以先将其保留，仅删去该图层中无用的图形元素；或将该图层关闭，使其保持不可见状态，待整个图形文件绘制完成后再进行选择性的清理。

综合上述步骤继续绘制如图 14-83 ~ 图 14-85 所示的北立面图、西立面图和东立面图。

图 14-82 南立面图

北立面图

图 14-83 北立面图

图 14-84　西立面图

图 14-85　东立面图

立面图中的标高符号一般绘制在立面图形外，同方向的标高符号应大小一致，并排列在同一条铅垂线上。必要时（为清楚起见），也可标注在图内。

若建筑立面图左右对称，标高应标注在左侧，否则两侧均应标注。

14.2.3 绘制别墅剖面图

本节以绘制别墅剖面图为例，介绍剖面图的绘制方法与技巧。

首先确定剖切位置和投射方向，根据别墅方案的情况，选择1-1和2-2剖切位置。1-1剖切

扫一扫

位置中一层剖切线经过车库、卫生间、过道和卧室，二层剖切线经过北侧卧室、卫生间、过道和南侧卧室。2-2剖切位置中一层剖切线经过楼梯间、过道和客厅，二层剖切线经过楼梯间、过道和主人房，剖视方向向左。

STEP 绘制步骤

❶ 设置绘图环境。

（1）利用 LIMITS 命令设置图幅为 420×297。

（2）利用 LAYER 命令创建"剖面"图层。

❷ 绘制定位辅助线。

（1）将当前图层设置为"剖面"图层。

（2）复制一层平面图、二层平面图和南立面图，并将暂时不用的图层关闭。为便于从平面图中

引出定位辅助线，单击"默认"选项卡"绘图"面板中的"构造线"按钮 ∠⁰，在剖切位置绘制一条构造线。

（3）单击"默认"选项卡"绘图"面板中的"直线"按钮 ∕，在立面图左侧同一水平线上绘制室外地平线位置。然后采用绘制立面图定位辅助线的方法绘制出剖面图的定位辅助线，结果如图 14-86 所示。

图 14-86　绘制定位辅助线

> **注意**　在绘制建筑剖面图中的门窗或楼梯时，除了利用前面介绍的方法直接绘制外，也可借助图库中的图形模块进行绘制，例如，一些未被剖切的可见门窗或一组楼梯栏杆等。在常见的室内图库中，有很多不同种类和尺寸的门窗和栏杆立面可供选择，绘图者只需找到合适的图形模块进行复制，然后粘贴到自己的图形中即可。如果图库中提供的图形模块与实际需要的图形之间存在尺寸或角度上的差异，可利用"分解"命令先将模块进行分解，然后利用"旋转"或"缩放"命令进行修改，将其调整到满意的结果后，插入到图中的相应位置。

❸ 绘制室外地平线和一层楼板。

（1）单击"默认"选项卡"绘图"面板中的"直线"按钮 ∕ 和"修改"面板中的"偏移"按钮 ⊂，根据平面图中的室内外标高确定楼板层和

地平线的位置，然后单击"默认"选项卡"修改"面板中的"修剪"按钮 ₊，将多余的线段进行修剪。

（2）单击"默认"选项卡"绘图"面板中的"图案填充"按钮 ▨，将室外地平线和楼板层填充为"SOLID"图案，结果如图 14-87 所示。

图 14-87　绘制室外地平线和一层楼板

❹ 绘制二层楼板和屋顶楼板。利用与上述相同的方法绘制二层楼板和屋顶楼板，结果如图 14-88 所示。

图 14-88　绘制二层楼板和屋顶楼板

❺ 绘制墙体。单击"默认"选项卡"修改"面板中的"修剪"按钮 ₊，修剪墙线，然后将修剪后的墙线设置线宽为 0.3，形成墙体剖面线，如图 14-89 所示。

图 14-89　绘制墙体

❻ 绘制门窗。单击"默认"选项卡"修改"面板中的"修剪"按钮 ₊，绘制门窗洞口。然后单击"默认"选项卡"绘图"面板中的"多段线"按钮 ⌐⊃，绘制门窗，绘制方法与平面图和立面图中绘制门窗的方法相同。绘制结果如图 14-90 所示。

图 14-90 绘制门窗

❼ 绘制砖柱。利用与立面图中相同的方法绘制砖柱，绘制结果如图 14-91 所示。

图 14-91 绘制砖柱

❽ 绘制栏杆。利用与立面图中相同的方法绘制栏杆，绘制结果如图 14-92 所示。

图 14-92 绘制栏杆

❾ 文字说明和标注。

（1）单击"默认"选项卡"绘图"面板中的"直线"按钮╱和"多行文字"按钮 A，进行标高标注，如图 14-93 所示。

图 14-93 标注标高

（2）单击"默认"选项卡"注释"面板中的"线性"按钮╟和"连续"按钮╟╟，标注门窗洞口、层高、轴线和总体长度尺寸，如图 14-94 所示。

图 14-94 标注尺寸

（3）单击"默认"选项卡"绘图"面板中的"圆"按钮⊙、"多行文字"按钮 A 和"修改"面板中的"复制"按钮❀，标注轴线号和文字说明，最终完成 1-1 剖面图的绘制，如图 14-95 所示。综合上述步骤继续绘制图 14-96 所示的 2-2 剖面图。

1-1 剖面图

图 14-95 1-1 剖面图

图 14-96 2-2 剖面图

 注意　众所周知，建筑剖面图的作用是对无法在平面图和立面图中表达清楚的建筑内部进行剖切，以表达建筑设计师对建筑物内部的组织与处理。由此可见，剖切平面位置的选择很重要。剖面图的剖切平面一般选择在建筑内部结构和构造比较复杂的位置，或选择在内部结构和构造有变化、有代表性的部位，如楼梯间等。

对于不同建筑物，其剖切面数量也是不同的。对于结构简单的建筑物，可能绘制一两个剖切面就足够了；对于有些构造复杂且内部功能没有明显规律性的建筑物，则需要绘制从多个角度剖切的剖面图才能满足要求。对于结构和形状对称的建筑物，剖面图可以只绘制一半，有的建筑物在某一条轴线之间具有不同的布置，则可以在同一个剖面图上绘出不同位置的剖面图，但是要添加文字标注加以说明。

另外，由于建筑剖面图要表达房屋高度与宽度或长度之间的组成关系，一般而言，比平面图和立面图都要复杂，且要求表达的构造内容也较多，因此，有时会将建筑剖面图采用较大的比例（如1：50）绘出。

以上这些绘图方法和设计原则，可以帮助设计者和绘图者更科学、更有效地绘制出建筑剖面图，以达到更准确、鲜明地表达建筑物性质和特点的目的。

14.2.4 | 绘制别墅建筑详图

本节以绘制别墅建筑详图为例，介绍建筑详图绘制的一般方法与技巧。首先绘制外墙身详图。

扫一扫

STEP 绘制步骤

❶ 绘制墙身节点 1。墙身节点 1 的绘制内容包括屋面防水和隔热层。

（1）绘制檐口轮廓。单击"默认"选项卡"绘图"面板中的"直线"按钮 ╱、"圆弧"按钮 ╱、"圆"按钮 ⊙ 和"多行文字"按钮 A，绘制轴线、楼板和檐口轮廓线，结果如图 14-97 所示。单击"默认"选项卡"修改"面板中的"偏移"按钮 ⊂，将檐口轮廓线向外偏移 50，完成抹灰的绘制，如图 14-98 所示。

图 14-97 檐口轮廓线

图 14-98 檐口抹灰

（2）单击"默认"选项卡"修改"面板中的"偏移"按钮 ⊂，将楼板层分别向上偏移 20、40、20、10 和 40，并将偏移后的直线设置为细实线，结果如图 14-99 所示。单击"默认"选项卡"绘图"面板中的"多段线"按钮 ⌇，绘制防水卷材，多段线宽度为 1，转角处作圆弧处理，结果如图 14-100 所示。

图 14-99 偏移直线

图 14-100 绘制防水层

（3）图案填充。单击"默认"选项卡"绘图"面板中的"图案填充"按钮 ▨，依次填充各种材料图例，钢筋混凝土采用"ANSI31"和"AR-CONC"图案的叠加，聚苯乙烯泡沫塑料采用"ANSI37"图案，结果如图 14-101 所示。

图 14-101 图案填充

（4）尺寸标注。单击"默认"选项卡"注释"面板中的"线性"按钮├─┤、"连续"按钮├┤┤和"半径"按钮╲，进行尺寸标注，如图14-102所示。

图14-102　尺寸标注

（5）文字说明。单击"默认"选项卡"绘图"面板中的"直线"按钮╱，绘制引出线，然后单击"默认"选项卡"注释"面板中的"多行文字"按钮**A**，说明屋面防水层的多层次构造，最终完成墙身节点1的绘制，结果如图14-103所示。

图14-103　墙身节点1

❷ 绘制墙身节点2。墙身节点2的绘制内容包括墙体与室内外地坪的关系及散水。

（1）绘制墙体及一层楼板轮廓。单击"默认"选项卡"绘图"面板中的"直线"按钮╱，绘制墙体及一层楼板轮廓，结果如图14-104所示。单击"默认"选项卡"修改"面板中的"偏移"按钮╔，将墙体及楼板轮廓线向外偏移20，并将偏移后的直线设置为细实线，完成抹灰的绘制，结果如图14-105所示。

图14-104　绘制墙体及一层楼板轮廓

图14-105　绘制抹灰

（2）绘制散水。

① 单击"默认"选项卡"修改"面板中的"偏移"按钮╔，将墙线左侧的轮廓线依次向左偏移615、60，将一层楼板下侧轮廓线依次向下偏移367、182、80、71，然后单击"默认"选项卡"修改"面板中的"移动"按钮✛，将向下偏移的直线向左移动，结果如图14-106所示。

图14-106　偏移和移动直线

② 单击"默认"选项卡"修改"面板中的"旋转"按钮↻，将移动后的直线以最下端直线的左端点为基点进行旋转，旋转角度为2°，结果如图14-107所示。

图 14-107 旋转直线

③ 单击"默认"选项卡"修改"面板中的"修剪"按钮⅄，修剪图中多余的直线，结果如图 14-108 所示。

图 14-108 修剪直线

（3）图案填充。单击"默认"选项卡"绘图"面板中的"图案填充"按钮▨，依次填充各种材料图例，钢筋混凝土采用"ANSI31"和"AR-CONC"图案的叠加，砖墙采用"ANSI31"图案，素土采用"ANSI37"图案，素混凝土采用"AR-CONC"图案。单击"默认"选项卡"绘图"面板中的"椭圆"按钮⬡和"修改"面板中的"复制"按钮⬡，绘制鹅卵石图案，如图 14-109 所示。

图 14-109 图案填充

（4）尺寸标注。单击"默认"选项卡"注释"面板中的"线性"按钮⊢、"直线"按钮╱和

"多行文字"按钮 **A**，进行尺寸标注，结果如图 14-110 所示。

图 14-110 尺寸标注

（5）文字说明。单击"默认"选项卡"绘图"面板中的"直线"按钮╱，绘制引出线。然后单击"默认"选项卡"注释"面板中的"多行文字"按钮 **A**，说明散水的多层次构造，最终完成墙身节点 2 的绘制，结果如图 14-111 所示。

图 14-111 墙身节点 2

❸ 绘制墙身节点 3。墙身节点 3 的绘制内容包括地下室地坪和墙体防潮层。

（1）绘制地下室墙体及底部。单击"默认"选项卡"绘图"面板中的"直线"按钮╱，绘制地下室墙体及底部轮廓，结果如图 14-112 所示。单击"默认"选项卡"修改"面板中的"偏移"按钮⊏，将轮廓线向外偏移 20，并将偏移后的直线设置为细实线，完成抹灰的绘制，如图 14-113 所示。

图 14-112　绘制地下室墙体及底部

图 14-113　绘制抹灰

（2）绘制防潮层。单击"默认"选项卡"修改"面板中的"偏移"按钮⊆，将墙线左侧的抹灰线依次向左偏移 20、16、24、120、106，将底部的抹灰线依次向下偏移 20、16、24、80。然后单击"默认"选项卡"修改"面板中的"修剪"按钮┺，修剪偏移后的直线。再单击"默认"选项卡"修改"面板中的"圆角"按钮┌，将直角处倒圆角，并修改线段的宽度，结果如图 14-114 所示。单击"默认"选项卡"绘图"面板中的"直线"按钮╱，绘制防腐木条，如图 14-115 所示。

图 14-114　偏移直线并修改

图 14-115　绘制防腐木条

（3）单击"默认"选项卡"绘图"面板中的"多段线"按钮⊃，绘制防水卷材，结果如图 14-116 所示。

图 14-116　绘制防水卷材

（4）单击"默认"选项卡"绘图"面板中的"图案填充"按钮▨，依次填充各种材料图例，钢筋混凝土采用"ANSI31"和"AR-CONC"图案的叠加，砖墙采用"ANSI31"图案，素土采用"ANSI37"图案，素混凝土采用"AR-CONC"图案，结果如图 14-117 所示。

图 14-117　图案填充

（5）尺寸标注。单击"默认"选项卡"注释"面板中的"线性"按钮┡┫、"绘图"面板中的"直

线"按钮 ∕ 和"多行文字"按钮 **A**，进行尺寸
标注和标高标注，结果如图 14-118 所示。

综合上述步骤继续绘制如图 14-120 ~图 14-123
所示的卫生间 4 放大图、卫生间 5 放大图、装
饰柱详图、栏杆详图。

卫生间4大样

图 14-120　卫生间 4 放大图

图 14-118　尺寸标注

（6）文字说明。单击"默认"选项卡"绘图"
面板中的"直线"按钮 ∕ ，绘制引出线。然后单
击"默认"选项卡"注释"面板中的"多行文字"
按钮 **A** ，说明散水的多层次构造，最终完成墙
身节点 3 的绘制，如图 14-119 所示。

卫生间5大样

图 14-121　卫生间 5 放大图

图 14-122　装饰柱详图

图 14-119　墙身节点 3

图 14-123　栏杆详图

14.3 上机实验

【实验1】绘制信息中心总平面图——新建建筑与辅助设施

1. 目的要求

如图14-124所示，本例给出的零件图形比较简单，首先根据辅助线网绘制新建建筑，然后绘制辅助设施。

通过本例的练习，要求读者熟练掌握建筑绘图的基本步骤和绘制技巧。

图14-124　平面图

2. 操作提示

（1）设置绘图环境。

（2）绘制新建筑轮廓。

（3）绘制道路。

（4）布置绿化。

【实验2】绘制居民楼侧立面图——绘制底层立面图

1. 目的要求

如图14-125所示，本例只给出一个立面图，比较简单，目的只在熟悉立面图的画法。

图14-125　立面图

2. 操作提示

（1）绘制窗户。

（2）绘制雨水管。